CATÉCHISME

D'AGRICULTURE PRATIQUE

A L'USAGE

DES COURS D'ADULTES ET DES ÉCOLES PRIMAIRES

PAR

J.-C.-VICTOR BARBIER

MEMBRE DE L'ACADÉMIE NATIONALE DE PARIS, DE LA SOCIÉTÉ D'AGRICULTURE
DU DOUBS, ETC., ETC.

BESANÇON

IMPRIMERIE DE JULES ROBLOT, ÉDITEUR

51, RUE DU CLOS, 51.

1867

CATÉCHISME

D'AGRICULTURE PRATIQUE.

CATÉCHISME

D'AGRICULTURE PRATIQUE

A L'USAGE

DES COURS D'ADULTES ET DES ÉCOLES PRIMAIRES

PAR

J.-C.-VICTOR BARBIER

MEMBRE DE L'ACADÉMIE NATIONALE DE PARIS, DE LA SOCIÉTÉ D'AGRICULTURE
DU DOUBS, ETC, ETC.

> L'agriculture est le premier élément de la
> prospérité d'un pays.
>
> L. N. BONAPARTE.

BESANÇON

IMPRIMERIE DE JULES ROBLOT, EDITEUR

31, RUE DU CLOS, 31.

—

1867

A MONSIEUR LE MARQUIS D'ANDELARRE

Député de la Haute-Saône.

Monsieur le Marquis,

Permettez-moi de vous dédier ce livre,..... œuvre bien modeste, sans doute, parmi celles dont à juste titre peut être fière l'agriculture, à laquelle vous vous consacrez avec tant de dévouement, et dont les intérêts ont toujours été défendus par vous avec autant d'ardeur que de conviction.

Vous l'accepterez, Monsieur le Marquis, j'ose l'espérer, parce que vous savez qu'il vous est offert comme l'expression de ma vive reconnaissance et de mon profond dévouement.

Victor BARBIER.

INTRODUCTION.

Le 12 février 1867, Son Excellence Monsieur le
Ministre de l'Agriculture, du Commerce et des Travaux publics, M. Forcade de la Roquette, a adressé
à Sa Majesté l'Empereur le Rapport suivant :

« SIRE,

» L'Agriculture, comme toutes les grandes industries, est
appelée à profiter de plus en plus de la vulgarisation des
découvertes et des procédés scientifiques qui peuvent accroître les forces de l'homme ou augmenter la fécondité de
la terre. Dans les pays où la grande propriété a conservé
son importance, comme en Angleterre, le progrès agricole
peut s'accomplir par la direction supérieure que donnent à
la culture des propriétaires riches et éclairés. Des exemples
semblables sont donnés en France ; mais la division de la
propriété y a amené ce résultat particulier, que le travail
agricole s'accomplit, sur une grande partie du territoire,
par les mains du propriétaire lui-même. On ne saurait trop
louer l'activité qu'il déploie pour améliorer son modeste
patrimoine ; mais s'il ne ménage pas son travail et ses fati-
gues, on doit reconnaître que, livré à lui-même, il est trop
souvent enclin à des pratiques agricoles imparfaites, et qu'il

a besoin d'instruction pour tirer le meilleur parti possible de son rude labeur. De nos jours, il est vrai de dire que, dans les campagnes comme dans les villes, sur le sol comme dans l'atelier, c'est l'ouvrier intelligent et instruit qui produit le plus et travaille le mieux.

» Le progrès et la prospérité de l'agriculture se lient donc étroitement au développement et à la bonne direction de l'instruction primaire. L'enquête agricole ordonnée par Votre Majesté vient de mettre de nouveau cette vérité en lumière. Les procès-verbaux de l'enquête et les rapports des présidents s'accordent à signaler à l'attention du Gouvernement le levier puissant que l'instruction primaire, dirigée vers l'agriculture, peut donner à la première de nos industries nationales. Les observations consignées dans l'enquête portent sur trois points principaux :

» 1° L'instruction à donner aux instituteurs dans les écoles normales primaires ;

» 2° L'instruction à donner aux enfants dans les écoles communales ;

» 3° L'instruction à donner aux adultes dans des cours spéciaux appropriés aux besoins et aux travaux de l'agriculture.

» La Commission supérieure chargée par Votre Majesté de résumer les résultats de l'enquête agricole aura à délibérer sur ces questions importantes, mais elle ne pourrait les résoudre sans la participation du Ministre de l'Instruction publique.

» En effet, c'est dans les écoles normales primaires que doivent se former des instituteurs capables de populariser des connaissances utiles qui, dans la vie des champs, sont à la fois une distraction et une source de profit. Beaucoup d'entre eux ont déjà prouvé qu'ils pouvaient diriger l'école primaire et consacrer quelques soirées à des cours destinés aux adultes.

» Dans les écoles communales, les exercices de l'enseignement, la lecture, l'écriture, les dictées, les récitations, peuvent

porter utilement sur les premières notions de l'agriculture.
Il est bon d'entretenir, chez les enfants élevés dans la cam-
pagne, l'habitude et le goût de la profession paternelle. Il
faut leur apprendre de bonne heure que l'agriculture est le
plus ancien et le premier des arts utiles, que tous les peuples l'ont honorée, et que tous ceux qui ont contribué à ses
progrès sont comptés parmi les bienfaiteurs de l'humanité.

» Les cours d'adultes viendraient développer plus tard
les connaissances acquises dans le premier âge. Dans les
longues soirées d'hiver, le petit propriétaire et l'ouvrier
agricole pourraient recevoir des notions d'histoire naturelle,
de chimie agricole, de géométrie élémentaire, qui trouvent
leur application immédiate dans la fabrication et l'emploi
des engrais, le choix des cultures et des assolements, les
travaux de nivellement et d'irrigation.

» En présence de ces opinions et de ces vœux, exprimés
par les hommes les plus dévoués aux intérêts de l'agriculture, j'ai dû me concerter avec mon collègue de l'Instruction publique, qui me manifestait, de son côté, le désir de
prendre connaissance de tous les documents qui, dans l'enquête, pouvaient se rattacher à l'instruction primaire. Son
Exc. M. Duruy est allé lui-même au-devant des vœux qui
se sont produits dans cette enquête, et je demande à Votre
Majesté la permission de mettre sous ses yeux la lettre qui
m'était adressée par mon collègue, le 4 février dernier :

« Je vous ai entretenu de l'enquête scolaire que je fais
faire par les soins des recteurs et des inspecteurs d'académie,
au sujet des moyens à employer pour répandre le mieux et
le plus possible les connaissances agricoles dans notre pays.
Je mets au service de cette pensée nos 80 écoles normales,
qui ont toutes un terrain plus ou moins grand pour des expériences d'horticulture et même d'agriculture ; nos 40,000
écoles primaires, dont 27,000 ont un jardin potager ; nos
30,000 cours d'adultes, où de très-utiles notions pourraient
être données à des hommes en âge et en état d'en tirer immédiatement parti ; même nos établissements d'enseignement

2.

secondaire spécial, où se fait un cours d'agriculture que je cherche à combiner avec celui des écoles normales; enfin, ceux d'enseignement supérieur, où se trouvent des chaires de chimie agricole qui ont déjà rendu de très-sérieux services. »

» En cherchant à développer les conditions de solidarité qui doivent exister entre l'agriculture et l'instruction primaire dans les campagnes, mon collègue et moi, nous nous sommes inspirés également des intentions manifestées hautement par Votre Majesté dans plusieurs occasions solennelles. »

» Tous mes efforts doivent être dirigés vers ce but, que l'Empereur a signalé à ma sollicitude, et j'espère répondre à sa pensée, en lui proposant, d'accord avec M. le Ministre de l'Instruction publique, le projet de décret que je joins au présent rapport.

» Signé : DE FORCADE. »

Ce rapport remarquable signale une des principales causes du malaise dont souffre l'agriculture : toutes les industries, toutes les carrières ont leur enseignement, l'agriculture seule n'a pas le sien; aussi, la routine tient-elle presque partout la place des méthodes culturales raisonnées, et presque partout l'agriculture est en discrédit. C'est à l'enfant et dès ses plus jeunes ans qu'il faut apprendre que l'agriculture est, au contraire, une profession égale, sinon supérieure à toutes les autres, qu'elle donne à l'homme qui l'exerce l'indépendance, la liberté et des bénéfices qui, pour être moins prompts, sont plus certains toujours que ceux réalisés dans des professions en apparence plus brillantes.

Le travail et le pain manquent souvent aux ouvriers des villes, jamais à ceux qui se livrent aux travaux des champs ; les salaires de l'artisan sont plus élevés, mais les occasions de dépenses sont plus nombreuses, bien moindres sont les besoins des cultivateurs.

Il nous a semblé qu'un livre élémentaire traitant de toutes les choses agricoles, ne faisant de science que juste ce qu'il en faut pour faire comprendre les phénomènes de la nature, assez complet pour intéresser non-seulement l'enfant, mais encore le père lui-même qui le lirait dans les longues veillées d'hiver, aurait son utilité.

A l'école, l'enfant étudierait avec plaisir une science dont il aurait constamment l'application sous les yeux. L'instituteur, dont le dévoûment est si complet, serait heureux, lui aussi, d'enseigner cette science si utile, à laquelle toutes les autres viennent se rattacher.

Il pourrait facilement fortifier la théorie qu'il aurait étudiée à l'école normale, en conduisant ses élèves sur les champs, où ils assisteraient aux labours, aux semailles, etc. A chaque opération, il leur rappellerait, ou ferait rappeler par l'un d'entre eux, les principes sur lesquels repose la pratique, les phénomènes de la végétation, l'effet des labours et des engrais, etc.

De cette façon, l'enfant ne perdrait pas de vue l'agriculture, il y prendrait goût ; plus tard, les cours d'adultes arriveraient entretenant cette disposition.

Désireux de contribuer, dans la limite de nos forces, à aider·à cet heureux résultat, nous nous sommes mis à l'œuvre. Nous ne nous sommes pas borné à nos seules connaissances agricoles, résultat d'une longue pratique, nous avons puisé aux meilleures sources, nous appuyant toujours sur les autorités les moins contestées. A cet effet, nous avons fait de nombreux emprunts aux auteurs les plus justement appréciés. Olivier de Serres, Buffon, Cuvier, Mathieu de Dombasle, de Gasparin, Barral, Joigneaux, Magne, V. Boric, Isidore Pierre, Schwertz, Sainclair, Malagutti, Dubrunfaut, d'Andelarre, Desmarest, etc., etc., ont été mis par nous à contribution.

Nous avons essayé de signaler tous les procédés nouveaux, tous les progrès réalisés à ce jour.

Nous avons adopté en tout les classifications généralement admises et les méthodes généralement suivies. Nous n'avons pas parlé de la culture de la vigne, parce que cette culture subit en ce moment l'essai de différentes méthodes dont l'avenir établira, nous l'espérons, la valeur tant au point de vue de la production qu'à celui de l'économie de main-d'œuvre et de frais, et aussi, parce que la viticulture occupe, dans l'agriculture d'une grande partie de la France, une si large place que ce n'est pas trop de lui consacrer un travail spécial.

Sans vouloir justifier le plan que nous avons adopté dans cet ouvrage, nous ferons seulement observer que nous avons cru devoir multiplier les divisions et subdivisions des matières, d'où des répétitions qui paraîtront peut-être inutiles: mais nous avons cru devoir adopter cette marche pour faciliter le travail des élèves, pour mettre en évidence les diverses faces de chaque sujet, et rendre chaque article à peu près complet au risque même de quelques redites.

Certaines parties de notre travail pourraient être apprises par les plus jeunes enfants, d'autres demanderaient une intelligence plus développée; nous comptons, pour le choix à faire, sur le zèle, sur l'intelligence des instituteurs, et nous sommes convaincu d'avance qu'ils ne nous feront pas défaut.

Victor BARBIER.

CATÉCHISME

D'AGRICULTURE PRATIQUE.

PREMIÈRE PARTIE.

NOTIONS PRÉLIMINAIRES.

CHAPITRE PREMIER.

D. Qu'est-ce que l'*agriculture*?

R. L'*agriculture* est l'art de faire produire à la terre les plantes nécessaires à la nourriture de l'homme, à celle des animaux et à diverses industries.

D. Combien l'agriculture comprend-elle de branches principales?

R. L'agriculture comprend quatre branches principales : l'*agriculture* proprement dite, l'*horticulture*, la *viticulture* et la *sylviculture*.

D. Qu'entendez-vous par *agriculture* proprement dite?

R. Par *agriculture* on entend la grande culture, celle qui s'exerce avec l'aide d'animaux et de machines.

D. Qu'est-ce que l'*horticulture*?

R. L'*horticulture* est la science de cultiver les

jardins : elle se divise en *arboriculture*, ou culture des arbres ; en *maraîchère*, *potagère*, ou culture des légumes ; et en *floriculture*, ou culture des fleurs.

D. Qu'est-ce que la *viticulture* ?

R. On appelle *viticulture* la science qui a pour but la culture de la vigne.

D. Qu'est-ce que la *sylviculture* ?

R. La *sylviculture* est l'art d'entretenir, de cultiver et d'aménager les forêts.

D. Ces différentes manières de cultiver la terre n'ont-elles ensemble rien de commun ?

R. Les principes généraux que nous allons développer en traitant de l'agriculture peuvent s'appliquer à tous les autres genres de culture.

D. L'agriculture n'a-t-elle pas d'autre but que la production des plantes ?

R. L'agriculture n'a pas seulement pour but la production des plantes, elle doit aussi s'occuper de la production des animaux domestiques.

D. L'agriculture est-elle une science bien ancienne ?

R. L'agriculture est la plus ancienne de toutes les sciences, la première dont les hommes ont dû s'occuper, puisqu'elle a pour but de les nourrir.

D. Cette science est donc bien nécessaire et bien importante ?

R. Elle est nécessaire et importante à ce point qu'elle est la base de la fortune générale : quand l'agriculture prospère, tout va bien ; quand elle souffre, tout souffre.

D. Est-ce qu'une science aussi ancienne, aussi utile, n'est pas arrivée encore à son complet perfectionnement ?

R. L'agriculture est bien loin encore d'avoir atteint tout le développement dont elle est susceptible.

D. Pourquoi cela?

R. Parce que, pendant de longues années, les guerres ont désolé l'humanité; elles prenaient les bras, elles dévastaient les récoltes, on cultivait peu ou point. Depuis une soixantaine d'années seulement, elle fait quelques progrès. Au fur et à mesure que l'instruction se répandra, l'agriculture ira s'améliorant.

D. L'instruction est donc nécessaire pour faire de l'agriculture?

R. Oui, l'instruction est nécessaire pour faire de l'agriculture; aucune science n'exige, pour être pratiquée, autant de connaissances. Un jour viendra où la science agricole sera la première des sciences, parce qu'elle les renfermera toutes.

D. Pourquoi cela?

R. Parce que, pour faire de la bonne agriculture, il faut connaître les terrains, savoir ce qui leur convient comme plante et comme engrais; il faut connaître l'influence de la température, les aptitudes et dispositions des animaux qu'on élève et qu'on emploie; l'usage et la construction des outils et instruments dont on se sert.

D. L'agriculture est-elle recherchée, honorée comme elle le mérite?

R. Pas encore; mais on y arrive, on cherche à lui rendre le rang qui lui appartient. On comprend que le discrédit qui pesait autrefois sur elle, comme sur tous les travaux manuels, est un ridicule préjugé.

D. Avantageuse pour la masse, ne l'est-elle pas aussi pour l'individu?

R. Oui certainement, l'indépendance, la liberté appartiennent surtout au cultivateur. Son travail au grand air lui donne la santé et la force ; il vit au centre de sa famille, et s'il cultive avec ordre et méthode, il voit son avoir grandir chaque année, plus lentement peut-être, mais plus sûrement que dans beaucoup d'autres industries.

SUITE DU CHAPITRE PRÉCÉDENT.

D. Comment appelez-vous l'homme qui fait son état de l'agriculture ?

R. On l'appelle : *agriculteur* ou *cultivateur*.

D. Quelle est la tâche du cultivateur ?

R. Il ne doit rien négliger pour faire produire par sa terre le plus possible, et récolter dans les meilleures conditions. Il doit surtout éviter les dépenses inutiles.

D. Quelles sont les connaissances que le cultivateur doit principalement acquérir pour atteindre ce but ?

R. Il faut qu'il connaisse parfaitement les différents sols, la culture et les engrais qui leur conviennent. Il doit aussi connaître la nature et les avantages de chaque plante qu'il doit cultiver (1).

D. N'est-il pas encore d'autres qualités qui lui sont nécessaires ?

R. Il doit être actif, laborieux, savoir par lui-même se servir de tous ses instruments ; avoir du tact dans le commandement, et surtout de l'ordre et de l'économie.

(1) La chimie, la physique et l'histoire naturelle seraient très-utiles au cultivateur.

D. Pourquoi dites-vous qu'il faut qu'il soit actif et laborieux ?

R. Parce que, en agriculture surtout, le temps est précieux ; il faut donc qu'un cultivateur n'en perde pas, qu'il soit le premier levé, le dernier couché ; qu'il sache employer et qu'il emploie tout son temps soit à travailler, soit à surveiller.

D. Pourquoi dites-vous qu'il faut qu'il sache se servir lui-même de ses outils ?

R. Parce qu'il faut, s'il ne fait pas tout par lui-même, qu'il puisse prouver aux gens qu'il occupe qu'il sait exécuter ce qu'il sait commander. Il sera mieux servi.

D. Pourquoi dites-vous qu'il doit avoir du tact dans le commandement ?

R. Parce que le bon commandement fait le bon travail. Le bon cultivateur sera bienveillant et juste ; il ne tâtonnera pas dans les ordres qu'il donnera. Il ne devra ni injurier, ni s'emporter ; il saura approuver, blâmer et encourager à propos ses gens. Il les conseillera dans leurs affaires, les soignera quand ils souffriront. Il aura ainsi des gens dévoués à ses intérêts.

D. Vous avez dit qu'il fallait que le cultivateur eût de l'ordre et de l'économie ?

R. L'ordre et l'économie sont les éléments principaux de tout succès en agriculture ; le cultivateur devra donc tenir exactement note de ses recettes, de ses dépenses, de toutes ses opérations enfin ; il pourra ainsi se rendre compte de sa position, et connaître les parties de son exploitation qui lui sont ou non avantageuses.

D. Comment s'appelle l'opération qui consiste à enregistrer ainsi tous les faits d'une exploitation ?

R. On l'appelle : *comptabilité.* Il n'y a pas de sérieuse agriculture sans comptabilité, et pas de comptabilité possible sans exactitude. Cette partie de l'économie rurale est trop souvent négligée ; et cette négligence contribue, pour une large part, à enrayer le *progrès* (1).

D. Le progrès n'a-t-il pas encore contre lui un ennemi acharné ?

R. Le grand obstacle à tout progrès agricole , c'est la *routine*.

D. Qu'est-ce que la *routine* ?

R. C'est la persistance à faire une chose sans chercher à faire mieux , pour la seule raison qu'elle est faite ainsi depuis longtemps.

D. Le cultivateur doit donc se défier de la routine?

R. Le cultivateur doit lutter contre la routine ; cependant, il n'adoptera pas trop vite les innovations qui lui seront présentées et vantées. Il essaiera d'abord en petit , et ne prendra de nouvelles méthodes , de nouveaux instruments, de nouvelles plantes qu'après s'être rendu compte de ses premiers essais. Son but, ne l'oublions pas, doit être de produire le plus possible avec le moins de frais possible.

D. Qu'entend-on par *agronome* ?

R. On entend par *agronome* l'homme qui, quelquefois, sans être lui-même cultivateur, s'occupe de la

(1) Il faut que le cultivateur puisse, lui-même, tenir ses écritures ; les fermes sont rares qui peuvent avoir, pour cette besogne, un employé spécial. Il faut donc une comptabilité simple et prenant peu de temps. M. Monginot a donné des modèles de comptabilité agricole qui pourront, avec fruit, être étudiés et enseignés. Nous même , nous nous proposons, dans un ouvrage spécial, de traiter cette matière au point de vue de l'enseignement rural.

théorie de l'agriculture, étudie, fait des recherches qu'il publie dans les livres, dans les journaux, et aide ainsi beaucoup aux progrès agricoles.

D. Citez-nous quelques noms d'agronomes qui ont été utiles à l'agriculture?

R. Pour ne parler que de la France, les peuples doivent une reconnaissance éternelle à *Olivier de Serres,* à *Parmentier* et à *Mathieu de Dombasle.*

D. Pourquoi doit-on de la reconnaissance à Olivier de Serres ?

R. Olivier de Serres est appelé, à juste titre, le père de l'agriculture française. Il publia. en 1600, un livre appelé : *Théâtre d'agriculture,* regardé encore aujourd'hui comme un des meilleurs qui aient paru ; cultivant lui-même, il fit faire, par ses exemples et ses conseils, un pas immense à l'agriculture.

D. Pourquoi à Parmentier ?

R. Parce que ce fut Parmentier qui, sur la fin du xviiie siècle. parvint à faire adopter la pomme de terre, cette plante maintenant indispensable, au prix d'efforts et de peines sans nombre.

D. Comment s'y prit Parmentier pour faire adopter la pomme de terre ?

R. Il fut obligé d'avoir secours à un stratagème. Ce n'est jamais sans peine que les bonnes choses et les bonnes idées font leur chemin. On disait la pomme de terre nuisible, dangereuse, personne n'en voulait. Parmentier, sans se rebuter, finit par obtenir de la ville de Paris un champ qu'il ensemença de pommes de terre. Puis, quand la plante fut mûre et porta graine, il la fit garder, le jour, par des soldats qui. la nuit venue, se retiraient.

D. Qu'arriva-t-il alors ?

R. Il arriva ce que Parmentier avait prévu, c'est que les gens du voisinage, pensant qu'une plante si bien gardée devait être précieuse, vinrent, pendant la nuit, en marauder de la graine qu'ils semèrent dans leurs jardins, dans leurs champs. Parmentier avait réussi. De ce moment, la pomme de terre, appréciée comme elle devait l'être, se répandit partout.

D. Pourquoi devons-nous de la reconnaissance à Mathieu de Dombasle ?

R. Mathieu de Dombasle consacra sa vie et sa fortune à l'agriculture, à laquelle il eut la gloire de faire faire de remarquables progrès. Sous la Restauration, il fonda, à Roville près de Nancy, dans sa ferme, une école d'agriculture d'où sortirent d'excellents sujets. Mathieu de Dombasle publia une foule de livres, fruit de ses expériences et de ses études. C'est à lui que nous devons la plupart de nos perfectionnements en culture et surtout en instruments.

D. Sont-ce les seuls agronomes dont l'agriculture puisse s'honorer ?

R. Non, il en est beaucoup d'autres encore ; la génération actuelle en compte un très-grand nombre qui marchent avec succès sur les traces des maîtres que nous venons de citer.

CHAPITRE II.

D. Qu'est-ce qu'un *domaine ?*

R. C'est l'ensemble, grand et petit d'une propriété, bâtiments et terres seulement.

D. Qu'est-ce qu'une *ferme ?*

R. Autrefois on appelait *ferme* toute maison de culture ; aujourd'hui ce mot a diverses acceptions : ici, c'est l'ensemble de l'exploitation ; là, il est synonyme de domaine ; ailleurs, il signifie un domaine affermé.

D. Par qui, en France, se fait l'exploitation du sol ?

R. Quelquefois le propriétaire cultive lui-même ; souvent il cède à d'autres, moyennant certaines conditions, le droit de cultiver ses terres.

D. Comment se fait cette cession ?

R. Au moyen d'un contrat qu'on appelle *bail à ferme* ?

D. Qu'est-ce qu'un *bail* ?

R. C'est la convention par laquelle, moyennant certaines conditions de paiement réglées d'avance, un propriétaire donne à un preneur, pendant un temps déterminé, la jouissance d'une propriété.

D. Comment s'appelle le preneur ?

R. Il s'appelle *fermier* ou *métayer*.

D. Qu'est-ce qu'un *fermier* ?

R. Un *fermier* est un cultivateur qui, par bail, loue, amodie, afferme un domaine moyennant une redevance annuelle, en argent ou en denrées, ou moitié argent, moitié denrées, pour un temps plus ou moins long.

D. Pourquoi dites-vous pour un temps plus ou moins long ?

R. Parce qu'il n'y a pas pour cela de règle fixe : les baux de ferme sont de 3, 6 ou 9 ans, quelquefois plus, mais rarement, et c'est tant pis.

D. Pourquoi dites-vous que c'est tant pis ?

R. Parce que le cultivateur qui ne jouit d'une terre que pour peu de temps, en retire tout ce qu'il peut sans lui rien restituer. Il ne l'améliore pas, parce que s'il l'a rend plus productive, il est exposé à être dépossédé ou à voir le *canon* de son bail (la redevance) augmenté.

D. En serait-il de même, si le bail, au lieu d'être à court terme, était fait pour 20, 30 ans, ou plus?

R. Évidemment non. Le cultivateur sachant que, par une longue jouissance, il peut, et au delà, rentrer dans ses frais, cultiverait bien, ne ménagerait ni le travail, ni l'engrais, améliorerait le sol dont la plus-value lui profiterait, au lieu de profiter à son propriétaire ou à un successeur.

D. Arrivé à la fin de son long bail, le cultivateur ne devrait-il pas avoir encore les mêmes craintes ?

R. Il aurait les mêmes craintes : il forcerait la production dans les dernières années de son bail ; mais le mal serait d'autant moins grand qu'il reviendrait moins souvent.

D. Le cultivateur fait-il mal en agissant ainsi ?

R. Oui, car tout le monde perd à cette façon d'agir ; on le comprend, le cultivateur passe la moitié de son bail à améliorer des terres ruinées, et l'autre moitié à ruiner des terres améliorées (1).

(1) Il y aurait plusieurs moyens de remédier à l'état de choses actuel : on pourrait convenir, par exemple, que le fermier qui par ses améliorations, augmenterait la valeur d'un fonds, profiterait pour une part, à l'expiration de son bail, de cette augmentation. L'estimation en serait faite par le fermier ou le propriétaire. Si le bail était renouvelé, le fermier ne paierait, en plus de son ancien bail, que l'intérêt sur la moitié de cette plus-value. Si, au contraire, le propriétaire reprenait sa terre, il rembourserait au fermier la moitié de cette plus-value. Cette faculté de continuer ou non son bail, laissée au fermier, ferait qu'on n'aurait aucun intérêt à surforcer l'estimation. Il y a dans quelques départements du nord de la

D. Il y a donc avantage pour le fermier et pour le propriétaire à faire de longs baux ?

R. Oui, il y a pour l'un et pour l'autre grand avantage : le fermier a intérêt à bien soigner sa terre, dont le fonds augmente ainsi de valeur. Le propriétaire peut alors le laisser libre dans sa culture, au lieu de l'entraver par une foule de conditions onéreuses et gênantes, ainsi qu'il est obligé de le faire dans les baux à court terme.

D. Qu'entendez-vous par *métayer ?*

R. Le *métayer,* au lieu de prendre, comme le fermier, une terre à bail à ses risques et périls, moyennant un prix convenu , ne paie qu'en donnant une partie de la récolte obtenue, la moitié souvent.

D. Quelles sont les conditions du métayage ?

R. Ces conditions varient suivant les pays : tantôt le métayer ne fournit que son travail, tantôt il y ajoute ses outils et instruments. Ici, il doit posséder les animaux nécessaires à l'exploitation ; là, il ne fournit que les semences. En général, la convention n'est faite que pour un an, et le propriétaire, à la fin de l'année, partage avec le métayer les bénéfices et les pertes.

D. Que pensez-vous de ce mode d'affermage ?

R. Qu'il n'est avantageux ni pour le propriétaire, ni pour le métayer que l'on appelle aussi *colon* et *colon partiaire.*

D. Pourquoi cela ?

France quelque chose d'analogue que l'on appelle : *droit de bail.*

On pourrait aussi fixer dans un bail à long terme une augmentation proportionelle de 8 en 8 ans, par exemple, de tant par hectare , avec faculté pour le fermier de renouveler son bail à l'échéance.

R. Parce que l'intérêt du métayer n'est que peu stimulé par l'espoir d'une récolte partagée. Incertain de l'avenir, par le peu de durée de son engagement, il ne fait aucun sacrifice. De son côté, le propriétaire n'en fait pas non plus, il recule devant des dépenses dont il ne doit pas être seul à partager les bénéfices. D'où, pas d'améliorations, pas de progrès.

D. Dans quel pays le métayage existe-t-il?

R. Il est peu connu dans les pays de riche culture, et déjà il tend à disparaître des autres pays. Le progrès le chasse, l'ignorance, la misère, le soutiennent seuls; et la preuve, c'est que, presque toujours, dès que le métayer peut disposer de quelques ressources, il devient fermier.

D. Qu'appelez-vous *cheptel* (1)?

R. On appelle bail à cheptel (chetel) un contrat par lequel l'une des parties donne à l'autre un fonds de bétail pour le garder, le nourrir et le soigner, sous les conditions convenues entre elles.

D. Y a-t-il plusieurs sortes de cheptels?

R. Il y a un cheptel simple ou ordinaire, le cheptel à moitié, et le cheptel donné au fermier ou au colon partiaire.

D. N'y a-t-il pas encore une autre sorte de cheptel?

R. Il y a encore une quatrième espèce de contrat improprement appelé cheptel.

D. Qu'est-ce que le cheptel simple?

R. Le cheptel simple est un contrat par lequel on donne à un autre des bestiaux à garder, nourrir et soigner, à condition que le preneur profitera de la

____

(1) La définition suivante du cheptel est celle du Code civil, art. 1800, 1801, 1804, 1818, 1824 et 1831.

moitié du croît, et qu'il supportera aussi la moitié de la perte.

D. Qu'est-ce que le cheptel à moitié ?

R. Le cheptel à moitié est une société dans laquelle chacun des contractants fournit la moitié des bestiaux, qui demeurent communs pour le profit ou pour la perte.

D. Qu'est-ce que le cheptel donné au fermier ?

R. Ce cheptel, aussi appelé *cheptel de fer*, est celui par lequel le propriétaire d'une métairie la donne à ferme, à la charge qu'à l'expiration du bail, le fermier laissera des bestiaux d'une valeur égale au prix de l'estimation de ceux qu'il aura reçus.

D. Quelle est la nature du contrat improprement appelé *cheptel?*

R. Lorsqu'une ou plusieurs vaches sont données pour les loger ou les nourrir, le bailleur en conserve la propriété ; il a seulement le profit des veaux qui en naissent.

D. En général le cheptel, quelle que soit sa forme, est-il avantageux aux fermier ?

R. En général il lui est onéreux, c'est de l'argent à gros intérêts. Cependant s'il a beaucoup de nourritures, qu'il lui faille beaucoup de fumiers, et qu'il n'ait pas le capital nécessaire pour se procurer des bestiaux, il peut lui être avantageux d'en prendre à cheptel.

D. Qu'appelez-vous *capital?*

R. C'est l'argent que doit avoir à sa disposition celui qui entreprend une culture, soit comme propriétaire, soit comme fermier.

D. On ne peut donc pas entreprendre une culture si l'on ne dispose d'un certain capital ?

R. On ne le peut sans danger ; tout est gain pour

celui qui a un capital suffisant, il n'est pas forcé de vendre ni d'acheter quand même; tout est perte, au contraire, pour celui à qui manque le capital.

D. Sur quoi peut-on se baser pour déterminer l'importance du capital nécessaire?

R. L'importance du capital nécessaire à une exploitation dépend de son étendue, de la quantité de bestiaux que l'on veut avoir, de la nature des plantes que l'on veut cultiver, du prix de la main-d'œuvre dans le pays, de l'état plus ou moins avancé de la culture des terres que l'on reprend, et aussi, suivant qu'elles sont plus ou moins morcelées.

D. Qu'entendez-vous par terres *morcelées?*

R. J'entends par terres *morcelées* celles qui, appartenant à la même ferme, sont divisées en petites parcelles, souvent très-éloignées les unes des autres, au grand préjudice du cultivateur.

D. Pourquoi au grand préjudice du cultivateur?

R. Parce qu'avec des terres morcelées et éloignées, il perd beaucoup de temps pour les cultiver. Les transports sont moins prompts, la surveillance plus difficile. En un mot, le travail, les dépenses sont plus considérables et ne produisent pas davantage.

D. Que doit faire le cultivateur dont les terres sont ainsi morcelées?

R. Il ne doit rien négliger pour arriver à les grouper, à les réunir; il doit faire des échanges avec ses voisins, même avec des sacrifices qui ne sont que momentanés, et dont il sera bientôt indemnisé par les économies qu'il réalisera. Ces avantages sont déjà compris, et les échanges sont fréquents dans les pays où la culture est avancée.

DEUXIÈME PARTIE.

DES PLANTES.

CHAPITRE PREMIER.

D. Qu'entendez-vous par *végétaux* ou *plantes?*

R. On appelle *végétaux* ou *plantes*, tout ce qui croît à la surface de la terre, et qui tient au sol par des racines.

D. Comment croissent et se développent les plantes ?

R. Les plantes croissent et se développent comme les animaux, en s'appropriant une nourriture convenable.

D. Où les plantes prennent-elles cette nourriture?

R. Dans l'air et dans la terre.

D. Expliquez-nous ce que c'est que l'*air* ?

R. La terre est enveloppée d'une couche de gaz de 12 à 15 lieues d'épaisseur que l'on appelle *atmosphère ;* l'air est ce qui constitue cette atmosphère.

D. De quoi l'air est-il composé ?

R. L'air se compose de différents gaz, d'*oxygène* et d'*azote* surtout ; ensuite, d'*acide carbonique*, de *vapeur d'eau*, etc.

D. Comment les plantes tirent-elles de l'air leur nourriture?

R. Principalement en absorbant l'acide carbonique.

D. Qu'entendez-vous par *acide carbonique ?*

R. C'est un gaz, un air sans couleur, dans lequel s'éteignent les objets allumés, qui ne peut-être respiré sans danger de mort. C'est celui qui s'échappe du charbon qui brûle, de la cuve où les raisins fermentent, de la cave où il y a du vin, du cidre nouveau.

D. Les plantes prennent-elles dans l'air une grande quantité de ce gaz?

R. Oui, elles en prennent une très-grande quantité.

D. Comment cela peut-il se faire?

R. Au moyen d'un nombre infini de petites ouvertures ou *pores* dont les feuilles sont pourvues à la surface inférieure.

D. Est-ce que les feuilles absorbent en tout temps du gaz acide carbonique?

R. Non, elles en absorbent seulement pendant le jour : la nuit, elles en dégagent une certaine quantité.

C'est ce qui fait qu'il est dangereux de coucher dans une chambre où il y a des fleurs.

D. Les plantes, par leurs feuilles, ne tirent-elles pas encore de l'air d'autres substances?

R. Oui, elles absorbent encore les vapeurs d'eau.

D. Dans quel but?

R. Les vapeurs d'eau servent à introduire dans les feuilles et dans les tiges l'humidité nécessaire à l'accroissement des plantes.

D. Qu'est-ce que l'*oxygène?*

R. C'est un gaz qui entre pour un cinquième à peu près dans l'air que nous respirons ; il n'a ni couleur, ni odeur, ni saveur. C'est ce gaz qui rouille le fer, le cuivre, etc. On le trouve dans tous les animaux et dans tous les végétaux.

D. Qu'est-ce que l'*azote?*

R. C'est un autre gaz sans odeur, couleur ni saveur,

qui paraît créé pour compenser l'activité de l'oxygène. Il forme les 4/5 à peu près de l'air.

D. Comment les plantes prennent-elles leur nourriture dans la terre ?

R. Par leurs racines, qui vont chercher dans le sol les nombreuses matières nécessaires à leur développement et à leur accroissement.

D. La terre contient-elle toujours et partout ces matières ?

R. Non, c'est pourquoi le cultivateur doit étudier celles qui manquent, et les remplacer au moyen d'engrais.

D. Résumez, en les comparant à l'homme, par exemple, comment vous comprenez la vie des plantes ?

R. On peut dire qu'elles respirent par les feuilles et qu'elles mangent avec les racines. La sève qui circule dans la plante, est comme le sang qui circule dans l'homme, et aussi nécessaire que lui à la vie. Là où le sang, là où la sève ne circulent plus, il y a mort.

SUITE DU CHAPITRE PRÉCÉDENT.

D. Les plantes ne subissent-elles pas les influences de la température et les variations de l'atmosphère?

R. Oui certainement. La *chaleur*, l'*eau*, la *lumière*, le *froid*, la *neige* même, ont une grande influence sur la végétation des plantes.

D. Parlez-nous de la chaleur?

R. Rien de ce qui a vie, ne peut se passer de chaleur ; elle existe en nous, dans les plantes grandes ou petites, à des degrés divers, mais naturellement.

D. Comment nomme-t-on cette chaleur propre à tous les êtres ?

R. On la nomme *chaleur vitale* pour la distinguer de celle que l'on reçoit de la terre et du soleil.

D. De quelque part qu'elle vienne, quel est l'effet de la chaleur sur les plantes ?

R. La chaleur active le mouvement de la sève, fait pousser les feuilles, s'ouvrir les fleurs et mûrir la graine.

D. L'eau est-elle nécessaire aux plantes ?

R. Il n'y a pas plus de végétation possible sans eau que sans chaleur. Sans eau, les racines des plantes ne pourraient s'enfoncer dans la terre pour aller y chercher de quoi vivre ; les engrais, sans eau, ne pourraient se dissoudre ; sans eau, enfin, la chaleur ferait périr toutes les plantes.

D. Une chaleur trop forte et trop prolongée n'est-elle pas nuisible aux plantes ?

R. Une trop forte chaleur prolongée est en général nuisible aux plantes ; elle enlève l'eau des engrais qui, à l'état sec, ne peuvent être absorbés. La sève, n'étant plus alimentée par le sol, ne circule plus, les feuilles se durcissent et la plante sèche au lieu de mûrir.

D. Est-ce que toutes les plantes ont besoin de la même quantité de chaleur ?

R. Non, certaines plantes ont besoin de beaucoup de chaleur ; quelques-unes croissent et se développent, au contraire, malgré un froid assez sensible.

D. Quelle est l'influence du froid sur les plantes ?

R. Il ralentit la végétation d'un grand nombre de plantes ; quand il est très-fort, il produit la gelée.

D. La gelée est-elle utile ou nuisible aux plantes ?

R. Elle est l'un et l'autre : utile parce qu'elle divise les terres, qu'elle détruit les insectes et les mauvaises herbes; nuisible, parce que, soulevant quelquefois les terres humides, elle détruit souvent les plantes semées avant l'hiver.

D. Quand la gelée est-elle dangereuse?

R. Elle est dangereuse lorsque, après des pluies, au printemps surtout, elle survient subitement et atteint des plantes trop jeunes ou peu habituées au froid; lorsqu'elle est suivie de coups de soleil trop vifs. Quand elle vient peu à peu, par un temps sec, elle n'est pas dangereuse, surtout si la terre est couverte de neige.

D. La neige est-elle nuisible?

R. Non, au contraire; elle sert de couverture aux récoltes qu'elle préserve des gelées. Lorsqu'elle fond, les eaux qui en proviennent pénètrent dans la terre et détruisent un grand nombre d'insectes.

D. Toutes les plantes craignent-elles également la gelée?

R. Non, certaines la redoutent beaucoup : le *sarrazin*, les *haricots*, les *pommes de terre* précoces, etc. D'autres la redoutent peu ou point : les *colzas*, les *navettes*, les *fèves*, les *céréales*, les *prairies naturelles* et *artificielles*.

D. Quelle est l'influence de la lumière sur les plantes?

R. La lumière est nécessaire aux plantes; elles poussent à l'ombre, c'est vrai; mais leurs tiges, leurs feuilles ne prennent pas de force, restent blanches et perdent leur saveur.

D. Qu'appelle-t-on *vents?*

R. On appelle *vents*, l'air qui est chassé d'un lieu vers un autre avec plus ou moins de violence. Ils sont chauds, froids ou humides suivant qu'ils ont passé, avant de nous arriver, sur des contrées brûlantes, sur des montagnes refroidies, ou sur des mers ou des pays humides.

D. Quelle est l'influence des vents en agriculture?

R. Ils ont leur utilité et leurs inconvénients : ils purifient l'atmosphère ; quand ils sont modérés, ils donnent de la force aux tiges des plantes ; quand ils sont trop forts, ils dessèchent le sol, fatiguent les plantes qu'ils brisent même quelquefois.

D. N'y a-t-il pas encore un autre agent naturel qui influe sur la végétation des plantes ?

R. Oui, l'électricité.

D. Qu'est-ce que *l'électricité ?*

R. *L'électricité* est quelque chose d'invisible, de peu connu encore, bien qu'on lui ait fait faire des merveilles, les télégraphes notamment : elle est partout et dans tout ; c'est elle qui forme le tonnerre et les éclairs ; elle agit sur les hommes, les animaux et les plantes, soit directement, soit indirectement, mais d'une façon certaine.

D. Donnez un exemple de cette action de l'électricité ?

R. On remarque qu'après un orage violent, la végétation est plus active qu'avant.

D. Toutes les forces de la nature influent donc sur la végétation des plantes?

R. Oui, toutes ; ce sont elles qui, réunies dans telles ou telles conditions, constituent ce que l'on appelle les *climats*, si variés quelquefois, même à des distances très-rapprochées. Le cultivateur devra les étudier pour y conformer sa culture.

D. Cette étude des climats est-elle nécessaire ?

R. Très-nécessaire ; on devra toujours, avant d'entreprendre une culture, se bien renseigner sur les conditions atmosphériques du pays , afin de cultiver de préférence les plantes qui y sont le mieux appropriées.

D. Quelles sont les matières végétales les plus connues que l'on rencontre dans les plantes ?

R. La *fécule*, la *gomme*, le *sucre*, le *ligneux* et les *huiles*.

CHAPITRE II.

D. Comment divisez-vous les plantes employées en agriculture ?

R. On divise les plantes agricoles en trois grandes divisions, sans y comprendre la vigne qui forme une division à part.

D. Quelles sont ces divisions ?

R. Ce sont : 1° les *céréales* ; 2° les *plantes fourragères* ; 3° les *plantes industrielles*.

D. Qu'entendez-vous par *céréales*?

R. J'entends par *céréales :* le *froment* ou *blé*, le *seigle*, l'*orge* et l'*avoine* ; quelques-uns comprennent aussi dans la même division : le *maïs*, le *riz*, le *sarrazin* ; mais, en général, on ne donne ce nom qu'aux quatre premières.

D. Qu'entendez-vous par *plantes fourragères ?*

R. J'entends par *plantes fourragères* toutes celles qui forment la base des *prairies naturelles* et *artificielles*, les *trèfles*, la *luzerne*, le *sainfoin*, etc.

D. Qu'entendez-vous par *plantes industrielles?*

R. Toutes les *plantes sarclées*, cultivées pour être transformées par l'industrie : le *colza*, l'*œillette*, le *lin*, le *chanvre*, la *betterave*, le *houblon*, la *pomme de terre*, le *sorgho*, etc.

D. Les plantes ne se divisent-elles pas d'une autre façon encore ?

R. Oui, on les divise en *plantes annuelles* et en *plantes vivaces*. Les *plantes annuelles* sont celles qui ne vivent qu'un an, telles sont celles comprises dans la 1re et dans la 3e division. Les *plantes vivaces* sont celles qui vivent plusieurs années, telles sont celles de la 2e division, les *arbres* et les *arbustes*

D. Qu'appelez-vous *mauvaises herbes?*

. R. On appelle *mauvaises herbes* ou *adventices* celles qui poussent dans un champ sans y avoir été semées, et nuisent aux plantes cultivées qu'elles étouffent et qu'elles affament.

D. Qu'appelez-vous une *emblave ?*

R. C'est une terre ensemencée en blé : — des terres *emblavées* sont des terres semées.

D. Quelles sont et comment se nomment les parties principales dont se composent les plantes ?

R. Les parties principales dont se composent les plantes sont : les *racines*, la *tige*, les *feuilles*, les *fleurs*, le *fruit* et la *graine*.

D. Qu'est-ce que les *racines?*

R. Les *racines* sont la partie du végétal qui tend sans cesse vers le centre de la terre, et qui, presque toujours, sont sous la surface du sol.

D. Les racines ont-elles toutes la même forme?

R. Non, on distingue particulièrement en agriculture celles dites :

1° PIVOTANTES : *Betterave, navet, carotte*, etc. 2° Fi-

BREUSES : *Blé, avoine, lin, chanvre,* etc. 3° BULBIFÈRES : *Ognons, ail,* etc. 4° RAMEUSES : *Arbres, arbustes,* etc.

D. Qu'est-ce que la *tige ?*

R. La *tige* est la partie du végétal qui s'élève du sol, qui porte en bas les racines et en haut les feuilles et les fleurs. Les divisions de la tige sont appelées *branches* ou *rameaux.*

D. Qu'entendez-vous par *feuilles ?*

R. J'entends par *feuilles* des organes fibreux, presque toujours de couleur verte, qui poussent sur les tiges et sur les rameaux : avant de se développer, ces organes sont appelés *bourgeons.* Il y a aussi des *bourgeons* qui donnent naissance à des fleurs.

D. Quel est le rôle des feuilles dans la végétation ?

R. Elles servent aux plantes, avons-nous dit, pour prendre dans l'air une partie de leur nourriture : sèches ou fraîches, elles forment la base de la nourriture de nos animaux qui mangent surtout les feuilles des herbes des prairies.

D. Qu'entendez-vous par *fleurs ?*

R. C'est la partie plus ou moins brillante de la plante, où se forme le fruit qui, lui, renferme la graine.

D. Qu'est-ce que la *graine ?*

R. C'est le fruit, ou la partie du fruit qui renferme le germe qui doit reproduire la plante.

D. Comment obtenir cette reproduction ?

R. Ce germe, parvenu à maturité, est mis en terre : il se développe, se continue, et finit par reproduire une plante semblable, ou à peu près, à celle qui lui a donné naissance.

D. Pourquoi dites-vous que ce germe reproduit quelquefois, à peu près, une plante semblable à celle qui l'a produit ?

R. Toutes les plantes que nous cultivons ont été améliorées par l'homme; si elles sont négligées, ou trop souvent reproduites dans un même sol, elles perdent de leurs qualités, dégénèrent, et retournent à l'état sauvage.

D. Il faut donc changer les graines ?

R. Oui, il est bon de renouveler de temps en temps ses graines.

D. Quelles sont les conditions généralement nécessaires pour que la graine germe bien ?

R. Il faut qu'elle soit bien mûre, bien saine, et qu'elle soit mise en saison convenable dans une terre préparée à la recevoir.

D. Quels sont les agents indispensables à la germination de la graine ?

R. L'*eau,* la *chaleur,* l'*air,* sont indispensables à la germination.

D. Lorsque la graine est placée dans ces conditions, que se passe-t-il ?

R. Après un temps plus ou moins long, la graine, ramollie par l'eau, se gonfle, son enveloppe se déchire : alors paraît une petite racine dont une partie se dirige vers le centre de la terre, et l'autre s'élève hors du sol : celle-ci formera la tige, l'autre sera la racine. La germination alors est faite ; la jeune plante poussera, si elle est dans un terrain qui lui soit convenable.

TROISIÈME PARTIE.

TERRAINS.

CHAPITRE PREMIER.

D. Qu'appelle-t-on *terrains* en agriculture ?

R. On appelle *terrains* la couche du sol superficielle, plus ou moins épaisse, dans laquelle les plantes enfoncent leurs racines.

D. La couche végétale doit-elle être épaisse, profonde ?

R. Une couche végétale épaisse est plus riche que celle qui ne l'est pas ; elle donne plus de nourriture aux plantes, qu'elle protége mieux contre le froid et contre la sécheresse.

D. Quelles sont les bases qui peuvent servir à déterminer l'épaisseur de la couche végétale ?

R. On peut regarder comme *profonde* la couche végétale qui a plus de 40 centimètres d'épaisseur ; comme *moyenne* celle depuis 15 centimètres à 40, et comme *faible* celle qui est au-dessous de 15 centimètres.

D. Qu'est-ce qu'une terre fertile, qu'est-ce qu'une terre stérile ?

R. Une terre fertile est celle qui renfeme toutes les matières dont les plantes ont besoin pour se nourrir, qui produit beaucoup, par conséquent ; une terre stérile est celle où ces matières manquent, et qui ne produit rien.

D. De quoi se compose la terre végétale ?

R. De quatre parties principales diversement mélangées, qui sont : le *sable*, l'*argile*, le *calcaire*, l'*humus* ou *terreau*.

D. Qu'est-ce que le *sable* ?

R. Le *sable* est une poussière formée de petits fragments de cailloux, de grès, de pierres à feu, de pierres meulières, etc. Il forme la base des *terres sableuses* ou *sabloneuses* ; elles sont *siliceuses* quand la *silice* domine.

D. Expliquez-nous ce que c'est que la *silice* ?

R. La *silice* est très-commune, puisqu'elle forme la presque totalité de la couche terrestre : les pierres à fusil, à meules, les pavés des rues, le sable avec lequel on fait le verre, tout cela c'est de la silice ; c'est elle aussi qui use si facilement les fers des charrues.

D. Quel est l'effet de la silice dans le sol ?

R. Quand elle est en quantité convenable, elle divise le sol ; elle donne aussi, dit-on, de la force aux tiges des plantes.

D. Qu'entendez-vous par *argile* ?

R. On appelle *argile* une terre compacte, ordinairement jaunâtre ou blanchâtre qui retient l'eau ; elle sert à fabriquer la porcelaine, la poterie, la brique. Elle est la base des terres argileuses quand c'est elle qui domine.

D. Quels sont les moyens de reconnaître l'argile ?

R. L'argile se colle sur la langue comme de la pâte ; si on en met dans sa main, qu'on l'échauffe un peu avec son haleine, elle répand une mauvaise odeur. Ensuite, en temps de sécheresse, elle se crevasse, et lorsqu'il a plu, elle garde l'eau pendant longtemps.

D. Qu'est-ce que le *calcaire* ?

R. Le *calcaire* est un corps composé d'acide carbonique que nous connaissons déjà, et de chaux.

D. Qu'est-ce que la *chaux* ?

R. La *chaux* est un corps blanc que l'on obtient en brûlant certaines pierres : elle n'a pas d'odeur, mais elle a une saveur un peu piquante. Dès qu'on verse de l'eau dessus, elle bouillonne et s'éteint.

D. Quel est dans le sol le rôle du calcaire ?

R. Comme l'argile et le sable, il sert à maintenir les racines ; mais, de plus, il contribue beaucoup à l'alimentation des plantes. Il est donc important que les terres en soient largement pourvues.

D. Cette matière si utile est-elle bien répandue dans la nature ?

R. Oui, heureusement. Ainsi, elle est la base des *marbres*, des *pierres de taille*, des *craies*.

D. Comment, dans une terre, peut-on reconnaître la présence du calcaire ?

R. On prend de cette terre humide, on verse dessus du fort vinaigre : suivant qu'elle bouillonne plus ou moins, elle contient plus ou moins de calcaire. On appelle *terre calcaire*, celle où ce produit domine.

D. Dites-nous ce que c'est que l'*humus* ou *terreau* ?

R. L'*humus* ou *terreau* est formé par la décomposition lente des matières animales et végétales.

D. Bien que synonymes, ces mots n'ont-ils pas dans la pratique une signification distincte ?

R. Oui : en grande culture, on emploie plus souvent *humus*, pour désigner la couche végétale la plus riche. *Terreau* veut plutôt dire *engrais*, composé de terre et de beaucoup de matières végétales décomposées. Nous emploierons cependant indifféremment l'une et l'autre de ces expressions.

D. Quelle est l'utilité du terreau dans le sol ?

R. Il fournit aux plantes une partie de leur nourriture ; à cause de sa couleur noire, il retient la chaleur.

D. Est-il nécessaire que le sol contienne du terreau ?

R. Oui, c'est nécessaire ; cependant, la quantité utile dépend de la nature des plantes et aussi des saisons.

D. Le cultivateur peut-il régler cette quantité ?

R. Oui, car cette quantité diminue par une forte culture, et par des récoltes obtenues sans fumier ; elle augmente, au contraire, par les fumiers et les engrais.

D. Est-ce qu'une terre qui ne serait composée que de l'une ou de l'autre de ces quatre matières serait fertile ?

R. Non ; il faut, pour qu'elle le soit, qu'elle les renferme toutes. Suivant que l'une ou l'autre est plus abondante, la terre est plus ou moins fertile et se nomme : *terre sableuse, argileuse, calcaire* ou *humifère.* Il y a aussi les terres d'alluvions.

D. Qu'appellez-vous *terres d'alluvions?*

R. Ce sont celles qui sont formées par des dépôts de vase, de sable amenés sur les bords de la mer et des rivières naturellement par les eaux, ou par les inondations.

D. Pourquoi ne les comprenez-vous pas dans l'une des quatre grandes divisions que vous venez de citer ?

R. Parce que ces terres, conduites dans les vallées, de loin quelquefois, par les eaux, sont formées des éléments de plusieurs terrains. Ce sont en général les meilleurs sols, on les appelle souvent *terres franches.*

D. Est-ce que ces grandes divisions des terres sont les seules qui soient faites ?

R. Non, on les subdivise encore en un grand nombre de catégories, suivant que telle ou telle matière se rapproche plus, par la quantité, de celle qui domine.

D. Donnez-nous des exemples ?

R. On dit d'une terre qu'elle est, par exemple : *argilo-sableuse, argilo-calcaire*.

D. Qu'est-ce qu'*ameublir* le sol ?

R. Diviser les terres trop compactes par des moyens quelconques, c'est les *ameublir*.

D. Qu'est-ce qu'*effriter* une terre ?

R. C'est l'épuiser, l'user par des récoltes d'une même plante trop souvent répétée, ou par une culture faite sans fumiers ni engrais.

D. Comment appelez-vous la terre placée au-dessous de la terre végétale ?

R. On l'appelle *sous-sol*. Il est perméable quand il peut être traversé par l'eau, et imperméable quand il ne le peut pas.

CHAPITRE II.

D. Qu'entendez-vous par *terres sableuses* ou *sablonneuses* ?

R. On appelle *terres sableuses* ou *sablonneuses* celles dans la composition desquelles le sable entre pour plus de la moitié.

D. Quelles sont les propriétés de ces terres ?

R. Ces terres, dans les climats humides, sont assez fertiles ; dans les climats chauds et secs, elles sont stériles, à moins que l'on ne puisse les irriguer, c'est-à-dire y amener l'eau des rivières ou des ruisseaux voisins.

D. Quels sont les caractères des terres sableuses?

R. Les terres sableuses sont rudes au toucher; elles n'attirent ni ne retiennent l'humidité, ne se lient pas quand elles sont mouillées : elles n'offrent pas de résistance aux instruments de culture.

D. Quelles sont les terres qui peuvent encore être comprises parmi les terres sableuses?

R. On comprend dans cette division les terres *caillouteuses*, celles dont le sable est mélangé de petits cailloux; les terres *volcaniques*, celles produites par les volcans; les *terres de bruyères*, celles où le sable est fortement mélangé de débris végétaux se décomposant difficilement, comme les bruyères, les genêts et les feuilles d'arbres ou d'arbustes.

D. Comment doit-on cultiver les terres sableuses?

R. Les terres sableuses ne demandent pas à être remuées souvent par la charrue ; il faut les tasser avec le rouleau pour qu'elles puissent servir de point d'appui à la plante, et conserver un peu de fraîcheur ; il faut surtout les améliorer en y introduisant de l'argile et du calcaire.

D. Quelles espèces de fumiers ou engrais conviennent à ces terres ?

R. Il faut à ces terres des fumiers d'écurie, bien pourris, des *composts* ; les *boues* des villes, des étangs, la *chaux*, les *engrais verts* y réussissent aussi.

D. Dites-nous quelques-unes des plantes qui réussissent le mieux dans les terrains sableux?

R. Lorsqu'ils sont dans de bonnes conditions de climat et de profondeur, ils produisent le *froment*.

l'*orge*, le *colza*, la *pomme de terre*, le *seigle* et la *bet-terave* : le *chanvre* et le *lin* y viennent aussi.

D. Qu'entendez-vous par *terres argileuses* ?

R. On appelle *terres argileuses* celles qui renferment plus de la moitié d'argile.

D. Quels sont les caractères de ces sortes de terres ?

R. Ces terres sont très-serrées, humides et froides, se travaillent très-difficilement ; l'eau les rend inabordables, la sécheresse les durcit ; elles demandent beaucoup d'engrais d'abord, et en exigent moins ensuite.

D. Quelles sont les propriétés de ces terres ?

R. Lorsqu'elles sont très-argileuses, elles ne produisent qu'avec des travaux d'*assainissement ;* quand elles le sont peu, elles favorisent la végétation, en fournissant de l'humidité aux plantes, mais en même temps elles poussent beaucoup de mauvaises herbes.

D. Comment appelle-t-on ordinairement les terres argileuses ?

R. On les appelle *terres froides, terres grasses, terres fortes, eaux-bues* ou *herbues.*

D. Comment faut-il traiter les terres argileuses ?

R. Les terres argileuses demandent de nombreux labours qu'il ne faut pas donner en temps humide ; la terre alors se lèverait d'une seule bande, et durcirait trop. Il faut les diviser le plus possible avec la herse, et ne les mettre en culture que peu à peu, et par couches successives.

D. N'y a-t-il pas encore d'autres façons à donner à ces terres ?

R. Il faut les assainir par des tranchées, des fossés, ou le drainage : en un mot, il faut les ameublir.

D. Comment ameublit-on les terres argileuses ?

R. Avec des terres provenant des chemins, des

routes, avec des marnes, de la chaux, au moyen de labours fréquents et en y introduisant du sable.

D. Qu'est-ce que le drainage que vous conseillez à ces mêmes terres?

R. Le mot *drainage* est un mot anglais, employé aujourd'hui, qui veut dire *dessèchement;* il consiste surtout en l'emploi, pour dessécher un sol, de tuyaux en terre que l'on appelle *drains.* Nous y reviendrons.

D. Le mélange de ces deux terres, *argile* et *sable,* est donc bon?

R. Ce mélange est très-bon, il rend le sable plus consistant et l'argile plus friable.

D. Est-ce qu'on ne peut pas aussi améliorer les terres argileuses en les brûlant?

R. Oui, car brûlées, elles ne retiennent plus l'eau : mais cette opération qui consiste à brûler, couche par couche, la terre qu'on veut rendre végétale, est trop difficile, trop coûteuse pour être souvent employée.

D. Comment s'appelle cette opération?

R. On l'appelle *écobuage.*

D. Qu'est-ce que la terre glaise?

R. C'est une terre où l'argile est en excès : la *glaise* n'est que peu ou point cultivable.

D. Quelles sont les plantes à cultiver dans les terrains argileux?

R. Le *blé,* l'*épeautre,* le *colza,* le *trèfle* y réussissent bien. Les pommes de terre, les racines, les plantes qui poussent dans ces terres ne sont ni savoureuses ni riches.

D. Qu'est-ce que les *terres calcaires?*

R. Les *terres calcaires* sont celles où l'élément calcaire domine.

D. Quels sont les caractères de ces sortes de terres?

R. Ces terres, ordinairement blanchâtres, jaunâtres, repoussent la chaleur du soleil; elles deviennent facilement boueuses, quand il pleut; mais l'eau n'y séjournant pas, elles sèchent vite. Elles sont légères et se travaillent aisément.

D. Quelles sont les propriétés des terres calcaires?

R. Fraîchement labourées. elles s'émiettent facilement à l'air, se soulèvent par la gelée, retombent par le dégel, laissant ainsi quelquefois à nu les plantes qui souffrent de cette situation. Le calcaire forme un bon mélange avec le sable. auquel il donne du liant, et l'argile dont il diminue la ténacité; il entre pour beaucoup dans la composition de presque toutes les plantes.

D. Comment cultive-t-on les terres calcaires?

R. En temps sec, il faut les labourer souvent et profondément ; cette terre remuée a la propriété d'absorber pendant la nuit la vapeur d'eau que contient l'air. Elle demande beaucoup d'engrais.

D. Quels sont les engrais qui conviennent aux terres calcaires?

R. Les terres calcaires se desséchant promptement. se trouvent bien des engrais humides qui se décomposent difficilement; ainsi les fumiers de vache, de cochon, les fumures vertes enfouies dans le sol y réussissent.

D. Quelles sont les plantes à cultiver dans ces sortes de terres?

R. La *vigne*, le *houblon*, pourvu que la couche arable soit très-profonde; la *luzerne*, les *bois*.

D. Comment s'appellent les terres où le calcaire est très-abondant?

R. On les appelle *terres crayeuses;* elles sont arides : si le sous-sol est perméable, la vigne, les pâturages ou les bois peuvent seuls y réussir. Si elles ont un sous-sol imperméable, argileux, par exemple, elles peuvent devenir très fertiles.

D. Est-ce que le mélange des trois terres, *sableuses, argileuses* et *calcaires* forme un bon sol?

R. Le mélange de ces terres donne un sol excellent, il ne lui manque, pour être parfait, qu'un peu d'humus qui se produira vite, du reste, par la culture et les engrais.

D. Qu'est-ce que les terres *humifères*?

R. Ce sont des terres formées par une très-grande quantité de matières animales et végétales qui se sont lentement décomposées.

D. Comment se subdivise cette variété de terres?

R. Elle se subdivise en terrains *à tourbe*, et en terrains *marécageux*.

D. Qu'est-ce que la *tourbe*?

R. La *tourbe* est une matière formée de débris de feuilles, de racines et de plantes pourries sous l'eau, et convertie en une masse noirâtre et combustible.

D. Comment cultive-t-on les terrains tourbeux?

R. Il faut d'abord les assainir; puis, si l'on y met beaucoup d'engrais très-divisés, de chaux, de cendres, etc., on pourra quelquefois y récolter de l'avoine, du chanvre, etc. Il est meilleur de les exploiter, de les couper par couches et en mottes, et de les vendre comme chauffage. On pourra quelquefois, après l'extraction, les disposer en prairies.

D. Qu'appelle-t-on *terrains marécageux*?

R. On appelle *terrains marécageux* les terres constamment humides et mouillées.

D. Comment cultive-t-on ces terres?

R. Il faut d'abord les dessécher au moyen de *fossés*,

de *rigoles*, les *saigner*, comme on dit ; puis on les cultive suivant la nature du sol qui les compose. La chaux et les cendres y produisent bon effet ; on peut y planter des oseraies. Lorsqu'elles sont bien égoutées, le jardinage y réussit parfaitement.

D. Le sous-sol joue-t-il un rôle important en agriculture ?

R. Le sous-sol est très-important en agriculture ; on peut corriger ou augmenter la couche végétale en amenant, par les labours, le sous-sol à la surface ; il agit aussi suivant qu'il est ou n'est pas perméable.

D. Donnez-nous des exemples ?

R. Ainsi, une terre *sableuse* sur un sous-sol *argileux* ou *calcaire* se mélangera avantageusement, et réciproquement. Si la couche végétale repose sous un sous-sol *imperméable*, elle sera promptement desséchée par l'évaporation, et la végétation souffrira ; si le pays est humide, l'évaporation dans les mêmes conditions sera, au contraire, une cause de fertilité.

CHAPITRE III.

D. Vous nous avez expliqué les diverses terres, mais comment les reconnaît-on ?

R. La science, par l'*analyse*, donne plusieurs moyens de reconnaître les terres, mais ils ne sont pas à la portée de tout le monde : si l'on veut y recourir, il faut s'adresser à un chimiste : outre ceux plus pratiques que nous avons donnés, il en est un autre plus facile encore.

D. Quel est ce moyen ?

R. Les plantes sauvages connues de tout le monde nous fournissent le moyen de reconnaître les terres.

D. Dites-nous quelques-unes des plantes que l'on voit dans les terrains sableux ?

R. Le *serpolet*, la *véronique du printemps*, la *pensée sauvage*, la *petite oseille*, le *roseau des sables*, etc.

D. Et dans les terrains argileux ?

R. La *chicorée sauvage*, l'*anote* ou *arnotte*, le *pas-d'âne*, etc.

D. Et dans les terrains calcaires ?

R. La *gentiane*, le *buis*, le *pied-d'allouette*, la *goutte-de-sang*, etc.

D. Et dans les terrains tourbeux ?

R. La *laiche bourbeuse*, le *chou-blanc*, l'*herbe à coton*, les petites *mousses* dont on se sert pour l'emballage, etc.

D. Et dans les terrains marécageux ?

R. Le *trèfle d'eau*, la *valériane*, le *jonc*, la *menthe*, etc.

D. Les terres ne se composent-elles pas encore d'autres sels que ceux que nous avons nommés?

R. Dans toutes les terres il existe beaucoup d'autres sels en quantités variables à l'infini.

D. Quels sont les principaux de ces sels ?

R. La *potasse*, la *soude*, l'*ammoniaque*, l'*azote* déjà connu, la *rouille de fer*, etc.

D. Qu'est-ce que la *potasse?*

R. C'est un alcali formé par la rouille d'une espèce de métal : la potasse abonde dans la nature et se trouve dans la plupart des terres et des plantes. Les cendres de tous les végétaux en contiennent : c'est à cause de cela qu'on les emploie pour les lessives.

D. Qu'est-ce que la *soude?*

R. Plus rare que la potasse, la soude est aussi la

rouille d'un métal, et jouit des mêmes caractères que la potasse.

D. Qu'est-ce que l'*ammoniaque*?

R. C'est un alcali fourni, non par une rouille comme la potasse et la soude, mais par l'azote combiné avec un gaz appelé *hydrogène*. Il a une odeur piquante qui tire les larmes des yeux, c'est l'odeur pénétrante des écuries; les plantes, les animaux, en se putrifiant, en produisent beaucoup.

D. Qu'entendez-vous par *alcalis?*

R. On appelle *alcalis* des substances qui, comme la potasse, la soude et l'amoniaque, sont âcres et ont un goût d'urine. Ils sont liquides, gazeux ou solides.

D. L'azote est donc aussi dans le sol?

R. Oui, il y est presque toujours à l'état d'ammoniaque: il est produit par la décomposition des plantes et des animaux.

D. Qu'est-ce que la *rouille ou oxyde de fer?*

R. Lorsqu'on expose du fer poli à l'air, il se rouille: c'est cet effet qui se produit dans le sol sur le minerai de fer, qui y est très-répandu; c'est lui qui donne aux terres leur couleur rouge, jaune.

D. Puisque vous dites qu'il y a encore d'autres sels dans la terre, est-il bien important de les connaître?

R. Non, ils sont en trop grand nombre, et, pour la plupart, ne jouent, dans la composition des terrains et des plantes, qu'un rôle peu important.

D. Comment cela?

R. Pourvu qu'une terre ne soit ni trop sableuse, ni trop argileuse, ni trop calcaire, qu'elle ait un bon sous-sol, que l'eau n'y séjourne pas trop, qu'elle contienne un peu d'humus, qu'elle soit fumée et cultivée convenablement, elle contiendra toujours assez de matières minérales.

D. A quoi doit-on s'attacher pour bien apprécier un terrain ?

R. Il faut en considérer la pesanteur, faire attention à la finesse du grain de terre, à sa cohérence, à sa faculté de conserver l'eau et la chaleur.

D. Que peut-on remarquer à propos de la pesanteur ?

R. Plus une terre contient d'humus ou terreau, plus elle est légère : plus elle contient de sable, plus elle est lourde : l'argile tient le milieu.

D. Doit-on préférer les terrains émiettés à ceux qui sont graveleux ou pierreux ?

R. Oui, le trop de pierres nuit, rend la culture pénible, use les instruments, et empêche de répandre également la semence. Il est bon de les enlever à temps perdu.

D. Qu'est-ce que la *cohérence* du sol ?

R. C'est l'union de ses diverses parties, ce que l'on remarque dans l'argile, par exemple, qui se lève en grosses mottes. La cohérence du sol rend le labour difficile.

D. Quels sont les terrains qui retiennent facilement l'eau ?

R. Le terreau et l'argile retiennent facilement l'eau ; le sable la retient peu, le calcaire non plus.

D. La faculté pour un terrain de retenir l'eau est-elle importante ?

R. Une terre, dans ces conditions, est toujours plus ou moins humide : elle est toujours facilement cultivable.

D. Le soleil échauffe-t-il tous les terrains dans un même espace de temps ?

R. Non, un terrain humide est plus difficile à s'é-chauffer que celui qui ne l'est pas ; il s'échauffe plus ou moins, suivant sa position en pente ou en plaine, car on sait que plus les rayons du soleil tombent directement, plus ils sont ardents ; et aussi, suivant que sa couleur sera plus ou moins foncée. La couleur foncée absorbe la chaleur, la blanche la repousse.

D. Est-il utile qu'un terrain absorbe et garde la chaleur ?

R. Oui, car la chaleur hâte la végétation et l'accroissement des plantes.

D. Une terre fertile peut-elle devenir stérile ?

R. Oui, lorsqu'on y cultive successivement et plusieurs années de suite une même plante.

D. Comment cela se fait-il ?

R. Les plantes, nous l'avons dit, tirent du sol une certaine quantité de substances dont elles se nourrissent : il faut nécessairement les lui restituer.

D. Lorsqu'on restitue au sol de quoi combler les pertes qu'il a subies, conserve-t-il sa fertilité ?

R Dès qu'à temps, et dans de bonnes mesures, on rend au sol l'équivalent des pertes qu'il a subies par la nourriture des plantes, il conserve sa fertilité.

D. Comment appelle-t-on cet équivalent ?

R. On l'appelle *fumier* ou *engrais*.

QUATRIÈME PARTIE.

AMENDEMENTS. — ENGRAIS,

CHAPITRE PREMIER.

D. Qu'entendez-vous par *amendement* ?

R. On entend par *amendement* tout ce qui, naturellement ou artificiellement, a pour but de préparer la terre que l'on veut cultiver à produire le plus possible.

D. Donnez-nous des exemples d'amendements ?

R. Les labours, les herbages qui divisent le sol, y font pénétrer l'air et la chaleur ; les fossés, le drainage, l'écobuage, le sable dans les terres argileuses, compactes et humides ; les irrigations dans les terres sèches ; les matières noires absorbant la chaleur du soleil sur les terrains froids ; les matières blanches la repoussant sur les terrains chauds, sont des amendements.

D. N'y a-t-il pas des matières plus particulièrement nommées *amendements* et employées comme tels ?

R. Il en existe plusieurs.

D. Quelles sont-elles ?

R. La *chaux*, le *plâtre*, les *cendres* de diverses natures, la *suie*, les *salins*, les *faluns* ; mais comme ces matières, outre leur action sur le sol, fournissent aussi aux plantes diverses substances, nous en parlerons aux engrais.

D. Qu'appelle-t-on *engrais*?

R. On appelle *engrais* toutes les matières qui, enfouies dans le sol, ont pour but de fournir aux plantes une partie des substances dont elles ont besoin pour se nourrir.

D. Quelle différence faites-vous entre les amendements et les engrais?

R. En général, les amendements agissent sur le sol, et les engrais agissent sur la plante.

D. Il y a donc une grande distinction à faire entre les amendements et les engrais?

R. Non, car nous avons dit que certains amendements peuvent être en même temps des engrais; et nous verrons que tous les engrais agissent plus au moins comme amendements; qu'ils sont, dans l'acception ordinaire du mot, un véritable amendement.

D. Combien y a-t-il de sortes d'engrais?

R. Il y a cinq sortes d'engrais : 1° les engrais *minéraux;* 2° les engrais *végétaux;* 3° les engrais *animaux;* 4° les engrais *mixtes,* ou *animaux et végétaux;* 5° les *composts* (1).

(1) Il serait à désirer qu'une classification plus claire que toutes celles qui existent fût faite, spécialisant les amendements et les engrais, et désignant mieux les engrais entre eux. Dans la classification que nous avons adoptée, parce qu'elle est généralement acceptée par les agronomes, on tourne dans un cercle : amendements et engrais ne sont pas synonymes, et cependant beaucoup d'amendements agissent comme engrais, et presque tous les engrais agissent comme amendements, soit en divisant le sol, soit, au contraire, en le rendant plus compact. Ne pourrait-on, pour la pratique, n'adopter que trois catégories portant, ou à peu près, les noms suivants :

1° *Amendements.* Toutes les opérations ayant pour but l'amélioration, pour ainsi dire, mécanique du sol, en dehors de toute

D. Expliquez-nous l'utilité des engrais dans le sol?

R. Les plantes, avons-nous dit, prennent leur nourriture par les feuilles dans l'air, et dans la terre par les racines ; les aliments qu'elles prennent dans l'air se renouvellent sans cesse, il faut donc aussi renouveler ceux qu'elles prennent dans la terre au fur et à mesure qu'ils s'épuisent : c'est ce que font les engrais.

D. Tous les engrais conviennent-ils indistinctement à toutes les plantes?

R. Non, les plantes sont comme les animaux, il leur faut à toutes une nourriture appropriée à leurs besoins et à leur nature.

D. Quelles sont les conséquences que l'on peut tirer de ce principe?

R. La principale conséquence à tirer de ce principe, c'est que l'on ne doit pas faire revenir plusieurs années de suite une même plante sur un même sol, parce que, généralement, au bout d'un temps plus ou

idée d'apport de substances nutritives ; en un mot, tout ce qui dispose le sol à mieux recevoir et conserver les matières fertilisantes qui seraient fournies par les deux catégories qui suivent

2° *Fumier.* Le mélange intime des excréments des animaux avec la litière.

3° *Engrais.* Toutes les autres matières fertilisantes quelles que soient leur richesse et leur durée, quelle que soit leur composition naturelle ou artificielle.

Ainsi, croyons-nous, disparaîtrait la confusion qui existe entre les amendements et les engrais. Nous appelons sur cette question l'attention des hommes compétents.

Ce que nous pouvons dire, c'est que, par cette classification, nous avons rendu facile la tenue de notre comptabilité, en ce qui regarde la dépense, comme valeur et comme quantité, des engrais que nous employions annuellement sur chaque pièce de terre d'abord, et ensuite pour chaque récolte.

moins long , elle finirait par ne plus végéter, car elle n'y trouverait plus assez de ce qu'il lui faut pour vivre.

D. Est-ce qu'une terre épuisée pour une plante , l'est en même temps pour toutes les autres ?

R. Non, au contraire. Elle produira souvent d'autant mieux une plante d'une autre espèce , que depuis plus longtemps elle n'aura rien eu à lui fournir.

D. En rendant au sol , après une récolte , les substances prises par cette récolte, ne pourrait-on pas la continuer pendant plusieurs années successives ?

R. On ne le peut qu'imparfaitement , et toujours au préjudice de la plante : car il n'est pas possible de restituer exactement à une terre tous les principes nutritifs qu'elle a pu fournir. Il en est qui doivent se reformer naturellement (1).

D. Mais les arbres, la vigne, etc., persistent indéfiniment et sans altération dans les mêmes terres?

R. Ils doivent cette faculté à leurs racines qui . par

(1) Nous avons vu, dans le département de l'Aisne, une pièce de terre de plus de 30 hectares appartenant à une grande culture annexée à une fabrique de sucre, dans laquelle, pendant 35 ans consécutifs, on a semé et récolté de la betterave. Tous les ans, cette terre, comme engrais, recevait une grande quantité de composts fabriqués avec les résidus de la fabrique: écume de défécations, vieilles pulpes, débris de betteraves, chaux, etc. En prenant la direction de cet établissement, nous avons récolté des betteraves de la 35e année. La récolte, en poids, n'était point trop mauvaise, mais les racines ne nous donnèrent que 3 $^0/_0$ de sucre au lieu de 5 $1'_2$ que nous eûmes avec les autres betteraves. Nous les remplaçâmes la 36e année par de l'avoine. n'ayant pu débarrasser la pièce assez à temps pour y semer du blé; on ne vit jamais pareille récolte, les tiges dépassèrent 2 mètres de hauteur, et le grain était parfait.

leur grand développement, peuvent aller chercher très au loin leur nourriture; les plantes agricoles ne sont pas dans le même cas.

D. Tous les engrais conviennent-ils indistinctement à tous les sols ?

R. Non, la valeur des engrais pour tel ou tel sol est subordonnée à la nature de ce sol et à celle des plantes qu'il doit produire.

CHAPITRE II.

Engrais minéraux.

D. Qu'entendez-vous par *engrais minéraux?*

R. Ce sont des matières terreuses, pierreuses ou sableuses, qui ont la propriété d'augmenter la force productive du sol, et de fournir quelques parties de la nourriture nécessaire aux plantes.

D. Comment, en général, agissent ces engrais ?

R. Ces engrais divisent le sol, attirent l'humidité, hâtent la décomposition de certains autres engrais et fournissent aux plantes une partie de leur alimentation.

D. Quels sont les principaux engrais minéraux ?

R. Les principaux engrais minéraux sont : la *chaux,* la *marne*, le *plâtre*, les *cendres* et les *salins*.

De la chaux.

D. La *chaux* est-elle un bon engrais ?

R. Oui, la *chaux* est un bon engrais; toutes les plantes que nous cultivons en renferment.

D. A quels sols convient-elle ?

R. Elle convient à tous les sols qui en manquent, ou qui n'en ont pas assez, qu'ils soient argileux, sableux, calcaires ou humifères.

D. Quelle est l'action de la chaux dans le sol ?

R. La chaux agit comme nourriture ; elle aide à la décomposition de certains engrais, et corrige l'acidité ou aigreur particulière à certains terrains.

D. Comment s'emploie la chaux ?

R. Elle s'emploie vive ou éteinte : on appelle éteinte celle qui s'est dissoute au contact de l'eau ou de l'air.

D. Dans quels cas doit-on l'employer vive ?

R. On peut employer la chaux vive dans les sols nouvellement défrichés, dans les terres marécageuses, dans les prairies aigres, dans les tourbières, à la dose de 100 hectolitres environ par hectare.

D. Dans quel cas doit-on l'employer éteinte ?

R. Lorsque l'on veut surtout rendre de la chaux à un terrain qui en manque, on la mélange avec de la terre, du fumier ou autres engrais ; on l'emploie éteinte à raison de 60 hect. environ par hectare.

D. Comment emploie-t-on la chaux ?

R. Pour utiliser convenablement la chaux, il faut, à la fin de l'automne, la répandre bien également sur le sol, l'y laisser pendant tout l'hiver, ne la pas enfoncer trop profond, et, au moyen de petits labours, de hersages fréquents, la bien mélanger avec la couche végétale.

D. Quels sont les effets de la chaux dans le sol ?

R. La chaux divise les terres trop tenaces, donne de la consistance aux terres légères : elle détruit beaucoup de mauvaises herbes et d'insectes.

D. La chaux dispense-t-elle de l'emploi du fumier?

R. Non, on doit fumer comme si on ne chaulait pas : car, malgré toutes ses bonnes qualités, il ne faut pas abuser de son emploi : un chaulage tous les 6 ou 7 ans suffit.

De la marne.

D. Qu'est-ce que la *marne?*

R. C'est un mélange intime et naturel d'argile et de calcaire ; sa couleur est variée, elle est cependant plus souvent d'un blanc jaunâtre ; elle se réduit en poussière lorsqu'elle est exposée à l'air.

D. Y a-t-il plusieurs sortes de marnes ?

R. Oui, elle est calcaire, sableuse ou argileuse, suivant que l'une ou l'autre de ces substances domine.

D. Quel est le moyen de reconnaître la marne ?

R. Il en est plusieurs : mais le plus facile est celui donné par Mathieu de Dombasle.

D. Quel est ce moyen ?

R. Prendre un morceau de la terre que l'on croit marneuse, la faire sécher doucement près du feu, puis partager ce morceau bien sec en deux parties que l'on met chacune dans un verre à boire ordinaire. Dans l'un on versera un peu d'eau, de manière à ne mouiller le morceau qu'à moitié à peu près ; dans l'autre, on versera quelques gouttes d'acide muriatique ou de fort vinaigre.

D. Que se produira-t-il alors ?

R. Si la terre essayée est de la marne, le morceau mis dans le verre où il y a de l'eau se formera en bouillie, celui mis dans le second bouillonnera assez fortement.

D. Toutes les marnes sont-elles également bonnes ?

R. Non, la marne calcaire est la meilleure, puis vient la marne sableuse, et enfin la marne argileuse. Plus elle renferme de calcaire, mieux elle vaut.

D. A quelles terres conviennent les diverses marnes ?

R. La marne calcaire, comme la chaux, convient aux terres argileuses, aux nouveaux défrichés ; la sableuse, aux terres très-compactes. Quant à la marne argileuse, elle ne produit quelque effet que dans les terres sableuses très-légères, et il faut la laisser au moins un an à l'air avant de l'employer.

D. Comment s'emploie la marne ?

R. Il faut, après extraction, la laisser à l'air jusqu'à ce qu'elle soit bien émiettée, la remuer souvent, puis l'enterrer par des labours croisés. Sous peine d'user le sol, il faut donner, quand on marne, au moins une demi-fumure.

D. Où trouve-t-on la marne ?

R. Les diverses variétés de marne sont très-abondantes dans la nature ; on les trouve dans presque toutes les terres d'origine aqueuse, où elles forment des couches, des filons ou des amas considérables, à des distances plus ou moins éloignées du sol.

D. Quels sont les effets de la marne sur la végétation ?

R. La marne agit mécaniquement et chimiquement.

D. Comment agit-elle mécaniquement ?

R. Lorsqu'elle est sableuse, elle divise les sols trop compactes : quand elle est argileuse, elle agglomère les particules des sols sableux.

D. Comment agit-elle chimiquement ?

R. Elle agit chimiquement en s'emparant de l'eau, de l'azote et de l'acide carbonique, pour les rendre ensuite aux végétaux.

4

D. Quelle quantité de marne faut-il par hectare?

R. Il est difficile de bien préciser ce qu'il faut de marne à une terre ; suivant les pays, on marne tous les 6, 8, 10, 15 et même 20 ans ; la quantité varie de 40 à 60 hectolitres par hectare. Il vaut mieux, en tout cas, marner moins fort et répéter plus souvent.

D. C'est donc une bonne opération que de marner ses terres?

R. Le marnage est une bonne opération ; il bonifie le sol, il active la végétation des céréales, des racines, des pommes de terre; mais il faut fumer en même temps, car la marne n'est pas un engrais dans l'acception du mot.

D. N'y a-t-il pas, à propos du chaulage et du marnage des terres, un proverbe qui a cours dans les campagnes?

R. On dit de tous deux : qu'ils enrichissent les pères, et qu'ils ruinent les enfants.

D. Ce proverbe est-il vrai?

R. Ce proverbe a pris naissance de l'abus qui a été fait quelquefois de ces opérations et des mauvaises conditions dans lesquelles elles ont eu lieu; mais, quand elles sont faites convenablement, elles enrichissent le père et font la fortune des enfants.

CHAPITRE III.

Du plâtre ou gypse.

D. Qu'est-ce que le *plâtre?*

R. Le *plâtre* est un composé naturel de chaux, d'acide sulfurique (huile de vitriol) et d'eau ; il forme des amas considérables presque partout, exploités depuis longues années.

D. Comment s'emploie le plâtre ?

R. On l'emploie cru ou cuit, mais toujours réduit en poudre. Le plâtre cuit est plus cher que le plâtre cru : il lui est en tout préférable. On le répand au printemps, ordinairement à la main, lorsque les feuilles couvrent la terre et sont couvertes de rosée, ou par un temps pluvieux.

D. Combien faut-il de plâtre par hectare ?

R. De 250 à 300 kilog. à peu près : son effet se fait sentir pendant 3 ou 4 ans. Il est très-efficace sur les terres en état, mais sans grand effet sur les terres maigres. Les années pluvieuses ne lui valent rien.

D. A quelles plantes le plâtre convient-il ?

R. Aux trèfles, aux luzernes, aux prairies naturelles, le plâtre convient beaucoup. Il est bon aussi sur les pois, les haricots, les navettes, les colzas, les choux et plantes de même espèce.

D. N'y a-t-il pas des inconvénients pour ces derniers ?

R. Il active leur végétation autant que celle des herbes ci-dessus, mais les fruits plâtrés ne cuisent pas aussi facilement que ceux qui ne le sont pas.

D. Le plâtre est-il depuis longtemps employé en agriculture ?

R. Non, c'est vers la fin du XVIIIe siècle que Franklin, un Américain, parvint à en répandre l'emploi.

D. Comment s'y prit-il ?

R. Afin de rendre évident à tous l'effet remarquable du plâtre, il traça sur une prairie artificielle, avec du plâtre en poudre, ces mots : Ceci a été *plâtré*. Quand vint la fauchaison, cette inscription était très-lisible, tant les feuilles étaient vigoureuses et vertes dans la partie plâtrée.

D. Qu'advint-il ensuite ?

R. Il advint que ceux qui virent cette pièce de terre furent obligés de se rendre à l'évidence, employèrent le plâtre à leur tour, et l'usage s'en répandit bien vite.

D. Le plâtre ne peut-il être employé autrement que directement comme engrais ?

R. On peut employer le plâtre dans les tas de fumier, dans les fosses à purin ; il empêcherait un peu les mauvaises odeurs, car il a la propriété de fixer l'ammoniaque ; on pourrait en former une espèce de bourrelet à l'entour des fumiers pour retenir le purin.

Cendres.

D. Peut-on se servir utilement, comme engrais, des cendres de bois ?

R. Oui, mais leur haut prix est un grand obstacle à leur emploi. On se sert plus fréquemment des cendres lessivées.

D. Comment appelle-t-on les cendres lessivées ?

R. On les appelle *charrée*.

D. Comment les emploie-t-on ?

R. Pour employer les cendres, on choisit un temps sec, et on les répand sur le sol au moment des semences, ce qui vaut mieux que de les répandre sur les plantes levées; car, en quelques cas, elles attaquent les feuilles.

D. A quelles terres conviennent-elles ?

R. Les cendres conviennent surtout aux terres argileuses, aux herbues, aux défrichés de bois, aux prairies marécageuses, partout enfin où le sol est acide.

D. Pour quelles plantes peut-on les employer ?

R. Pour les *blés*, les *orges*, dont elles améliorent le grain ; elles sont très-efficaces pour les *betteraves*, les *colzas*, les *navettes*, etc.; et au printemps, elles font bon effet sur les *prairies*, les *trèfles* et les *luzernes*.

D. Quelle est la quantité à employer par hectare ?

R. La quantité de cendres à employer dépend évidemment de la nature des terres ; mais 50 à 60 hectolitres de charrée, la moitié, si ce sont des cendres vives, conviennent avec une demi-fumure pour un hectare de terre.

D. Ne se sert-on pas aussi de cendres de tourbe, de houille, d'herbes marines ?

R. Ces cendres valent moins que les cendres de bois, celles d'herbes marines sont assez bonnes. Elles s'emploient toutes de la même manière que les cendres de bois.

D. Quelles sont les meilleures cendres de bois ?

R. Les meilleures sont celles qui proviennent des ceps de vigne, du hêtre, du frêne et de l'orme.

Cendres pyriteuses.

D. Qu'entend-on par *cendres pyriteuses?*

R. On entend par *cendres pyriteuses* des dépôts naturels, très-communs en France, de matières végétales et minérales qui ressemblent un peu aux cendres ordinaires. Elles sont noires d'abord, puis deviennent rougeâtres à l'air.

D. Comment emploie-t-on les cendres pyriteuses?

R. On répand les cendres pyriteuses sur les prairies naturelles et artificielles, sur l'avoine, le tabac, le navet, la moutarde, dans la proportion de 5 hectolitres à l'hectare, une fois tous les 3 ou 4 ans.

4.

D. Pourrait-on dépasser cette quantité ?

R. Ce serait imprudent : elles sont utiles à petites doses ; mais, comme les cendres ordinaires, elles épuisent, elles dégraissent le sol, et elles ne dispensent pas de fumier.

De la suie.

D. Qu'est-ce que la *suie* ?

R. La *suie* est le produit de la combustion de la houille, du bois, ou de tout autre combustible ; elle forme un engrais très-riche, mais très-difficile à se procurer en grande quantité.

D. Quelles sont, comme engrais, les propriétés de la suie ?

R. Répandue par un temps calme, un peu humide, dans la proportion de 20 à 30 hectolitres par hectare, sur les terres sèches, elle sera très-favorable aux jeunes trèfles et aux céréales, même en temps de neige, et par-dessous.

Le falun.

D. Qu'appelle-t-on *falun* ?

R. On appelle *falun* une matière composée de coquillages formés en amas considérables dans certaines parties de la France, en Touraine notamment.

D. Quelles sont les propriétés du falun ?

R. Extrait du sol comme la marne, on le répand dans la proportion de 150 à 200 hectolitres par hectare ; il convient à toutes les plantes et à toutes sortes de terres, mais surtout aux terres argileuses.

Les platras.

D. Qu'appelez-vous *platras* ?

R. On appelle *platras* les débris, autres que le bois et la pierre, qui proviennent des démolitions, comme chaux, terre, plâtre, briques écrasées ou *pourries*.

D. Quelle est l'utilité des platras ?

R. Ils peuvent servir d'engrais ; s'il y a beaucoup de plâtre, on les répand sur les prairies, sur les jeunes colzas et navettes ; ils sont très-bons aussi pour les pommes de terre, les betteraves, etc.

Salins.

Sel commun, sel marin.

D. Le sel peut-il servir d'engrais ?

R. Non, si on l'emploie à fortes doses ; mais en petite quantité, à raison de 80 à 100 kilog. par hectare, il convient au *lin*, à l'*orge* et aux *prairies*.

D. Quel est l'effet du sel sur les plantes ?

R. Il augmente leur saveur, les rend plus nourrissantes et plus agréables à manger.

D. N'y a-t-il pas encore d'autres matières minérales qui peuvent servir d'engrais ?

R. Il en est beaucoup ; nous citerons : la *boue* des chemins et des routes : le *curage* des fossés qui les bordent ; la *vase* des mares, des étangs, bien égouttée.

D. Quel est l'effet de ces matières ?

R. Elles sont très-favorables à la végétation, parce que, plus ou moins, elles renferment toutes des substances animales et végétales très-décomposées ; elles conviennent à toutes les terres et à toutes les récoltes.

D. La terre rapportée sur une autre terre peu profonde ou épuisée, ne peut-elle pas être considérée comme un engrais ?

R. La terre rapportée, lorsqu'elle est neuve, peut être regardée comme un engrais et convient à tous les sols et à toutes les récoltes.

CHAPITRE IV.

Engrais végétaux.

D. Qu'entend-on par *engrais végétaux?*

R. On entend par *engrais végétaux* toutes les plantes ou débris de plantes que l'on enfouit dans le sol, sans les avoir employés comme nourriture, et sans les avoir imprégnés de substances animales.

D. Ce mode d'engrais par les végétaux est-il depuis bien longtemps employé ?

R. C'est l'engrais primitif, c'est celui employé par la nature pour les plantes qui croissent sans culture ; elles poussent, laissent tomber leurs feuilles, meurent, se décomposent dans le sol et servent de nourriture aux plantes qui les remplacent.

D. Les engrais végétaux sont-ils riches ?

R. Ils sont moins riches que les fumiers et les engrais animaux ; mais, dans certaines conditions de sol et de position, ils offrent au cultivateur de très-grands avantages.

D. Quels sont ces avantages ?

R. Ils rendent au sol plus qu'ils ne lui ont pris ; ils y retiennent l'humidité ; ils augmentent l'épaisseur de l'humus, et, lorsqu'un cultivateur entre en ferme avec peu de bétail, qu'il ne peut se procurer de fumier, ou qu'il a des terres éloignées et de difficile accès, il lui est très-avantageux d'employer ces engrais.

D. A quels terrains ces engrais sont-ils applicables?

R. Ils conviennent à tous les sols, mais surtout aux terres sèches et légères, aux terrains calcaires ; ils produisent plus d'effets dans les pays méridionaux que dans les pays froids et humides.

D. Lequel vaut le mieux d'employer, seules ou mélangées, les substances végétales comme engrais ?

R. La variété est la loi générale pour la nourriture de tous les êtres ; les animaux ont besoin d'une alimentation variée. Il en est de même pour les plantes : les engrais végétaux, comme les autres engrais, gagnent à être mélangés.

D. Est-il nécessaire de semer les plantes que l'on veut enfouir sur le terrain même que l'on veut fumer ?

R. Non ; si le transport n'est ni coûteux ni pénible, on peut les amener d'ailleurs sur le terrain que l'on veut amender.

D. Quelle est la manière d'employer, sur place, les engrais verts ?

R. Il faut semer plus épais que si l'on devait récolter ; éviter les terres maigres ; fumer un peu, si c'est possible ; les enfouir quinze jours ou trois semaines avant les semailles pendant qu'elles sont en fleurs.

D. Pourquoi pendant qu'elles sont en fleurs ?

R. Pour empêcher les graines de mûrir et de se reproduire dans le sol, et aussi pour qu'elles épuisent moins la terre.

D. Combien durent les fumures vertes ?

R. Dans les terres et les contrées sèches, les fumures vertes ne durent guère plus d'un an ; dans les pays humides, dans des terres fraîches, elles durent plus longtemps.

D. Quelles sont les plantes que l'on emploie ordinairement comme engrais vert ?

R. Outre les *chaumes*, les *gazons*, les *herbes* poussées spontanément, on emploie ordinairement les *lup ns*, la *spergule*, le *sarrazin*, le *trèfle*, le *colza*, les *fèves*, les *céréales*.

D. Comment s'emploient les lupins ?

R. Les lupins sont les meilleurs engrais verts, surtout pour les terres sableuses ; ils réussissent mal dans les terrains calcaires ; on les sème à la quantité approximative de deux hectolitres et demi par hectare.

D. Comment s'emploie la *spergule (spargoule)* ?

R. Cette plante convient aux terres siliceuses ; elle pousse si rapidement qu'on peut en faire trois récoltes par an. Dans ce cas, on la sème en mars, on l'enfouit en mai ; on la resème immédiatement, on l'enfouit en juillet ; on recommence pour l'enfouir en octobre.

D. Comment s'emploie le *sarrazin* ?

R. Généralement, on lui laisse subir une gelée avant de l'enfouir ; il lui faut une terre assez riche ; on sème à raison d'un hectolitre et demi à l'hectare.

D. Comment s'emploient le *colza*, la *navette*, les *céréales* ?

R. Le peu de dépense que nécessite la semence du colza, de la navette, fait qu'on les emploie quelquefois pour engrais vert. On les sème à raison de 12 à 15 litres par hectare ; il leur faut de bonnes terres. De toutes les céréales, le seigle seul, en raison de sa prompte végétation, et parce qu'il pousse dans des terres médiocres, est employé comme engrais vert.

D. Quelles sont les règles principales à observer dans la culture des engrais verts ?

R. Pour faire avantageusement des engrais verts, il

faut que la semence soit peu coûteuse ; que la plante soit dans une terre où elle puisse se développer promptement. et qu'elle soit peu épuisante. Il est bon. nous l'avons dit, de faire des mélanges.

D. Est-ce qu'il n'y a pas d'autres produits végétaux qui peuvent encore servir d'engrais ?

R. Tous les végétaux ou leurs débris peuvent être utilisés. après décomposition, comme engrais ; les plus employés sont : le *goëmon*, les *tourteaux* et les *feuilles*.

D. Qu'est-ce que le *goëmon*?

R. C'est un mélange de plantes marines que l'on retire de la mer. ou qui sont jetées par elles sur les bords. Il convient aux terres humides des contrées maritimes; mais il est meilleur mélangé avec du sable de mer, des gazons ou du fumier de ferme.

D. Qu'entend-on par *tourteau* ?

R. On donne ce nom aux résidus des graines dont on retire l'huile ; il y a des tourteaux de *colza*, de *navette*, de *lin*, de *chènevis*. de *cameline*, de *noix*, etc.

D. Les tourteaux sont-ils un bon engrais ?

R. Les tourteaux sont un très-bon engrais ; ils conviennent aux plantes dont on veut activer la végétation. ou à celles qui ont souffert. Ils sont bons pour les *betteraves*, le *tabac*. le *lin*. etc.

D. Comment les emploie-t-on ?

R. Quelquefois seuls, réduits en poudre ; on les sème à la volée, à raison de 12 à 1500 kilog. à l'hectare, au commencement du printemps; le plus souvent on les mélange avec du purin avant de les répandre. D'une manière ou d'une autre, ils sont employés en couverture. ou enfouis par un léger coup de herse.

D. N'y a-t-il pas quelques précautions à prendre dans l'emploi des tourteaux ?

R. Il faut éviter de répandre les tourteaux au moment de la semence, ou peu de temps avant ; ils s'opposent quelquefois à la germination. C'est 15 jours au moins avant qu'il faut les semer ; on les laisse quelques jours sur le sol avant de les enfouir.

D. Peut-on faire de bons engrais avec les *feuilles mortes*, les *marcs*, etc. ?

R. Tous ces débris, ainsi que les résidus de distilleries, de sucreries, de féculeries, les marcs de raisins, de pommes, de poires, sont de très-bons engrais : on les emploie généralement en composts. Les marcs de raisins sont souvent employés seuls comme engrais pour la vigne.

CHAPITRE V.

D. Qu'appelle-t-on *engrais animaux ?*

R. On appelle *engrais animaux* tout ce qui provient de l'homme et des animaux et qui est employé sans mélange avec d'autres engrais.

D. Quelles sont les matières qui constituent les engrais animaux ?

R. Les engrais animaux se composent des *excréments divers*, du *guano*, de la *colombine*, du *sang*, de la *chair*, des *os*, des *cornes*, des *peaux*, de la *laine*, etc.

D. Ces engrais agissent-ils tous de la même façon ?

R. Non, le sang, les chairs, les excréments, par leur décomposition prompte et facile, sont rapidement absorbés par les plantes ; les autres se décomposent moins vite, donnent les mêmes principes, mais beaucoup plus lentement.

D. Quels sont les effets de ceux de ces engrais qui se décomposent facilement?

R. Employés sans préparation, leur transport est souvent pénible. Ils nuisent quelquefois aux plantes par leurs émanations trop abondantes, ils les brûlent : et enfin, presque toujours, ils leur communiquent une odeur et une saveur désagréables.

D. Quels sont les effets des engrais animaux qui se décomposent difficilement?

R. Ils ne nuisent jamais aux plantes, au profit desquelles ils fournissent lentement, mais longtemps, une bonne nourriture.

D. Quelle est la règle générale à suivre dans le traitement de ces dernières matières?

R. Il ne faut pas les entasser pour les faire pourrir, elles se décomposent alors en pure perte ; il faut les employer suivant les besoins plus ou moins pressants des plantes, et les diviser préalablement le plus possible.

D. Les excréments humains sont-ils un bon engrais?

R. Oui, on les utilise ordinairement après une légère fermentation, à l'état frais, sous les noms d'*engrais flamand, courte graisse, gadoue;* ou à l'état de *poudrette,* c'est-à-dire desséchés à l'air et réduits en poudre.

D. A quelles terres ces engrais conviennent-ils?

R. A l'état frais, ils conviennent aux terres légères ; en poudrette, aux terres fortes : leur action, qui dure peu, est très-énergique sur toutes les plantes, qu'ils font pousser surtout en herbe et en feuilles.

D. Ne communiquent-ils pas aux plantes une odeur, une saveur désagréables ?

R. Presque toujours, s'ils sont employés purs ; on peut les réserver pour les plantes qui ne sont mangées qu'après cuisson ou transformation.

D. Quelle est la manière de préparer ces engrais pour les employer utilement ?

R. Il faut mélanger autant que possible, dans une fosse maçonnée, les excréments solides avec les urines des animaux ; puis, dans des tonneaux, les transporter sur les terres, que l'on arrose avec le tonneau lui-même, ou avec tout autre instrument.

D. A quelles plantes conviennent-ils ?

R. A toutes les plantes, mais surtout au tabac, au colza et aux céréales qui ont souffert pendant l'hiver : généralement, on y ajoute de l'eau pour qu'ils ne soient pas trop actifs : 15 à 20 hectolitres suffisent par hectare.

D. Ne peut-on désinfecter ces engrais ?

R. On peut les désinfecter très-facilement en versant dans la fosse, au moment du mélange, par chaque hectolitre de matières 4 kilog. de plâtre cuit et en poudre, 2 kilog. de poussière de charbon, et un demi kilog. de couperose verte : on les manipulera alors sans souffrir de la mauvaise odeur.

D. N'est-il pas préférable de les employer mélangés ?

R. Il est presque toujours préférable d'employer ces engrais mélangés avec de la terre, de la tourbe, et d'y joindre du plâtre, du poussier de charbon. Ils sont plus transportables et moins dangereux pour les plantes.

D. La poudrette est-elle un bon engrais ?

R. Il est moins riche que les précédents, car la poudrette a perdu, dans les diverses préparations qu'elle a subies, beaucoup de ses principes : la poudrette cependant est avantageuse : elle est plus facile à employer, et, répandue à raison de 30 hectol. environ par hectare, elle produit de bons effets dans les terres argileuses; elle ne communique pas d'odeur aux plantes.

D. Qu'est-ce que le *guano*?

R. Le *guano* est un produit amoncelé depuis plusieurs siècles en certains lieux, formé par les excréments de nombreux oiseaux de mer.

D. Où trouve-t-on le guano?

R. Dans les îles de la mer du Sud, au Chili et au Pérou ; on en transporte d'immenses quantités dans toute l'Europe.

D. Le guano est-il un bon engrais?

R. Le guano est un très-bon engrais ; il est très-énergique, mais dure peu. Il est bon de fumer en même temps qu'on le répand ; 250 à 400 kilog. par hectare suffisent, suivant la nature du sol et des plantes.

D. Comment s'emploie le guano?

R. Il faut le pulvériser s'il ne l'est pas, et le répandre sur une terre nue peu de jours avant les semences ; on le recouvre immédiatement par un coup de herse ; sur une récolte levée on ne l'enterre pas. Il faut, dans tous les cas, le semer par un temps brumeux, humide ou pluvieux.

D. N'y a-t-il pas encore d'autres règles à observer dans l'emploi du guano?

R. Le guano ne doit, en aucun cas, être mis en contact avec la semence ; sur les terrains en prairies ou en herbages, il ne faut pas le répandre passé le mois d'avril. On peut aussi l'employer dissous dans de l'eau, dans la proportion de 6 kil. par hectolitre, pour arroser les prairies.

D. A quelles plantes convient-il?

R. Aux racines, betteraves, pommes de terre, aux jeunes trèfles, aux céréales, au maïs, au colza et aux prairies. Pour ces dernières, il est bon aussi de le mélanger avec de la terre un peu argileuse.

D. Ne vaudrait-il pas mieux l'employer toujours mélangé ?

R. C'est l'avis d'un grand nombre de cultivateurs et d'agronomes ; on peut le mélanger avec du fumier de ferme, des terres, du plâtre. La sécheresse lui est nuisible. En un mot, le guano est d'un bon secours, mais il ne faut pas en abuser.

D. Qu'est-ce que la *colombine* ?

R. C'est le guano de la ferme : ce nom de *colombène* appartient aux excréments de pigeons ; on le donne, en général, à tous ceux qui proviennent des oiseaux de basse-cour; ceux de poules, de dindons sont moins riches ; ceux d'oies, de canards sont mauvais.

D. Comment et à quoi emploie-t-on la colombine ?

R. On ne doit employer la colombine qu'à l'état sec; humide, elle nuit aux herbes; à cause de la petite quantité produite, on la réserve pour certaines cultures spéciales: le *lin*, le *tabac*, et pour les *plantes du jardin*.

SUITE DU CHAPITRE PRÉCÉDENT.

D. Qu'entend-on par *parcage* ?

R. On entend par *parcage* le séjour forcé que l'on fait faire aux moutons sur une pièce de terre que l'on veut fumer; l'enceinte formée pour obtenir ce résultat s'appelle *parc*.

D. Comment se forme un parc ?

R. Il se forme au moyen de claies disposées en carré; ces claies ont 1 m. 50 c. de hauteur sur 2 m. 50 c. à 3 m. de longueur, et sont en osier, ou en voliges légères de 0 m. 15 cent. de largeur, assemblées sur des montants en bois dur, à 15 cent. à peu près l'une de l'autre.

D. Lesquelles de ces sortes de claies valent le mieux ?

R. Celles en bois léger sont préférables à celles en osier ou en coudrier, qui, entrelacées, ne permettent pas, comme les premières, à l'air de circuler.

D. Comment fixe-t-on ces différentes claies au sol ?

R. On fixe les claies au sol au moyen d'un bâton nommé *crosse*, qui traverse à la fois les deux claies dans la partie qui leur est commune, aux deux tiers de leur hauteur ; puis il rejoint le sol par un de ses bouts qui finit en patte recourbée ; cette patte, percée, est fixée par une fiche que l'on enfonce en terre. A son autre bout, cette crosse est munie de deux chevilles pour maintenir les claies en avant et en arrière.

D. Quelles sont les conditions nécessaires pour un bon parcage ?

R. Il ne faut pas que le parc soit trop grand ni trop petit; trop grand, il est difficile à surveiller ; trop petit, il devient dispendieux : il faut de 250 à 500 bêtes dans un parc.

D. Quel est l'espace à donner à chaque bête ?

R. L'espace à donner dépend de l'abondance de l'alimentation et de la taille des animaux. On peut en mettre de 40 à 80 par are et par nuit, suivant que l'on veut donner un parcage faible ou un parcage fort.

D. Quelle quantité de terre peut parquer un mouton ?

R. Un mouton peut parquer 2 m. 50 par nuit, s'il y en a 40 par are ; ou 1 m. 25 s'il y en a 80, mais dans ce cas c'est un fort parcage.

D. A quels sols le parcage convient-il ?

R. Tous les sols profitent du parcage : les terrains argileux, qui demandent un engrais chaud ; et les terrains sablonneux, sur lesquels le piétinement des moutons produit un excellent effet. Toutefois, il faut éviter de parquer par un temps humide sur un sol argileux.

D. Comment doit-on disposer la terre que l'on veut faire parquer ?

R. On doit cultiver à plat la terre que l'on veut faire parquer ; la labourer immédiatement avant le parcage, pour que la terre s'imprègne mieux des déjections des animaux.

D. A quelle époque parque-t-on ?

R. Dès le mois de mai jusqu'à fin d'octobre. Dans le fort de l'été le parcage commence tard et finit tôt, mais on y ramène les moutons au milieu du jour, à moins que le soleil ne soit trop ardent ; les stations sont d'environ 4 heures chacune. Lorsque la saison est avancée, le parcage commence à 7 heures du soir, et dure jusqu'à 9 où 10 heures du matin.

D. Ne faut-il pas changer le parc de place ?

R. On voit que la durée totale du parc est d'environ 15 heures par jour, il ne reste aux moutons que 9 heures pour s'alimenter. On doit changer le parc de place au moins une fois par nuit, les stations dépendent de la force que l'on veut donner aux parcages.

D. Comment et par qui est surveillé le parcage ?

R. Le parcage est surveillé par le berger, qui doit passer la nuit au champ ; il couche dans une cabane en bois montée sur des roues et qui suit le parc à mesure qu'on le change de place : ses chiens circulent extérieurement à l'entour.

D. A quelles plantes est-il bon d'appliquer le parcage ?

R. A toutes les récoltes qui n'ont rien à redouter d'un engrais trop actif : aux prairies, à la navette, au colza, aux céréales, pour lesquelles il ne doit pas être trop fort, aux racines. Les fabricants de sucre n'aiment pas les betteraves qui en proviennent, à cause de la difficulté qu'ils ont à en retirer le sucre.

D. Quels sont les avantages du parcage ?

R. Les parcages sont avantageux lorsque l'on manque de litière, lorsque la paille est chère, ou que l'on trouve à la vendre avantageusement ; il est utile encore pour les terres éloignées et d'un difficile accès.

D. L'effet du parcage se fait-il sentir longtemps ?

R. Deux ans au plus, aussi est-il bon de fumer en même temps la pièce que l'on fait parquer.

Du sang.

D. Le sang, la chair des animaux forment-ils un bon engrais ?

R. Le sang, les chairs des animaux forment un très-bon engrais ; mais il est ordinairement difficile de se les procurer en grande quantité. En outre, ils sont difficiles à employer à cause de leur prompte décomposition, et parce que l'on manque souvent des moyens de les désinfecter ou de les dessécher.

D. Les os, les cornes, les sabots, les poils, les plumes, etc., ne peuvent-ils aussi être employés comme engrais ?

R. Oui, tous ces débris sont des engrais énergiques et de longue durée. Les os seuls sont d'un grand emploi.

D. Comment emploie-t-on les os pour engrais?

R. Sous deux formes différentes : sous forme d'os verts, c'est-à-dire en leur état naturel, et sous celle d'os carbonisés, c'est-à-dire amenés par le feu à l'état de charbon.

D. Comment appelle-t-on les os carbonisés?

R. Lorsque les os sont carbonisés, ils prennent le nom de *noir animal*.

D. Comment obtient-on le noir animal?

R. Ce produit deviendrait trop coûteux, s'il fallait le fabriquer directement en vue de l'agriculture; on l'obtient en calcinant des os en vases clos. Il est surtout employé dans les fabriques et raffineries de sucre. C'est, du reste, après cet emploi qu'il est le meilleur comme engrais.

D. Comment emploie-t-on les os verts?

R. Qu'ils aient été ou non lavés ou fondus, que l'on en ait ou non retiré la gélatine ou la graisse, il faut les broyer, les diviser le plus possible, ou les laisser se dissoudre dans de la terre ou du fumier. Ils conviennent à tous les sols où la chaux manque.

D. L'emploi des os est-il bien avantageux?

R. Les os produisent bon effet sur les prairies, sur les céréales, surtout lorsqu'ils sont mélangés avec les fumiers de ferme ; mais leur prix est trop élevé maintenant, pour que l'on puisse avantageusement s'en servir.

D. Le noir animal est-il depuis longtemps employé en agriculture?

R. C'est vers 1820 que M. Fabre, maire de Nantes,

et M. Payen, de l'Institut, ont signalé les bons effets du noir animal sur la végétation. Depuis cette époque, il s'est tellement généralisé qu'il donne lieu à un commerce très-important. Avant, il était jeté comme inutile.

D. Dans quelles conditions cet engrais est-il utile?

R. Il a produit merveille dans les immenses défrichés qui ont été faits depuis quelques années dans les départements de l'Ouest. C'est donc dans les sols nouvellement mis en culture qu'il convient le mieux. Celui qui sort des raffineries est bon aussi pour les terres fatiguées.

D. Comment emploie-t-on le noir animal?

R. Le noir animal, à la dose de 4 hectolitres par hectare, réussit dans les terres neuves; il faut augmenter la quantité dans les vieilles terres; on le répand au moment de recouvrir la semence avec la herse. Son effet dure de 8 à 10 ans.

D. Les chiffons de laine sont-ils un bon engrais?

R. Les chiffons de laine sont un bon engrais, partout où l'on pourra s'en procurer à bas prix; on les emploiera utilement pour les houblons, les pommes de terre, les colzas, les navettes et les choux.

D. A quelles terres les chiffons de laine conviennent-ils?

R. Particulièrement aux terres légères des contrées froides, et aux argiles dans les terrains secs. Il faut les bien diviser avant de les employer. Ils durent longtemps, et 1,500 kilog. joints à une demi-fumure suffisent à un hectare de terre.

D. Résumez ce que vous avez à dire des engrais animaux?

R. Tous les débris animaux, les résidus des tanneries, des maréchaux, etc., peuvent-être tous employés comme engrais. Il est bon que le cultivateur ne rejette rien de ce qu'il peut s'en procurer.

CHAPITRE VI.

D. Qu'entend-on par *engrais mixtes?*

R. On entend par *engrais mixtes* les fumiers, parce qu'ils sont composés des excréments solides et liquides des animaux, et d'une substance végétale appelée *litière.*

D. Les fumiers sont-ils bien importants comme engrais ?

R. Ce sont les premiers de tous les engrais ; c'est la fortune de la ferme, la cheville ouvrière de l'agriculture. Les autres ne sont en quelque sorte que des accessoires dont on peut tirer bon parti, mais sur lesquels on ne peut compter d'une manière absolue.

D. Quels sont les avantages des fumiers ?

R. Mieux qu'aucun autreengrais, ils favorisent le développement complet des plantes ; ils améliorent le sol de plusieurs façons, en y laissant beaucoup de parties fertilisantes dont l'effet dure pendant plusieurs années.

D. Pourquoi les fumiers sont-ils meilleurs que les autres engrais ?

R. Parce que, plus que les autres, ils sont constitués de parties assimilables et facilement absorbées par les terres d'abord, et par les plantes ensuite.

D. Les engrais que nous avons étudiés jusqu'ici ne pourraient donc pas suffire à une bonne culture ?

R. On ne peut se passer de fumier, les autres engrais peuvent rendre des services ; mais c'est la ferme surtout qui doit fournir les moyens de fertiliser le sol, en faisant servir la production elle-même à la reproduction.

D. Que doit faire le cultivateur pour atteindre ce but ?

R. Il doit proportionner le nombre de ses bestiaux à l'étendue de sa culture, et s'il veut du bon fumier les nourrir convenablement.

D. Pourquoi cela ?

R Parce que la quantité et la qualité des fumiers dépendent de la quantité et de la qualité des nourritures que les animaux reçoivent.

D. Faites-nous connaître, suivant leur ordre, les nourritures qui produisent le meilleur fumier ?

R. Ce sont les fourrages, les grains, les tourteaux, les pulpes de betteraves qui donnent les meilleurs fumiers ; puis les fourrages verts, et enfin la paille, qui donne les moins bons.

D. Est-ce que l'état de santé des animaux n'influe pas aussi sur les qualités des fumiers ?

R. Oui, les fumiers des animaux en bonne santé, gras ou en graisse, est meilleur que celui des animaux maigres ou maladifs.

D. Ne distingue-t-on pas encore les fumiers en fumiers chauds et en fumiers froids ?

R. Oui, les animaux qui vivent d'herbes sèches, de son, etc.. donnent des fumiers chauds ; ceux qui vivent de racines, d'herbes vertes, d'aliments enfin renfermant beaucoup d'eau, donnent du fumier froid.

D. Qu'y a-t-il a considérer dans les fumiers ?

R. Deux choses sont à considérer dans les fumiers : la *qualité* et la *quantité*.

D. De quoi dépend la quantité des fumiers ?

R. La quantité des fumiers dépend de la quantité de nourriture et de litière qui est fournie aux animaux.

D. De quoi dépend la qualité ?

R. La qualité dépend de la nature et de l'état des animaux, de la qualité de la nourriture et de la litière, et aussi de la manière dont les fumiers sont traités.

D. Ne les distingue-t-on pas encore en fumiers pailleux et en fumiers courts ?

R. Oui, on appelle fumiers *pailleux* ou *longs* ceux qui ne sont pas entièrement décomposés, et fumiers *courts* ceux dont la décomposition est plus au moins avancée.

De la litière.

D. Parlez-nous de la litière ?

R. Les litières influent sur la qualité des fumiers : elles sont loin de se valoir toutes. Les meilleures sont celles qui s'imprègnent le mieux des excréments solides et liquides.

D. Quelles sont les matières qui remplissent le mieux ces conditions ?

R. Ce sont les pailles, mais elles ne sont pas toutes également bonnes.

D. Comment les classe-t-on ?

R. Les meilleures sont les pailles de blé et de seigle ; puis, celles d'orge et d'avoine ; enfin, celles de pois, de fèves, de colza, de haricots, etc. Ces dernières procurent un mauvais coucher à l'animal et ont, en outre, l'inconvénient de se tasser difficilement.

D. Ne peut-on remédier à cet inconvénient ?

R. On le peut en les broyant, en les humectant, en les faisant piétiner ; on les utilise en les mettant sous la paille, dans la litière pour les moutons.

D. Après ces matières. quelle est la meilleure li-tière ?

R. Celle faite avec la fougère ; elle donne du bon fumier : il faut, pour l'employer. la couper avant la maturité des graines et la faire sécher.

D. Et après la fougère ?

R. La bruyère ; elle se décompose lentement, mais elle donne du bon fumier ; il faut la mélanger avec la paille, ou la laisser assez longtemps sous les animaux en la recouvrant chaque jour d'un peu de paille.

D. Les genêts, les feuilles d'arbres, la mousse, ne sont-ils pas aussi employés comme litière ?

R. On emploie les genêts coupés en vert et mélangés avec de la paille : les feuilles d'arbres conviennent assez, aussi mélangées avec la paille ; quant aux mousses. elles valent moins ; elles sont trop lentes à se décomposer.

D. Les joncs. les roseaux sont-ils bons ?

R. Les joncs, les roseaux sont très-médiocres comme litière ; il faut les broyer avant de s'en servir.

D. Ne fait-on pas aussi litière avec de la terre, du sable et de la marne ?

R. Oui, mais ces matières sont d'un emploi difficile ; elles se mélangent mal aux excréments , et s'attachent aux poils des animaux, qu'elles salissent.

D. Aucune de ces matières ne peut donc remplacer la paille ?

R. Aucune ; on les emploie à défaut de paille ; il vaut mieux, comme engrais, les employer en compost.

CHAPITRE VII.

Fumier de mouton.

D. Quelle est la qualité du fumier de mouton?

R. Le fumier de mouton est très-riche; son effet se fait sentir moins longtemps que celui des bêtes à cornes, mais plus longtemps que celui du cheval; son action, très-énergique la première année, ne dure guère que deux ans.

D. A quels terrains, à quelles plantes convient-il surtout?

R. Le fumier de mouton convient à tous les terrains, mais davantage aux terres argileuses et froides; il est supérieur à tout autre pour le colza et la navette. Il nuit, dit-on, aux qualités industrielles du lin, de l'orge et de la betterave.

D. Quelle quantité de fumier de mouton peut-on mettre par hectare?

R. 15 à 20,000 kilog. de fumier de mouton suffisent pour un hectare de terre.

D. Les moutons exigent-ils une abondante litière?

R. Non; leurs crottins étant très-secs, fermentent lentement et se mélangent difficilement avec la litière, qu'il ne faut pas renouveler trop souvent; une litière pesant le quart de la nourriture absorbée est suffisante.

D. Que dites-vous du fumier de chèvre?

R. Qu'il jouit à peu près des mêmes propriétés que celui du mouton.

Fumier de cheval.

D. Quelles sont les qualités du fumier de cheval?

R. Le fumier de cheval est le plus chaud, le plus actif de tous les fumiers, mais il se décompose vite. Il est d'autant meilleur que l'animal travaille et est bien nourri.

D. Quelle est la quantité de litière à donner à un cheval?

R. On doit donner en litière à un cheval à peu près la moitié du poids de ce qu'il consomme en nourriture.

D. A quelles terres convient le fumier de cheval?

R. Il convient surtout aux terres froides, compactes; il n'est bon aux terres légères que dans les climats froids ou humides; il leur est nuisible dans les contrées chaudes. Il profite à toutes les plantes.

D. Quelle est la quantité de fumier de cheval à mettre par hectare?

R. On peut employer le fumier de cheval à raison de 25,000 à 35,000 kilog. à l'hectare.

D. Quelle quantité de fumier un cheval produit-il annuellement?

R. Un cheval qui se porte et mange bien, qui reçoit en litière, par jour, 2 kilog. et demi de paille, peut fournir, par an, environ 8,000 kilog. de fumier.

D. Quel est le poids approximatif du fumier de cheval?

R. Le mètre cube de fumier de cheval, sortant de l'écurie, pèse à peu près 400 kilog.; quand il est à demi-pourri, il pèse environ 600 kilog.

D. Que dites-vous du fumier de mulet et d'âne?

R. Les fumiers de mulet et d'âne sont à peu près

aussi estimés que celui du cheval : ils ont les mêmes propriétés.

Fumiers des bêtes à cornes.

Bœufs, vaches.

D. Quelles sont les qualités du fumier des bêtes à cornes ?

R. Le fumier des bêtes à cornes, moins actif que celui de cheval, dure plus longtemps ; il n'altère pas la qualité des produits. Le fumier de ceux de ces animaux qui sont à l'engrais est vraiment supérieur.

D. A quelles terres convient le fumier des bêtes à cornes ?

R. Le fumier des bêtes à cornes convient à tous les sols et à toutes les plantes, particulièrement aux terrains sablonneux, secs et chauds, et aux plantes qui demandent de la fraîcheur.

D. Quelle quantité faut-il de ce fumier pour fumer un hectare de terre ?

R. Il en faut de 35,000 à 45,000 kilog.

D. Les bêtes à cornes demandent-elles une abondante litière ?

R. Oui, en raison de la nature aqueuse de leurs excréments, ce sont les bêtes à cornes qui demandent les plus fortes litières, les trois quarts du poids de leur nourriture.

D. Quelle est la quantité de fumier qu'ils peuvent produire ?

R. Un bœuf en bon état peut produire par an 10,000 kilog. de fumier ; s'il est en graisse, il dépassera 12,000 kilog. Une vache bien nourrie, avec une bonne litière, arrivera à 15,000 kilog.

Fumiers de porc.

D. Comment est apprécié le fumier de porc ?

R. En France,. en Allemagne, le fumier de porc est le moins estimé de tous. Il n'en est pas de même en Angleterre, où on le trouve excellent.

D. A quoi tient cette différence ?

R. A la différence de nourriture, probablement ; ce qu'il y a de certain, c'est qu'une nourriture quelconque, consommée par un porc, donnera un plus mauvais engrais que si elle est consommée par un autre animal.

D. Comment doit-on l'employer ?

R. Il est préférable de le mélanger avec d'autres fumiers. Il est bon, dit-on, pour les chanvres et pour les prairies.

D. Faut-il à un porc beaucoup de litière ?

R. Comme il absorbe beaucoup d'aliments liquides, il lui faut beaucoup de litière.

D. Quelle quantité de fumier un porc produit-il ?

R. Un porc produit par an environ 1,500 kilog. de fumier. Il en faut au moins 45,000 kilog. pour un hectare de terre.

CHAPITRE VIII.

Formation du fumier dans les écuries.

D. Est-il bon de donner une forte litière ?

R. Pour avoir beaucoup de fumier, il faut beaucoup de litière ; avec peu de litière, le fumier est meilleur, mais les animaux sont mal couchés, malpropres, et il est difficile de recueillir les urines.

D. Comment se traitent les fumiers dans les écuries?

R. Les fumiers, dans les écuries, se font de diverses manières : les uns les lèvent tous les jours ou toutes les semaines ; d'autres, tous les mois.

D. Quelle est la meilleure de ces diverses méthodes?

R. Au point de vue de la qualité du fumier, il est certain que plus on le laisse longtemps sous les animaux, mieux il vaut ; mais cette méthode est nuisible à la santé des animaux.

D. Tous les fumiers se traitent-ils de la même façon à l'écurie?

R. Non, chaque animal demande des conditions particulières; ce qu'il y a de général, c'est que plus la litière est divisée, mieux elle se mélange avec les excréments, et que le fumier se fait mieux à l'écurie qu'au grand air.

D. Comment, à l'écurie, traite-t-on le fumier de cheval?

R. Le fumier de cheval est un de ceux qui gagneraient le plus à rester longtemps sous l'animal; mais, à cause des pieds du cheval, on l'enlève tous les jours en relevant la partie qui n'est pas imbibée encore, que l'on fait servir, en la poussant derrière l'animal; puis on y ajoute un peu de litière fraîche.

D. Comment traite-ton le fumier des moutons dans les bergeries?

R. On peut, sans inconvénient, laisser pendant très-longtemps le fumier sous les moutons; leurs excréments se mêlent si difficilement avec la litière, qu'on est obligé quelquefois d'arroser le fumier à l'étable pour hâter sa décomposition,

D. Comment se traitent les fumiers des bêtes à cornes ?

R. Les excréments des bêtes à cornes sont si liquides qu'on ne peut laisser longtemps sous elles leur fumier, ou il faudrait une énorme litière. Celui des porcs est dans le même cas.

D. Comment faut-il disposer le sol des écuries ?

R. Le sol des écuries doit être pavé ou bétonné, avec une pente légère pour que l'excédant des urines puisse s'en aller dans une fosse. un puisard, une tonne même, disposée à cet effet, soit en dehors, soit en dedans des écuries.

D. La mise en tas des fumiers a-t-elle une influence sur leurs qualités ?

R. Leur emplacement, les diverses manipulations qu'ils doivent subir, ont une grande influence sur la qualité des fumiers.

D. Quelles sont les conditions que doit remplir un bon emplacement à fumier ?

R. Il faut choisir, pour mettre ses fumiers, un endroit abrité contre le soleil et contre les pluies, couvert vaudrait mieux ; qui soit d'un accès facile, pas trop éloigné des écuries.

D. Comment doit-on transporter le fumier de l'étable sur le tas ?

R. On doit transporter le fumier à l'aide de brouettes, de civières. et non le traîner avec des crochets, parce que l'on forme des rouleaux qui ne s'étendent pas et se décomposent lentement ; on en perd aussi une certaine quantité.

D. Comment doit-on disposer les tas ?

R. Il ne faut faire ni trop larges ni trop minces les tas de fumiers, pour qu'ils n'offrent pas une trop grande prise au soleil et à l'eau ; cette dernière surtout est désastreuse quand elle est trop abondante, elle lave les fumiers dont les sels se perdent en grande partie dans le sol.

D. Comment faut-il les faire ?

R. Il faut les établir sur un terrain pavé ou glaisé, un peu surélevé, pour faciliter l'écoulement des égouts qu'il faudra recueillir : les bien tasser, couche par couche, les recouvrir de terre, de gazons, etc., pour empêcher leur dégradation, et les arroser de temps en temps avec le purin.

D. Quels sont les avantages que présentent les fumiers faits ainsi ?

R. Les fumiers faits ainsi ne se dessèchent pas, l'eau ne les délaye pas ; mieux pressés, en raison même de leur épaisseur, ils ne moisiront pas, ils ne *passeront pas au blanc*.

D. Est-ce que l'on ne peut pas aussi établir le fumier dans des trous ?

R. Non, car les égouts, ne pouvant s'échapper, ou s'infiltrent dans le sol et sont perdus, ou séjournent dans la fosse. Ils forment alors, au préjudice des fumiers, une matière liquide, difficile à transporter.

D. Les tas de fumiers, établis dans quelques contrées sur les bords des chemins, devant les maisons, sont donc dans de mauvaises conditions ?

R. Etablir des fumiers devant sa maison, sur des bords des chemins, presque toujours en pente, sans rien pour retenir le purin, est une coutume désastreuse, tant au point de vue de la santé publique, que parce qu'elle nuit beaucoup à la qualité du fumier.

D. Dites-nous les règles à suivre pour avoir de bons fumiers?

R. Il faut, pour avoir de bons fumiers : 1° ne rien perdre du liquide qui en sort ; 2° le recueillir dans une fosse placée de manière à ce qu'il puisse être reversé sur le fumier.

D. Doit-on mélanger les fumiers?

R. Il serait avantageux dans les exploitations importantes de séparer, par espèces, les fumiers de chaque animal, afin de les répartir suivant leur richesse. En général, il est préférable de les mélanger; on les corrige ainsi l'un par l'autre, et on forme un fumier qui convient à tous les sols.

Emploi du fumier.

D. Est-il avantageux de laisser longtemps le fumier en tas, avant de l'employer?

R. Il y a toujours préjudice à laisser trop longtemps en tas le fumier avant de l'employer. Il se réduit, perd de ses principes fertilisants, même diminue de volume dans des proportions énormes, et se sèche ensuite très-vite sur le sol.

D. Dans quel état doit être le fumier pour être avantageusement employé?

R. C'est lorsque le fumier est à moitié pourri, alors que la paille commence à se décomposer et à faire corps avec les urines, qu'il convient de l'employer. Les fumiers trop pailleux sont chargés de beaucoup de mauvaises graines qui germent et nuisent aux plantes.

D. A quelle époque doit-on conduire le fumier aux champs?

R. C'est à l'approche des semailles d'automne, en

septembre ordinairement, qu'il est bon de conduire le fumier ; on le conduit après l'hiver pour les cultures de printemps, ou pour celles qui ont souffert pendant l'hiver.

D. Quelle est la quantité de fumier nécessaire par hectare ?

R. Une fumure abondante produit beaucoup ; elle transforme la couche végétale, la réchauffe en temps froid et la rafraîchit en temps chaud. La quantité à employer varie de 20,000 à 50,000 kilog. à l'hectare : dans certains pays, on augmente encore cette quantité.

D. Faut-il fumer fréquemment ?

R. Il vaut mieux donner à une terre, en plusieurs fois qu'en une seule, la quantité de fumier qui lui est destinée ; la plante se nourrit ainsi au fur et à mesure de ses besoins.

D. Le fumier doit-il être enfoui profondément ?

R. La profondeur à laquelle on doit enfouir le fumier dépend de la nature du sol et des plantes. Ainsi, il faut l'enfouir profondément pour les racines pivotantes, et ne pas trop l'éloigner de la surface du sol pour les racines traçantes et sur les terres légères.

D. Faut-il laisser longtemps le fumier exposé sur le sol ?

R. Il est bon de répandre de suite le fumier, et de l'enfouir aussitôt.

D. Ne peut-on cependant fumer en couverture ?

R. Mathieu de Dombasle recommande les fumiers en couverture, d'autres les condamnent ; nous pensons qu'ils sont avantageux sur les terres sableuses, sur les nouveaux défrichés, sur les seigles peu après les semailles, et dans les pays humides surtout.

D. Quelles conséquences tirez-vous de ces divers emplois du fumier ?

R. On peut conclure de ce que nous avons dit : 1° que le fumier répandu sur le sol quelque temps avant d'être enfoui se décompose plus vite ; 2° que si l'on veut économiser le fumier, il vaut mieux l'enterrer de suite ; 3° que celui enterré de suite agit plus tardivement, mais plus longtemps que celui qui reste longtemps épandu avant d'être enfoui.

CHAPITRE IX.

Composts.

D. Qu'appelez-vous *compost ?*

R. On appelle *compost* un mélange de toutes sortes de matières animales, végétales et minérales, qui, bonnes isolément à des degrés divers, deviennent meilleures réunies en un seul tas.

D. Les composts sont-ils bien avantageux ?

R. Les composts sont avantageux ; car, en général, ils ne coûtent que la main-d'œuvre ; feuilles d'arbres, terres, vase, débris animaux, cendres, etc., tout, en un mot, peut être employé comme *composts.*

D. Comment se font les composts ?

R. On commence ordinairement les composts par une couche de terre de 15 à 20 centimètres, sur laquelle on met une couche d'un fumier quelconque, que l'on recouvre d'une couche de terre, recouverte à son tour par une couche de résidus, de chaux, etc.; enfin, on réunit en tas, et par couches, tous les débris dont on peut disposer, un peu aujourd'hui, un peu demain.

D. Quand le tas est élevé, que faut-il faire ?

R. Lorsque le tas est fait, on l'arrose souvent avec de l'urine ou avec toute autre eau fertilisante. Après 2 ou 3 mois de séjour, on le démolit à coups de pioche, afin de le bien mélanger ; on le rétablit, et l'on s'en sert lorsqu'il est bien décomposé.

D. A quelles plantes conviennent les composts ?

R. Les composts conviennent à toutes les plantes : comme on connaît les matières qui les composent, on peut, si l'on veut, les approprier facilement.

D. Qu'est-ce que l'*engrais Jauffret* ?

R. L'*engrais Jauffret* est un compost ainsi nommé du nom de Jauffret son inventeur.

D. De quoi se compose-t-il ?

R. L'engrais Jauffret se compose de mauvaises herbes, de mauvaises pailles de toutes sortes, de végétaux coupés, mis en tas, foulés et arrosés avec une lessive de sa composition qui, en un mois, fait décomposer le tout.

D. Qu'emploie-t-on pour faire fermenter cet engrais ?

R. On emploie, pour faire fermenter cet engrais, du purin, du sel ammoniac, du sel marin, de la chaux et du carbonate de soude.

D. Cet engrais est-il avantageux ?

R. Bien qu'il ne soit pas parfait, il peut rendre des services là où le fumier manque ; il permet d'utiliser une foule de mauvaises herbes qui ne coûtent que la peine de les recueillir. Il convient mieux aux terres du midi qu'à celles du nord.

D. N'y a-t-il pas aussi des engrais dits *de commerce* ?

R. Il en existe un très-grand nombre, tous plus ou

moins vantés ; en général, ils sont coûteux et ne justifient pas toujours les espérances qu'on avait pu concevoir de leur emploi. Rien ne vaut les fumiers de ferme, tous les autres ne sont que des accessoires qui peuvent leur venir en aide, mais jamais les remplacer (1).

(1) On parle beaucoup en ce moment, dans le monde agricole, d'une nouvelle méthode de culture par un engrais chimique, dont la formule a été trouvée par M. Ville, professeur au Muséum de Paris, et dont la théorie se résume en ceci : Que l'on peut rendre toujours la terre fertile, et cultiver, sans épuisement du sol, constamment la même plante, par l'emploi judicieux de l'engrais chimique suivant :

Nitrate de soude,	500
Phosphate de chaux,	400
Potasse raffinée,	200
Chaux éteinte,	200
	1300 pour 1 hectare,

que l'on modifie suivant que le sol possède plus ou moins certaines de ces substances. Nous ne pouvons nous prononcer sur la valeur de ce procédé ; nous attendrons le résultat des expériences que l'on doit faire. En attendant, faisons toujours le plus de fumier possible dans nos fermes.

CINQUIÈME PARTIE.

INSTRUMENTS AGRICOLES.

CHAPITRE PREMIER.

D. Qu'entendez-vous par *instruments agricoles?*

R. J'entends par *instruments agricoles* tous les outils employés par le cultivateur pour la préparation du sol, les soins à donner aux plantes avant, pendant et après qu'il les a récoltées.

D. Ces outils ou instruments sont-ils nombreux?

R. Ces instruments sont très-nombreux, on peut les diviser en sept catégories.

D. Quels sont les outils de la première catégorie?

R. Les outils de la première catégorie sont ceux qui sont employés à la préparation du sol : la *charrue*, l'*extirpateur*, la *herse*, les *rouleaux*, la *bêche*, etc.

D. Quels sont ceux de la deuxième catégorie?

R. Ceux de la deuxième catégorie sont ceux employés pour la semence, les *semoirs*.

D. Quels sont ceux de la troisième catégorie?

R. Ceux de la troisième catégorie sont ceux employés à la culture des plantes : la *houe à main*, la *houe à cheval*.

D. Quels sont ceux de la quatrième catégorie?

R. Ceux de la quatrième catégorie sont ceux dont

on se sert pour opérer les diverses récoltes : la *faulx*, la *faucille*, la *sape*, le *rateau*, les *machines à rateler*, à *moissonner* et à *faner*.

D. Quels sont ceux de la cinquième catégorie ?

R. Ceux de la cinquième catégorie sont ceux nécessaires à la préparation des différents produits : *fléau, machine à battre, tarare, trieur*, etc.

D. Quels sont ceux de la sixième catégorie ?

R. La sixième catégorie comprend les instruments qui servent à préparer les nourritures des animaux : *hache-paille, coupe-racines, concasseur de grains*, etc.

D. Quels sont ceux de la septième catégorie ?

R. Dans cette septième et dernière catégorie, nous comprendrons tout ce qui est employé aux transports : *brouettes, chariots, charrettes, tombereaux, traîneaux, civières*, etc.

D. N'y a-t-il pas d'autres outils encore ?

R. Outre les outils que nous venons de nommer et qui sont nécessaires à l'exploitation proprement dite, il en est beaucoup d'autres dont un cultivateur soigneux ne peut se passer.

D. Pourquoi ?

R. Un cultivateur, pour éviter des pertes de temps, doit pouvoir faire lui-même, en attendant l'ouvrier, toutes ses petites réparations, tant à ses harnais qu'à ses instruments.

D. Quels sont les outils qu'il lui faut pour cela ?

R. Un cultivateur doit avoir chez lui : une hache, une scie, un couteau à deux manches, une varlope ; marteau, tenailles, alènes, serpe, sécateur ; un assortiment de bois, clous, cuirs. Il doit aussi avoir un tro-quart.

D. Qu'est-ce qu'un *troquart ?*

R. Le *troquart* est un instrument employé contre la météorisation. Il est formé d'un lame triangulaire, renfermée dans une gaîne. La pointe de la lame dépasse de quelques centimètres la gaîne, qui reste dans la plaie pour faciliter la sortie des gaz.

D. Qu'est-ce que la *bêche* ?

R. La *bêche* est rarement employée en agriculture : elle est le principal outil du jardinage.

D. Comment est construite la bêche ?

R. La bêche se compose de deux parties principales, le manche et la lame, unies entre elles au moyen d'une douille.

D. Comment est le manche ?

R. Le manche est ordinairement droit, portant une pomme ou une béquille à son extrémité : il est plus ou moins long.

D. Comment est faite la lame ?

R. La lame est de forme très-variable : elle est carrée, rectangulaire ou en forme de trapèze ; sa largeur et sa longueur varient aussi beaucoup, suivant les pays et la nature des travaux.

D. Quel est le plus important des instruments agricoles ?

R. La charrue est le plus important de tous les instruments agricoles ; elle constitue, à elle seule, un immense progrès et une très-grande économie, car une charrue conduite par un homme, avec deux chevaux ou deux bœufs, peut faire, en une journée, autant de travail qu'en feraient 30 hommes avec une bêche.

D. Combien y a-t-il d'espèces de charrues ?

R. Il y a cinq sortes principales de charrues : la charrue simple ou *araire,* la charrue à avant-train, la

charrue à double oreille, la charrue polisocs, la charrue sous-sol ou défonceuse.

D. Ces espèces de charrues sont-elles les mêmes
dans tous les pays?

R. Ces diverses charrues ne sont pas exactement les
mêmes partout; chaque contrée, ou à peu près, a sa
charrue particulière et appropriée aux différents sols et
cultures. Cependant elles se composent toutes des
mêmes parties et n'ont que des différences peu sensibles.

D. Quels sont les caractères auxquels on reconnaît
une bonne charrue ?

R. Une bonne charrue doit être solide, simple, facile
à conduire et à régler. Elle doit, avec le moins de force
possible, exécuter un bon labour.

D. Quelle est la charrue qui sert de type, de modèle
à toutes les autres?

R. La charrue modèle de toutes les autres est la
charrue sans avant-train, *l'araire;* elle nous vient des
Romains, et on remarque que c'est dans le midi, où ils
ont le plus longtemps exercé leur domination, qu'elle
est le plus généralement employée.

D. Nommez les parties dont se compose une charrue
simple?

R. La charrue simple se compose des parties sui-
vantes : le *coutre,* le *soc,* le *versoir,* le *régulateur,* l'*âge,*
les *étançons* et les *mancherons.* Dans quelques-unes, on
ajoute un *avant-soc.*

D. Qu'est-ce que le *coutre ?*

R. Le *coutre* ressemble à un couteau ; il est placé en
avant du soc et destiné à couper verticalement la terre
et les racines pour rendre plus facile l'action du soc. Il
doit être bien aciéré.

6.

D. Comment est-il placé ?

R. Le *coutre* est placé ou au milieu de l'âge, ou sur son côté opposé au *versoir ;* il doit être vertical et légèrement incliné en avant.

D. Pourquoi faut-il que le coutre soit incliné ?

R. Parce qu'étant incliné, un coutre surmonte mieux les obstacles qu'il rencontre, herbes ou racines ; il facilite l'entrure en terre de la charrue.

D. Quelle est l'inclinaison qu'il faut donner au coutre ?

R. Suivant M. Mathieu de Dombasle, l'inclinaison du coutre est bonne lorsqu'il forme, avec la verticale, un angle de 25°.

D. Qu'est-ce que le *soc ?*

R. Le *soc,* que l'on appelle aussi *fer de charrue,* fend le sol horizontalement, commence à soulever la bande de terre coupée par le coutre. C'est la partie essentielle de la charrue.

D. Quelle est la forme du soc ?

R. Le soc a la forme d'un coin aigu, quelquefois distinct du versoir, d'autres fois faisant corps avec lui : son tranchant doit être oblique, relativement à la direction de la charrue. Souvent il est en fer de lance et coupe des deux côtés ; cette disposition est défectueuse.

D. Quelle est la meilleure forme à donner au soc ?

R. La meilleure forme à donner au soc est celle d'un triangle rectangle avec un seul tranchant à droite : le côté gauche ne doit pas couper, il est placé dans la ligne de mouvement de la charrue. Le côté postérieur affecte diverses dispositions ayant pour but son assemblage avec le sep ou avec le versoir.

D. Quelle est la largeur à donner au soc ?

R. La largeur du soc doit être égale à toute la lar-

geur de la bande de terre retournée par la charrue.
50 cent. environ; l'extrémité antérieure du soc doit
être légèrement inclinée vers le bas pour faciliter l'entrure et donner plus de tenue à la charrue.

D. Qu'est-ce que le *soc américain ?*

R. Le *soc américain* est beaucoup plus petit que le
soc rectangulaire; au lieu de s'adapter sur le sep, il
s'applique sur le versoir. Il peut s'enlever et se repla-
cer facilement ; il est peu coûteux et faciliterait beaucoup, s'il était généralement employé, l'usage des charrues perfectionnées.

D. Qu'est-ce que le *versoir* ou *oreille ?*

R. Le *versoir* ou *oreille* est en bois, en fer ou en
fonte, plus ou moins contourné et allongé ; il a pour
but de retourner, en la jetant de côté, la bande de terre
coupée par le coutre et soulevée par le soc. Il est tantôt
fixe et tantôt mobile.

D. Quelle est la position du versoir par rapport
au soc ?

R. Le versoir doit former avec le soc une surface
continue : sans cela, il rendrait le tirage difficile.

D. Le versoir peut-il être établi uniformément pour
toutes les terres et partout ?

R. Non, les dimensions du versoir sont subordonnées
à l'état de la terre : dans les sols tenaces, compactes,
les longs versoirs ; et dans les terres faciles, les versoirs
plus courts.

D. Quelle est la largeur à donner aux versoirs ?

R. Le versoir doit avoir au moins la largeur du soc,
afin que la bande de terre soulevée s'y adapte convenablement.

D. Quels sont les plus avantageux des versoirs, en
bois, en fer ou en fonte ?

R. On peut employer les versoirs en bois dans les terres argileuses, mais ceux en fonte sont préférables : ils sont peu coûteux, et on est sûr de pouvoir conserver sans altération la forme que l'on aura cru devoir adopter. Ils offrent en général moins de résistance.

SUITE DU CHAPITRE PRÉCÉDENT.

D. Qu'est-ce que le *sep* ?

R. Le *sep* est une pièce située inférieurement dans le plan de la face gauche de la charrue, et qui, prolongeant en arrière le soc, forme avec lui la *semelle*, sur laquelle porte l'instrument. Il glisse au fond du sillon en s'appuyant à gauche, contre la terre non labourée.

D. Quelles sont les dispositions à donner au sep ?

R. On le fait en bois, en bois garni de fer, en fer, mais préférablement en fonte. Si l'on réduit ses dimensions en largeur et épaisseur, on augmente la tenue de la charrue. Il aura ses surfaces inférieures légèrement concaves ; il reçoit les deux étançons, et, dans quelques charrues, il s'unit à la souche du soc.

D. Pourquoi la surface inférieure du sep doit-elle être concave ?

R. On fait le sep concave, afin d'éviter l'adhérence de la terre et l'empâtement de la charrue, qui nuirait à son aplomb et à la régularité de sa marche.

D. Il est donc nécessaire qu'une charrue conserve son aplomb et sa stabilité ?

R. L'aplomb et la stabilité sont deux qualités indispensables à une charrue, puisque d'elles dépend la régularité du travail.

D. Quelle est la longueur à donner à la semelle?

R. La régularité de la marche d'une charrue dépend beaucoup de la longueur de la semelle ; dans la charrue Dombasle, elle est d'un mètre, et formée par le prolongement de la partie supérieure du sep.

D. Qu'appelle-t-on *étançons*?

R. On entend par *étançons* deux montants destinés à relier entre eux l'âge et le sep. Ils sont en bois, en fer ou en fonte.

D. Qu'appelle-t-on *âge*?

R. On appelle *âge, haye* ou *flèche*, une pièce solidement unie avec le corps de charrue à sa partie supérieure ; elle se prolonge en avant pour recevoir la puissance de l'attelage. et régulariser la marche de la charrue.

D. Quelles sont les dispositions de l'âge?

R. L'âge est en bois ou en fer, ordinairement droit ; mais cette disposition offre des inconvénients ; il vaut mieux le cintrer. Il porte quelquefois , mais à tort, l'attache des traits à son extrémité ; il est préférable que l'attache soit rapprochée du corps de la charrue.

D. Comment cette attache se fait-elle ?

R. On passe sur le régulateur une chaîne que l'on fixe par un bout. au-dessous de l'âge, en un point plus ou moins rapproché du coutre ; l'autre extrémité de cette chaîne porte un crochet pour attacher le palonnier.

D. Quelle est la longueur à donner à l'âge?

R. Un âge trop long rend la charrue difficile à manœuvrer ; trop court, il nuit à la marche de l'instrument. Une bonne longueur est 1 m. 65 c. Il doit être à 55. c. environ du sol.

D. Qu'entend-on par *mancherons*?

R. On appelle *mancherons*, *manches* ou *cornes*, deux pièces qui, partant de l'extrémité arrière de l'âge, s'élèvent comme deux leviers à hauteur d'appui de l'homme ; ils vont s'écartant par en haut d'environ 50 centimètres.

D. Quelle est l'utilité des mancherons ?

R. Les mancherons servent à diriger la charrue ; en pesant à leur extrémité, on relève la pointe du soc, et on diminue la profondeur du labour ; en les soulevant, on fait le contraire. Ils servent aussi à l'incliner à droite ou à gauche, suivant que la charrue prend trop ou pas assez de terre.

D. Comment l'ouvrier se trouve-t-il placé par rapport aux mancherons ?

R. L'homme qui conduit une charrue doit pouvoir marcher derrière, dans la raie ouverte. Le mancheron de gauche se prolonge sur la même ligne que l'âge, le mancheron de droite seul s'écarte de cette direction.

D. Est-ce que quelques charrues ne portent pas un seul mancheron au lieu de deux ?

R. Quelquefois on ne met qu'un seul mancheron aux charrues destinées à travailler les terres faciles, afin de laisser au conducteur une main libre pour diriger l'attelage. En général, il vaut mieux avoir deux mancherons.

D. Qu'est-ce que le *régulateur ?*

R. Le *régulateur* n'est pas le même dans toutes les charrues ; mais il a toujours pour but de régler l'entrure de la charrue, c'est-à-dire de la faire s'enfoncer plus ou moins dans le sol, et de faire détacher des bandes de terre plus ou moins larges.

D. Comment le régulateur est-il établi sur les charrues ordinaires ?

R. Le régulateur, sur les charrues ordinaires, est toujours placé à l'extrémité antérieure de l'âge. C'est ordinairement une tige de fer recourbée et dentelée dans le bas, dont l'autre extrémité est fixée sur l'âge ; il peut aussi s'élever et s'abaisser ; une chaîne, aussi placée sur l'âge, s'engage dans les dents de la tige recourbée.

D. Comment se sert-on du régulateur ?

R. Quand on veut augmenter l'entrure, on élève le régulateur ; quand on veut donner plus de largeur à la raie, on accroche la charrue à droite.

D. Le régulateur n'est-il pas souvent accompagné d'une autre pièce ?

R. Oui, lorsque le régulateur ne sert qu'à modifier la largeur du labour, on place dans une mortaise, derrière le régulateur, un *sabot* ou *patin* qu'on élève et qu'on abaisse suivant la profondeur que l'on veut donner au labour. Ce mode, employé seulement dans les charrues sans avant-train, offre une grande résistance.

D. Comment appelle-t-on la charrue munie de sabots ?

R. On l'appelle *charrue à pied.*

D. Qu'entend-on par *avant-soc ?*

R. L'*avant-soc* est une espèce de soc et de versoir soudés ensemble ; on le fixe sur l'âge de la même manière que le coutre.

D. Cet accessoire est-il avantageux ?

R. L'avant-soc est avantageux, aussi son emploi se généralise-t-il beaucoup ; il écroute le sol, soulève une petite tranche de terre qu'il dirige sur le tracé de la charrue, et assure ainsi le parfait enfouissement des herbes.

D. Qu'est-ce que la charrue à *avant-train*?

R. L'*avant-train* remplace le *sabot*, et donne de la stabilité à la charrue: il est ordinairement formé d'un essieu muni de deux roues supportant une pièce nommée *sellette,* sur laquelle l'âge s'appuie. Ces sortes de charrues ont subi, depuis quelque temps, de grands perfectionnements.

D. Quels sont les avantages de la charrue à avant-train ?

R. Si bien réglée que soit la charrue sans avant-train, elle est dérangée facilement, par une pierre, une racine ; elle ne peut que difficilement être remise en place par le conducteur. L'avant-train évite ces inconvénients ; il maintient la charrue dans une bonne direction, et la rend plus facile à conduire.

D. Quels sont les reproches que l'on fait aux charrues à avant-train ?

R. On reproche aux charrues à avant-train de ne pas donner un labour régulièrement profond sur les terrains accidentés, d'augmenter le tirage par le frottement des roues sur le sol. Ces inconvénients sont plus que compensés par ses avantages.

D. La charrue à avant-train se conduit-elle comme la charrue simple ?

R. Non, pour faire mordre dans le sol la charrue ordinaire, on soulève les mancherons : sous l'impulsion du même mouvement, la charrue à avant-train sortirait de terre. Cette dernière n'exige pas la même habileté de la part de l'ouvrier.

D. Parlez-nous des autres charrues ?

R. Les autres charrues diffèrent des précédentes par certaines dispositions des corps de charrue. Le *brabant double* se compose d'un double soc et d'un double versoir fixés sur le même âge, que l'on fait servir alternativement en les retournant.

D. Quels sont les avantages du brabant double ?

R. On peut, avec le brabant double, aller et revenir sur le même sillon ; on évite ainsi les pertes de temps, les aroiements et les déroiements qui laissent des inégalités sur les surfaces labourées, et les labours à contre pente.

D. Le brabant double est-il difficile à conduire ?

R. Le brabant double est plus facile que la charrue simple ; il laisse le conducteur libre derrière ou à côté de sa charrue. Il peut ainsi mieux surveiller la marche de l'instrument et fatigue beaucoup moins.

D. Qu'entendez-vous par charrue défonceuse ?

R. La charrue défonceuse est une charrue dont toutes les parties sont plus fortes que celles des charrues ordinaires. Le versoir surtout doit avoir un développement en rapport avec les dimensions de la bande de terre que l'on veut défoncer (1).

CHAPITRE II.

Extirpateur. — Scarificateur.

D. Qu'est-ce que l'*extirpateur*, comment est-il construit ?

R. L'*extirpateur* est formé d'un châssis sur lequel

---

(1) Depuis que la nécessité des labours profonds a été reconnue, on a construit d'excellentes défonceuses. MM. Demesmay, et Bodin ont fait de bons instruments ; mais M. Vallerand de Montflaye (Aisne) l'emporte avec celle qu'il a inventée. Il a

sont fixées des tiges supportant des socs triangulaires dont les lames doivent être disposées de façon à ce qu'aucune partie du sol n'échappe à leur action. On en fait à 5, 7 et 9 dents. Le scarificateur ne diffère du premier que parce que les tiges sont en forme de coutre. Ces deux instruments se confondent dans une seule et même construction.

D. Comment se conduisent et se règlent ces instruments?

R. L'entrave de ces instruments se règle par un régulateur que l'on abaisse ou qu'on élève suivant la profondeur que l'on désire; l'extirpateur, souvent triangulaire, est monté sur trois petites roues; le sommet du triangle porte un crochet où s'attache le palonnier.

D. L'extirpateur est-il un instrument bien avantageux ?

R. Il serait à désirer que tous les cultivateurs employassent l'extirpateur ; il convient mieux que la charrue pour les labours superficiels, pour détruire les mauvaises herbes ; et avec le même attelage, il fait en un jour deux et même trois fois autant de travail que la charrue.

D. Qu'appelle-t-on *herse* ?

R. La *herse,* en agriculture, remplace le rateau employé pour les jardins ; elle complète le travail de la charrue, divise le sol qu'elle a retourné. Elle est formée d'un batis qui porte des dents en bois ou en fer.

D. Y a-t-il beaucoup de sortes de herses ?

R. Il y a des herses de toutes formes, en bois, en

nommé sa charrue : *La Révolution,* et, en effet, cet instrument est appelé à opérer dans la culture une véritable révolution.

fer ; les principales sont carrées, rectangulaires ou triangulaires.

D. Quelles sont les conditions que doit remplir une bonne herse ?

R. Il faut que, dans une herse, les dents soient placées de manière à ce que chacune d'elles trace une raie distincte, et que toutes les raies soient également séparées entre elles.

D. Comment est faite la herse carrée ?

R. La herse carrée est formée par quatre barres parallèles, maintenues par trois barres transversales. C'est sur les premières que sont placées les dents.

D. Comment est faite la herse triangulaire ?

R. La herse triangulaire est formée de trois madriers d'inégale longueur, assemblés en triangle ; deux traverses sont placées parallèlement, et servent, avec les trois côtés, à porter les dents.

D. Comment transporte-t-on la herse d'un lieu à un autre ?

R. On élève sur la herse deux batis, on la renverse sur le dos pour la changer de place.

D. Quelle est la longueur à donner aux dents ?

R. Les dents de herse doivent avoir de 20 à 50 cent. de longueur ; elles sont quadrangulaires et terminées en pointe ; on les incline en avant.

D. N'y a-t-il pas encore d'autres herses ?

R. Chaque pays a son espèce de herse : ici, elles sont carrées et couplées, traînées par leurs deux extrémités antérieures ; ailleurs, elles sont cintrées, mais toutes sont attelées par leurs extrémités, au moyen de traits que l'on tient plus ou moins grands, suivant la résistance.

D. Qu'appelez-vous *rouleaux* ?

R. Les *rouleaux* sont des cylindres en bois, en pierre ou en fonte ; leur longueur varie entre 2 mètres et 2 mètres 60 cent., et leur diamètre entre 35 et 70 cent. Le meilleur diamètre à leur donner est 65 cent.

D. Comment établir un rouleau ?

R. On établit un rouleau sur deux axes ou un essieu qui s'appuie sur le milieu de deux pièces de bois cintrées et réunies par deux traverses. Ces deux pièces principales doivent être très-solides.

D. Qu'est-ce qu'un *rouleau Croskill* ?

R. C'est un rouleau dont le cylindre est formé par une série de 25 disques en fonte, sur une longueur de 2 mètres, placés sur un axe ; chaque disque se meut librement ; la surface extérieure de ces disques est armée de dents obliques.

D. Qu'appelle-t-on *rouleau articulé* ?

R. On appelle *rouleau articulé* un rouleau établi sur les principes du rouleau Croskill ; il est moins coûteux que ce dernier. Il est formé de 3 ou 4 disques en bois, en pierre ou en fonte. C'est un bon système qui tasse très-régulièrement toute espèce de sols.

Instruments pour la semence.

D. Qu'est-ce qu'un *semoir* ?

R. Un semoir est un instrument destiné à répandre les graines en lignes. Les premiers furent montés sur des brouettes ; le moyeu de la roue est garni d'une poulie en bois qui correspond à une poulie fixée à une capsule ; le mouvement est communiqué de l'un à l'autre par une corde croisée et sans fin.

D. Que produit ce mouvement ?

R. Il fait tourner un tambour dans lequel est la

graine; ce tambour est formé de deux cônes tronqués, assemblés par leur base; des trous sont percés dans la partie supérieure du tambour et donnent passage à la graine. On recouvre ces trous d'une bande de cuivre qui glisse à volonté suivant que l'on veut laisser tomber une plus ou moins grande quantité de graine.

D. La graine tombe-t-elle ainsi directement du semoir sur le sol ?

R. Non, la graine tombe dans un entonnoir en fer blanc, et, passant par un tuyau de même métal, elle se dépose dans un sillon creusé par un petit soc en fer placé au-dessous de l'entonnoir ; derrière, sont deux petites dents et une petite roulette qui recouvrent et tassent la graine.

D. Cet instrument est-il difficile à conduire ?

R. La conduite du semoir est très-facile ; il faut que la graine soit bien nettoyée et qu'elle ne remplisse la lanterne ou tambour que jusqu'aux deux tiers à peu près.

D. N'y a-t-il pas d'autres semoirs ?

R. Il y a un nombre infini d'espèces de semoirs ; dans la grande culture, on emploie le semoir à cheval, qui peut semer plusieurs lignes à la fois. On a bien perfectionné depuis quelque temps ces instruments, mais ce que nous avons dit les explique tous.

D. Quel est le meilleur semoir ?

R. Le meilleur semoir est celui qui, simple dans sa construction, répand également la graine, et permet à l'ouvrier qui le conduit de s'assurer, sans arrêt, de la quantité de graine semée.

Instruments pour les plantes.

D. Qu'est-ce que la *binette* ?

R. La *binette* est un instrument employé pour couper les mauvaises herbes et entretenir l'ameublissement des terres. En beaucoup de pays elle se confond avec la houe.

D. Qu'est-ce que la *houe* ?

R. La *houe* est un petit instrument formé d'une lame un peu plus longue que large, adaptée quelquefois, au moyen d'une tige en fer, d'autres fois directement, à un manche très-court.

D. Qu'est-ce que la *houe à dents* ou *crochet* ?

R. C'est un instrument composé de deux ou trois dents, au lieu d'une lame plate, et s'emboîtant, par un œil, dans un manche plus long que celui de la houe.

D. Qu'est-ce qu'une *houe à cheval* ?

R. La *houe à cheval*, destinée à remplacer la *houe à main*, est formée d'une espèce d'âge, supportant un soc à l'avant et sur lequel sont placées deux branches mobiles qui, à leur tour, supportent des couteaux dont la lame est horizontale et recourbée à angle droit : elle a aussi un régulateur.

D. La houe est-elle difficile à conduire ?

R. Un seul cheval suffit ; un homme dirige facilement la houe à cheval. Elle doit être établie de manière à ce que l'écartement des couteaux puisse être réglé à volonté.

D. Qu'est-ce qu'un *buttoir* ?

R. C'est un instrument destiné à remplacer le travail à la main nécessaire pour butter les plantes.

D. Comment un buttoir est-il construit ?

R. Un buttoir ressemble à la houe à cheval; il porte un soc triangulaire, et un double versoir dont les ailes peuvent se rapprocher et s'éloigner à volonté. L'âge porte un régulateur ; un seul cheval le conduit. On se sert aussi du buttoir pour tracer des rigoles d'écoulement.

Instruments pour la récolte.

D. Quels sont les outils employés pour les récoltes ?

R. On emploie, pour récolter les céréales : la *faucille*, la *faulx*, la *sape*, la *moissonneuse ;* pour les foins, la *faulx*, le *rateau*, la *machine à faucher* et à *rateler*.

D. Qu'est-ce qu'une *faucille*?

R. C'est un instrument très-ancien, qui se compose d'une lame en forme de croissant, dentelée ou tranchante, et d'un manche très-court. Cet instrument n'est plus en usage que dans les petites cultures ; partout il est remplacé par la faulx ou la sape.

D. Qu'est-ce que la *faulx*?

R. C'est un instrument composé d'une lame plus ou moins large à son origine, qui va diminuant de largeur jusqu'à la pointe ; elle est plus ou moins cintrée. Elle se compose : du *tranchant*, formé par la partie intérieure ; du *dos*, formé par une nervure qui existe sur la partie extérieure, et de l'*œil* ou *poireau*, où s'attache le manche.

D. La faulx est-elle employée seulement pour les céréales ?

R. Telle que nous venons de la décrire, elle est employée pour les foins : pour les céréales, elle subit quelques modifications.

D. Quelles sont ces modifications ?

R. Le manche est garni d'une espèce de pliant qui

se termine par une traverse assez forte, d'où partent 4 ou 5 baguettes parallèles à la lame de la faulx et un peu aiguisées. Cet assemblage s'appelle le rateau de la faulx.

D. Qu'est-ce qu'une *sape*?

R. La *sape* est une petite faulx armée d'un petit manche pouvant être tenu d'une main; de l'autre, l'ouvrier tient un bâton se terminant par un crochet, avec lequel il amène contre la faulx la paille à couper.

D. Quel est le meilleur de ces instruments?

R. La faulx est certainement le meilleur outil pour couper les récoltes; avec la faulx, un moissonneur peut couper 60 ares par jour, avec la sape 40 ares, et avec la faucille on ne moissonnera que 25 ares. Du reste, chacun de ces instruments a son utilité; les circonstances, les lieux, doivent déterminer le choix à faire.

D. N'a-t-on pas construit des *machines à moissonner*?

R. Depuis quelques années, l'esprit des inventeurs s'est tourné de ce côté; on a construit différents systèmes de *moissonneuses* à l'usage surtout des grandes exploitations, mais aucun système n'est encore entré dans les habitudes agricoles.

D. N'a-t-on pas aussi remplacé la faulx par des machines à faucher?

R. On a inventé des faucheuses spéciales pour les foins; ou bien, l'on a disposé des moisonneuses de telle sorte qu'au moyen d'une substitution de lames elles puissent faucher. Ces instruments ont de l'avenir, et bientôt nous espérons qu'elles remplaceront partout la faulx. Il en est de même de la machine à rateler.

CHAPITRE III.

Instruments à préparer les récoltes.

D. Qu'est-ce que le *fléau* ?

R. Le *fléau* est le plus ancien des instruments employés à battre le grain ; il se compose d'une pièce de bois arrondi, plus ou moins grosse et longue, réunie à un manche par des courroies. On délie et on étend les gerbes, puis on les frappe vigoureusement avec le fléau. Ce travail, très-fatigant, est presque partout remplacé par la *batteuse* ou *machine à battre*.

D. Qu'est-ce qu'une *batteuse* ?

R. C'est une machine inventée pour remplacer le fléau dans le *battage* des grains.

D. Comment, en général, une batteuse est-elle construite ?

R. Une batteuse se compose ordinairement d'une espèce de tambour en bois ,dans lequel se trouve un cylindre armé de 4, 6 et 8 *battes* solides ou tringles. On dispose ce cylindre de manière à ce qu'il fasse à peu près 500 tours par minute.

D· Comment opère-t-il ?

R. On lui présente par l'épi des poignées de céréales, il les prend, il les bat au passage, soit en dessus, soit en dessous.

D. Que devient alors le grain ainsi battu ?

R. Le grain tombe derrière le cylindre et glisse sur un grillage, ou quelquefois descend par une trémie dans un tarare, où il est vanné en même temps. La paille tombe derrière le tambour.

7.

D. Comment se meut cette machine ?

R. Une batteuse est mise en mouvement par des chevaux, des bœufs ou des mulets, au moyen d'un manége, ou par une chute d'eau, ou enfin, dans les grandes exploitations, par une machine à vapeur.

D. Y a-t-il plusieurs sortes de batteuses ?

R. On fabrique partout des batteuses de différents systèmes et qualités. Les meilleures sont celles qui, sans le broyer, laissent le moins de grains dans l'épi, et qui, avec une force donnée, accomplissent le plus de travail.

D. Quels sont les avantages de la batteuse ?

R. La batteuse permet d'utiliser par le mauvais temps les forces perdues ; de faire un battage plus prompt ; de détruire grand nombre d'insectes, et enfin de ne pas laisser cette partie de l'exploitation à la merci d'ouvriers spéciaux.

D. Qu'est-ce qu'un *tarare* ?

R. Un *tarare* est une petite machine qui remplace, pour le nettoyage des grains, le van, qui n'est plus employé que dans la très-petite culture.

D. Comment est fait un tarare ?

R. C'est une boîte presque carrée, de 2 mètres à peu près de longueur, montée sur 4 pieds. A sa partie supérieure, il porte une trémie dans laquelle on verse le grain, qui tombe sur un auget dont le fond est fait avec un réseau de fil de fer.

D. Que devient alors le grain ?

R. A mesure que le grain tombe dans l'auget, mis en mouvement, ainsi que le ventilateur, par une manivelle, les menues pailles sont chassées par l'air, le grain tombe sur une *toile métallique* ou *crible*, qui divise les grains en deux parties. Ils sont ainsi vannés et criblés.

D. Un tarare exige-t-il une grande force?

R. Un homme peut facilement faire fonctionner un tarare ; on doit avoir soin, pour la bonne qualité du travail, de tourner la manivelle modérément et uniformément.

D. Ne se sert-on pas, pour purifier complétement les grains, d'un autre instrument?

R. On se sert, pour nettoyer tout à fait les grains, d'un instrument appelé *trieur*.

D. Qu'est-ce qu'un *trieur*?

R. Un *trieur* est un cylindre en tôle, un peu incliné, divisé en 3 ou 4 parties, dont chacune est percée de trous de différents diamètres. Le grain est versé dans une trémie placée au-dessus de l'extrémité la plus élevée du cylindre, que l'on fait tourner avec une manivelle.

D. Lorsque l'instrument tourne, que se passe-t-il ?

R. Les grains tombent en passant par les trous qui correspondent à leur grosseur et à leur forme, et seuls se répartissent dans 4 récipients placés au-dessous du trieur.

D. Dites-nous comment se fait la division de ces grains?

R. Le premier récipient réunit les *petites graines*, *l'ivraie*, les *nielles* ; le 2e reçoit les *criblures* ; le 3e, les *graines rondes, mal venues* ; le 4e, le *meilleur grain*. Les pierrailles, par leur poids, sont entraînées et sortent par l'extrémité inférieure du cylindre.

Instruments pour préparer la nourriture des animaux.

D. Qu'est-ce qu'un *hache-paille*?

R. C'est un instrument destiné à couper la paille qui doit servir à la nourriture des animaux.

D. Comment est fait un hache-paille ?

R. Un hache-paille se compose : 1° d'une ou deux paires de cylindres cannelés, posés horizontalement l'un au-dessus de l'autre, sur une auge en bois qui reçoit la paille ; 2° de lames qui tranchent cette paille au fur et à mesure qu'elle est présentée par les cylindres ; 3° enfin, d'une manivelle et d'un volant pour mettre en mouvement la machine.

D. Qu'est-ce qu'un *coupe-racines?*

R. C'est un instrument pour couper les racines destinées à la nourriture des animaux. Le plus simple de tous a la forme d'une S ; il a 16 cent. de longueur sur 8 de largeur environ, avec un manche en bois. On place les racines sur une aire ou un plancher, et on les divise au moyen de cet instrument. Dans les grandes exploitations, on se sert d'un instrument plus expéditif.

D. Ces divers instruments sont-ils les mêmes partout?

R. Non, ces instruments varient de forme, et dans leur mode d'action, et par la manière dont ils sont mis en mouvement. On ne peut les détailler, même approximativement. C'est au cultivateur à faire un choix judicieux.

D. Quels sont les instruments affectés aux transports ?

R. Il est impossible de fixer des règles pour le choix d'un moyen de transport. L'état des chemins, la nature des marchandises à transporter, font que l'on doit préférer ici le chariot, là la charrette, etc.

D. N'y a-t-il pas encore d'autres instruments ?

R. Il existe encore un grand nombre d'instruments ; nous avons expliqué les principaux, nous parlerons des autres à mesure qu'ils se présenteront.

D. L'emploi de la vapeur est-il possible en agriculture ?

R. L'emploi de la vapeur en agriculture était, il y a quelques années, considéré comme une utopie. Cependant, on s'en sert déjà dans beaucoup de fermes pour faire marcher les batteuses, etc. On l'essaie aussi pour la culture, et on peut espérer que le temps n'est pas éloigné où son rôle prendra une importance plus grande et plus générale.

SIXIÈME PARTIE.

LABOURS.

CHAPITRE PREMIER.

D. Qu'entendez-vous par *labours* ?

R. J'entends par *labours* la plus importante des façons données à la terre pour lui communiquer les qualités qu'elle doit posséder.

D. Quel est le meilleur des labours ?

R. Le meilleur labour est celui fait avec la bêche ; il ameublit mieux la terre, mais il est trop coûteux ; peu employé en agriculture, il est réservé à la culture des jardins.

D. Quel est le mode de labour employé en agriculture ?

R. En agriculture, on laboure avec la charrue traînée par des chevaux ou des bœufs. Ce mode est le meilleur en raison de la promptitude et de l'économie de son emploi.

D. Quel est l'objet du labourage ?

R. L'objet du labourage peut se réduire à trois motifs.

D. Quel est le premier motif pour lequel on laboure ?

R. On laboure pour rendre le sol plus perméable aux racines des plantes qui, rencontrant moins d'obstacles, s'étendent plus loin, trouvent une nourriture plus abondante, poussent mieux, et, par suite, produisent davantage.

D. Quel est le deuxième motif?

R. On laboure encore pour rendre le sol plus sensible aux influences atmosphériques, aux pluies, aux rosées, à la chaleur, à l'air ; or, on sait que tous ces agents sont indispensables à la végétation.

D. Quel est le troisième motif ?

R. On laboure enfin pour ramener à la surface du sol la terre végétale qui n'a pas subi encore l'influence fertilisante de l'atmosphère, et pour la mélanger avec la terre anciennement cultivée.

D. Comment laboure-t-on avec la charrue?

R. La longueur des bandes de terre doit être en raison de la longueur du champ ; leur largeur et leur épaisseur sont très-variables. Quelle que soit la charrue employée, on doit commencer par arrêter d'avance ces deux dimensions ; pour cela on *règle* la charrue.

D. Comment règle-t-on une charrue ?

R. On règle une charrue au moyen du régulateur. On règle aussi la profondeur du labour au moyen des traits ; ils l'augmentent si on les allonge, et la diminuent si on les rapetisse. On peut aussi, en appuyant ou en soulevant les mancherons, modifier la profondeur et la largeur du labour.

D. Quelle est la direction à donner aux labours ?

R. La direction à donner aux labours dépend de la forme des pièces de terre. Généralement, on dirige le rayage dans le sens de la plus grande dimension, pour éviter de perdre du temps en tournant trop souvent.

D. Cette règle est-elle générale ?

R. Non, il y a des exceptions ; ainsi, lorsque le sol

est imperméable, il convient de tracer des sillons dans le sens de la pente pour que les eaux puissent s'écouler. Si le terrain est trop en pente, il faut changer la direction des sillons, l'eau partirait trop vite et occasionnerait des dégâts; et puis les animaux fatiguent trop en descendant et en montant.

D. Quelle direction faut-il donner au sillons?

R. Il faut tracer les sillons obliquement à la pente, en commençant de manière à rejeter la terre vers le bas quand on monte la pente, et à la renverser vers le haut, lorsque la charrue descend. On atténue ainsi un peu les résistances que présente ce mode de labour.

D. Qu'est-ce qu'un *sillon*?

R. On appelle *sillon* la raie ouverte par la charrue.

D. Quelles sont les règles pour bien conduire une charrue?

R. La charrue doit être maintenue d'aplomb pour conserver une profondeur égale; il faut que les raies soient bien droites et parallèles. Le conducteur, marchant dans la raie, au pas de son attelage, veillera à ce que les animaux tirent également; ses mains appuyées sur les mancherons, il corrigera les déviations de l'instrument.

D. Combien y a-t-il de sortes de labours?

R. Comme profondeur, il y a les *labours superficiels*, les *labours ordinaires* et les *labours de défoncement*.

D. Qu'entendez-vous par *labours superficiels*?

R. Les *labours superficiels* sont des labours qui n'entament le sol que sur une faible épaisseur, 8 à 10 c. au plus. Ils sont en usage partout où l'agriculture est avancée.

D. Quand sont-ils employés?

R. Les labours superficiels sont employés aussitôt

après la moisson, pour ouvrir le sol aux influences de l'atmosphère, couper les mauvaises herbes et en recouvrir les graines qui germent plus facilement; ils sont très-bons aussi comme dernière façon avant les semailles.

D. Quels sont les instruments employés pour ces labours?

R. On emploie souvent la charrue avec une faible entrure; mais l'extirpateur convient mieux.

Labours ordinaires.

D. Qu'entendez-vous par *labours ordinaires*?

R. Les *labours ordinaires*, plus profonds que les labours superficiels, sont ceux employés partout. Ils ont pour but de remuer la couche végétale dans toute son épaisseur.

D. Ces labours ont-ils partout la même profondeur?

R. Ces labours ne peuvent avoir partout la même profondeur; ils varient de 15 à 40 centimètres, suivant les épaisseurs de la couche arable.

D. Ne faut-il jamais dépasser la couche végétale?

R. Toutes les fois que le sous-sol s'y prête, il est bon, dans les terres peu profondes, d'en amener chaque année une petite portion à la surface, pour augmenter la couche végétale. Il faut, dans ce cas, augmenter la quantité d'engrais.

D. Donne-t-on ordinairement plusieurs labours?

R. Une terre, pour être mise en culture, doit recevoir, dans un an, plusieurs labours de différentes profondeurs; on commence par un labour superficiel, et ceux qui suivent remuent le sol dans toute son épaisseur et le mélangent avec les engrais.

Labours de défoncement.

D. Qu'appelle-t-on *labours profonds* ou de *défoncements* ?

R. On appelle *labours profonds* ou de *défoncements*, ceux qui pénètrent au-dessous de la couche de terre remuée par la charrue dans les labours ordinaires, et qui, au lieu de revenir tous les ans, ne reviennent que de temps en temps.

D. Quels sont les avantages du défoncement ?

R. Les labours profonds assainissent les terres, y entretiennent une grande fraîcheur, leur donnent une grande facilité à aider au développement des racines, qui poussent plus vigoureuses ; ils détruisent les mauvaises herbes dont ils atteignent les racines.

D. Les labours profonds n'améliorent-ils pas le sol, en le mélangeant avec le sous-sol ?

R. Très-souvent le sol peut être amendé par son mélange avec le sous-sol ; un sol argileux par un sous-sol sableux, et réciproquement ; enfin, un sol quelconque dépourvu de calcaire, par un sous-sol marneux.

D. Cette opération n'exige-t-elle pas des soins particuliers ?

R. Le défoncement du sol, s'il est fait inconsidérément, peut quelquefois être désastreux. Pour opérer en toute sécurité, on doit, avant de défoncer l'exploitation, faire des essais sur une petite étendue.

D. Pourquoi ces précautions ?

R. Ces précautions sont nécessaires parce que le sous-sol, n'ayant jamais été en contact avec l'air, ne possède que peu ou point de fertilité ; quelquefois même, il renferme des principes nuisibles à la végétation.

D. Que faut-il faire dans ce cas ?

R. Il faut n'opérer un défoncement que graduellement, le donner avant l'hiver afin que la terre, sous l'influence des gelées, puisse se déliter et mûrir.

D. Comment exécute-t-on cette opération ?

R. On peut défoncer avec la bêche ; avec deux charrues se suivant dans le même sillon, la deuxième plus forte que la première qui entame le sous-sol ; ou avec une seule charrue très-forte en toutes ses parties, appelée *défonceuse*. Il y a diverses sortes de défonceuses que l'on conduit avec 4, 6, 8, 10 et même 12 bœufs.

D. Sous le rapport de la forme n'y a-t-il pas plusieurs sortes de labours ? .

R. Il y a trois sortes de labours, différents de forme : le *labour à plat,* le *labour en planches,* et le *labour en billons.*

D. Qu'appelle-t-on *labour à plat* ?

R. Une terre est labourée à plat lorsqu'elle offre une surface régulière, qui ne découpe aucune dérayure. Dans les labours à plat, toutes les bandes de terre sont inclinées du même côté, et il ne reste, le travail achevé, qu'une seule jauge formée par le dernier sillon tracé par la charrue.

D. Quel est l'avantage de ce genre de labour ?

R. Le labour à plat supprime les enrayures et dérayures ordinaires dans les autres labours ; il conserve la régularité de la surface, supprime les longs contours ; il est utile dans les terres en pente, puisqu'il permet toujours de ramener la terre vers le bas.

D. Quelles sont les charrues employées pour ces labours ?

R. On peut labourer à plat avec la charrue ordinaire, mais celle qui convient le mieux pour ce labour est la charrue à double versoir (brabant double), ou celle à versoir mobile.

D. Qu'est-ce que le *labour en planche* ?

R. Un labour est *en planche* lorsque, le travail de la charrue étant terminé, la pièce de terre se trouve divisée en parties plus ou moins larges, séparées par des dérayures ou jauges. On appelle planche les parties ainsi séparées.

D. Comment laboure-t-on en planche ?

R. On laboure en planche, soit en adossant, soit en refendant.

D. Comment laboure-t-on en *adossant* ?

R. Pour labourer en *adossant*, on commence par enrayer au milieu de la planche, on détache une première bande, puis une seconde que l'on incline contre elle. On tourne ensuite à l'entour de ces deux premières bandes, appelées *à dos*, jusqu'à ce que l'on soit arrivé aux limites de la planche. Ces limites sont formées par deux dérayures.

D. Donne-t-on aux planches la même largeur ?

R. Non, les planches n'ont pas la même largeur : dans les terres où l'eau reste, il est bon de faire des planches étroites ; dans les sols perméables, on peut les faire plus larges ; il faut aussi ménager des sillons pour l'écoulement des eaux.

D. Comment laboure-t-on en *refendant* ?

R. Pour labourer en *refendant*, on enraie sur les deux côtes de la planche, on incline les bandes de terre opposées l'une à l'autre, et l'on déraie au milieu.

D. Qu'est-ce qu'un *labour en billons* ?

R. C'est, au lieu de planches, diviser son terrain en parties fort étroites, et très-bombées au milieu. Ces parties de terre, dans ces conditions, s'appellent *billons*, on les fait de un à deux mètres au plus de largeur.

D. Quels sont les avantages de ces sortes de labours?

R. Les labours en billons sont utiles dans les pays humides; les rigoles qui les séparent, facilitent l'évacuation des eaux; ils augmentent l'épaisseur de la couche végétale dans les terres peu profondes, et offrent, sur une grande partie, une meilleure place aux plantes qui peuvent plus facilement développer leurs racines.

D. Quels sont les inconvénients des billons?

R. Ils sont nombreux : difficiles à établir, ils retiennent les eaux sur des terrains irrégulièrement inclinés : ils s'opposent à une égale répartition des engrais et des semences, d'où irrégularité dans les récoltes; le milieu du billon seul végète bien. La faulx y fonctionne difficilement, et les attelages ne peuvent y circuler.

D. Les inconvénients de cette culture sont donc plus grands que ses avantages?

R. Il ne faut employer la culture en billons qu'alors qu'on ne peut faire autrement. Depuis quelques années, on la recommande pour la culture de la betterave; il paraît que cette plante y prend un développement qui peut compenser les frais que ce mode de culture occasionne.

D. Combien doit-on, d'une récolte à une autre, donner de labours à la terre?

R. Le nombre de labours à donner à une terre dépend de la nature du sol, de la plante que l'on veut produire, et de celle qui a été récoltée.

D. Quelles sont les règles à suivre pour le nombre de labours à donner?

R. Les terres argileuses réclament, en raison de leur

ténacité, de fréquents labours; les terres sableuses, au contraire, qui se divisent facilement, n'en réclament que peu pour être en état.

D. Et pour les plantes, quelles règles peut-on observer?

R. Lorsque la récolte précédente a nécessité beaucoup de façons, comme celle de la pomme de terre, de la betterave, il faut moins de labours à celle qui suit. Les plantes dont les racines pénètrent profondément demandent plus de labours que celles qui sont peu racineuses.

D. Les labours n'ont-ils pas encore un autre but que l'ameublissement du sol?

R. Les labours sont employés avec succès pour la destruction des mauvaises herbes. Quelquefois, dans ce seul but, il faut labourer souvent; car il importe, dans l'intérêt le plus sérieux des récoltes, de maintenir le sol très-propre.

D. A quelle époque doit-on donner les labours?

R. Il est très-bon de donner un léger labour aussitôt après l'enlèvement des récoltes, mais il est important de labourer avant l'hiver, même les terres qui ne doivent être ensemencées qu'au printemps.

CHAPITRE II.

Hersages.

D. Qu'entend-on par *hersages?*

R. Le *labour* ne fait que retourner la terre en bande, le *hersage* complète ce travail; il divise la terre, l'émiette et la rend ainsi plus propre à produire.

D. Le hersage n'a-t-il pas un autre but encore?

R. On herse pour détruire les mauvaises herbes, pour mélanger les engrais en poudre, pour recevoir les semences, pour défricher les gazons avant d'y passer la charrue; au printemps, on herse les blés d'hiver et les prairies artificielles.

D. La herse est-elle difficile à conduire ?

R. La herse est d'une direction facile. On doit veiller à ce qu'elle passe sur toutes les parties du champ. Il faut pour cela qu'il y ait coïncidence entre les trains, et éviter de revenir immédiatement à côté du train fait, pour ne pas faire tourner la herse sur elle-même.

D. Comment fait-on alors ?

R. Le conducteur réserve entre le train qui finit et celui qui commence la largeur d'un train, il tourne toujours du même côté jusqu'à l'extrémité de la pièce. On herse aussi en rond, mais le travail est moins bon, parce que la herse suit de temps en temps la direction des sillons.

D. Un seul hersage suffit-il ?

R. Un seul hersage ne suffit pas, on recommence en donnant à la herse une direction opposée à celle qui a été suivie la première fois.

D. Quelle force faut-il pour conduire une herse ?

R. Un seul homme suffit, pour conduire une et même deux herses, en attachant le deuxième cheval après la première herse. Un homme et un cheval, dans une terre facile, peut dans une journée herser environ 5 hectares.

Roulages.

D. Lorsqu'une terre est labourée et hersée, est-elle suffisamment préparée ?

R. Les labours et le hersage ne suffisent pas ; la terre

n'offrirait pas un assez solide appui aux plantes, qui souffriraient en outre de la sécheresse. Il faut, pour y renfermer l'humidité, la comprimer au moyen d'un rouleau plus ou moins énergique.

D. A quel moment doit-on rouler les terres ?

R. Il faut rouler avant et après les semences, surtout lorsque les terres ensemencées ont été soulevées par la gelée. Il est utile de rouler au printemps les céréales, elles prennent du pied et sont moins sujettes à la verse.

D. Le rouleau ne sert-il qu'à maintenir dans le sol la fraîcheur nécessaire ?

R. Le rouleau sert aussi à briser les mottes qui ont résisté à la herse ; on le choisit plus ou moins énergique, suivant la nature des terres à rouler.

D. Le rouleau est-il difficile à conduire ?

R. Le rouleau est très-facile à conduire ; il doit passer sur toute la surface du champ, il faut éviter de le faire tourner trop court.

D. Comment évite-t-on cet inconvénient ?

R. Pour éviter de tourner trop court, on fait comme avec la herse ; si le terrain est en pente, on dirige le rouleau transversalement par le haut, l'attelage tourne à droite et à gauche, et toujours en descendant.

Semailles.

D. Qu'appelle-t-on *semailles* ?

R. On appelle *semailles* l'action et le temps de semer.

D. Comment s'exécutent les semailles ?

R. Les semailles s'exécutent de deux façons différentes, à la volée et en lignes.

D. Comment s'exécutent les semailles à la volée ?

R. Pour semer à la volée, un homme lance avec la main les grains contenus dans un grand tablier qui est attaché autour de lui. Ce travail est difficile, mais un semeur habile peut semer deux hectares au moins par jour.

D. Comment sème-t-on en lignes ?

R. On sème en lignes au moyen d'un semoir.

D. Lequel est le plus avantageux de ces deux systèmes ?

R. Il est plus avantageux de semer au semoir qu'à la volée.

D. Pourquoi ?

R. La semaille en lignes est certainement préférable, elle est plus régulière et économise la semence ; elle rend facile la culture à donner aux plantes qui , recevant mieux les influences heureuses de l'air et de la lumière, produisent davantage.

Binages.

D. Qu'entend-on par *binages* ?

R. On entend par *binages* les façons que l'on donne aux terres après qu'elles sont semées . pour entretenir leur ameublissement et détruire les mauvaises herbes.

D. Quel est l'effet des binages sur l'ameublissement du sol ?

R. L'ameublissement donné à la terre par les labours, les hersages et les roulages ne dure pas : le sol se raffermit , se tasse à la surface ; sous l'influence de la pluie et de la chaleur, la plante resserrée ne pousse pas, il faut rompre la croûte qui produit cet effet , et pour cela le binage est nécessaire.

D. Le binage empêche donc la terre de sécher ?

R. Le binage empêche la terre de se durcir, car il la rend plus accessible aux rosées, aux pluies et à l'air qui modèrent l'action de la chaleur.

D. Comment se produit le dessèchement du sol ?

R. C'est par la surface que la terre commence à se dessécher, le mal gagne peu à peu en profondeur : le binage détruit l'adhérence des couches supérieures avec les couches inférieures qui peuvent ainsi conserver leur fraîcheur.

D. Le binage n'a-t-il pas d'autres avantages ?

R. On bine pour détruire les mauvaises herbes si désastreuses quelquefois. Il ne faut pas les laisser grandir, et biner dès qu'elles commencent à apparaître.

D. Le nombre des binages à donner à une récolte est-il limité ?

R. Le nombre des binages à donner à une récolte dépend de l'état du sol, de la nature des plantes et de la température. Le premier, ordinairement superficiel, se donne lorsque la plante commence à végéter; les autres successivement, et sont plus profonds.

D. Quelles sont les plantes que l'on doit biner ?

R. Le binage serait utile à toutes les plantes; mais il convient surtout aux récoltes qui remplacent la jachère, aux betteraves, carottes, pommes de terre, etc.

D. Ne bine-t-on pas aussi les blés ?

R. On a, dans certaines contrées, la bonne habitude de biner les blés qui alors sont semés en lignes ; aussi les cultivateurs qui ne reculent pas devant cette besogne et cette dépense, en sont-ils récompensés par des récoltes remarquables comme quantités et qualités.

D. Quelle est l'opération qui remplace le binage, dans les plantes semées trop épais ?

R. Lorsque les plantes sont semées trop épais, et que l'on ne peut les biner, on a recours au sarclage.

D. Qu'est-ce que le *sarclage*?

R. Le *sarclage* est une opération qui consiste à enlever d'une terre ensemencée les plantes inutiles ou nuisibles. On sarcle généralement à la main.

D. Comment s'exécutent les binages?

R. Les binages s'exécutent avec la binette, la houe à main, ou la houe à cheval.

D. Quel est le meilleur de ces instruments?

R. Le binage à la main est le plus parfait : il faut, pour biner, plus d'habitude que de force; aussi les femmes, les enfants s'en acquittent-ils très-bien; néanmoins, il est plus coûteux que le binage avec la houe à cheval.

D. Quels sont les avantages du binage à la houe à cheval?

R. Le binage à la houe à cheval est plus expéditif, plus économique, et rend de grands services dans les grandes exploitations, où il est employé concurremment avec le binage à la main. Les premiers binages sont toujours donnés à la main.

D. A quelles terres le binage convient-il?

R. Le binage convient à tous les sols; il est plus facile, on le comprend, dans les terres sableuses que dans les terres compactes. Il est à désirer que l'habitude des binages se généralise dans les fermes.

D. Qu'appelez-vous *buttages*?

R. On appelle *buttages* une opération qui a pour but d'amasser de la terre au pied des plantes, de manière à les entourer d'une butte plus ou moins forte.

D. A quelle époque butte-t-on ordinairement?

R. Le buttage se fait au printemps pour certaines plantes, et en automne pour certaines autres.

D. Pourquoi cette différence ?

R. On butte au printemps, pour les fortifier, le maïs, le pavot : en mai ou en juin, on butte les pommes de terre ; et en automne, pour préserver certaines plantes du froid de l'hiver, on butte le houblon, l'artichaut, etc.

D. Le buttage est-il avantageux ?

R. Le buttage est avantageux s'il est exécuté à temps, et lorsque les plantes sont encore jeunes. Comme les binages, ils se font à la main, ou au moyen d'instruments mus par des animaux.

D. Comment butte-t-on à la main ?

R. On butte à la main de différentes façons : on ramasse la terre tout autour des plantes qui se trouvent enveloppées d'une couche de terre en forme de cône tronqué. Ce mode est long et dispendieux.

D. N'en existe-t-il pas un autre ?

R. Il est plus expéditif pour butter, plus économique aussi, d'ouvrir des rigoles entre chaque ligne, et de répartir la terre également des deux côtés sur les plantes.

D. Comment butte-t-on avec le buttoir ?

R. Au lieu de faire la rigole à la main, on la fait avec le buttoir, et on procède ensuite comme il est dit ci-dessus.

D. Peut-on butter toutes espèces de récoltes ?

R. Il faut, pour pouvoir butter, que les plantes soient de nature à être semées en lignes, écartées d'environ 0,50 cent. On dispose alors, si l'on butte avec le buttoir, l'écartement des versoirs en conséquence.

CHAPITRE III.

Assainissement. — Fossés. — Drainage.

D. Qu'entendez-vous par assainissement d'une terre?

R. L'assainissement est une opération qui consiste à enlever à une terre, par un moyen quelconque, l'excès d'eau qu'elle renferme et qui nuit à la végétation de la plante.

D. Quels sont les sols qui ont besoin d'être assainis?

R. D'ordinaire on n'assainit que les sols argileux, tourbeux, marécageux, ceux enfin qui sont trop mouillés et trop froids (1).

---

(1) M. Victor Bone résume ainsi les caractères qui, d'après M. Barral, signalent les terres à drainer. Il faut drainer : Partout où, quelques heures après la pluie, on aperçoit de l'eau qui séjourne dans les sillons.

Partout où la terre est forte, grasse, où elle s'attache aux souliers, ou le pied laisse après son passage des trous remplis d'eau.

Partout où le bétail ne peut pénétrer, après un temps pluvieux, sans enfoncer dans une sorte de boue.

Partout où le soleil forme sur la terre une croûte dure, légèrement fendillée, resserrant les racines des plantes comme dans un étau.

Partout où un bâton enfoncé dans le sol à une profondeur de 0,40 à 0,50, forme une sorte de puits au fond duquel l'eau stagnante s'aperçoit.

Partout, enfin, où l'on a cru devoir cultiver en billons à cause de l'humidité du sol.

L'auteur que nous citons, ajoute : Le drainage appliqué dans ces terrains remboursera le propriétaire en peu d'années, et donnera au sol une plus-value supérieure à la dépense qui aura été faite.

8.

D. Quels sont les moyens employés pour assainir les terres ?

R. On assainit les terres au moyen d'aqueducs, de fossés ouverts ou couverts et par le drainage.

D. Quel est le meilleur de ces moyens ?

R. Le meilleur moyen à employer pour assainir une terre est de la drainer. Les aqueducs sont trop coûteux : les fossés ouverts perdent beaucoup de terrain ; ceux fermés nécessitent un approvisionnement de pierrailles, de fagots, difficile souvent à se procurer, et durent peu.

D. Comment s'exécutent les fossés couverts ?

R. On règle la largeur et la profondeur des fossés suivant la pente des terrains et la quantité d'eau qu'ils retiennent. On établit une tranchée principale pour recevoir et déverser les eaux amenées par les fossés, qui auront au moins un mètre de profondeur.

D. Lorsque les fossés sont établis, que fait-on ensuite ?

R. Lorsque l'on a disposé les fossés, on les remplit à moitié de pierrailles, de graviers ; ou l'on met dans le fond, toujours plus étroit que l'orifice, des fascines, des fagots, que l'on recouvre de ramilles, de feuilles, sur lesquelles on met ensuite de la terre, qu'il faut avoir soin de bien tasser.

D. N'y a-t-il pas d'autres précautions à prendre encore ?

R. Il faut avoir soin de garantir les extrémités des fossés de l'encombrement des terres, qui arrêteraient les eaux ; on établit des assises en pierres aux extrémités et de chaque côté des fossés ; on recouvre ces assises d'une ou de plusieurs pierres.

D. Quels sont les inconvénients de ce système de fossés ?

R. Ces fossés, assez coûteux, s'obstruent facilement et bientôt ne produisent plus l'effet désiré. Les fossés ouverts, que l'on peut nettoyer à volonté, seraient préférables s'ils n'occupaient pas une aussi grande surface. Ces inconvénients disparaissent par le drainage.

D. Qu'est-ce que le *drainage*?

R. Nous avons dit déjà que le drainage est une opération d'assainissement qui se fait au moyen de tuyaux en terre cuite, que l'on appelle *drains*.

D. A qui doit-on ce moyen d'assainissement perfectionné?

R. Le drainage est d'invention anglaise; les premiers essais en furent faits vers 1764; mais ce n'est que depuis 1810, à peu près, que l'usage s'en est répandu, d'abord en Angleterre et ensuite dans les autres contrées.

D. Comment sont faits les tuyaux de drainage?

R. Il y a plusieurs sortes de tuyaux de drainage: les uns se posent bout à bout sur une petite semelle en terre cuite; d'autres n'ont pas de semelles; souvent les tuyaux et les semelles sont d'une seule pièce: d'autres fois, ils sont cylindriques et réunis par un manchon: il y en a même d'ovales.

D. Quels sont les meilleurs de ces divers drains?

R. Ceux qui sont posés bout à bout, sans semelles, s'obstruent facilement; ceux qui portent leurs semelles n'écoulent l'eau que difficilement. On préfère généralement les tuyaux cylindriques avec manchons ou semelles indépendantes.

D. Quelles sont les dimensions des tuyaux de drain?

R. Les tuyaux cylindriques les plus employés ont de 2 à 4 cent. de diamètre sur 30 cent. de longueur.

D. N'emploie-t-on pas aussi de plus forts tuyaux?

R. Il y a de plus gros tuyaux que l'on appelle *collec-*

teurs ou de *décharge;* ils ont de 6 à 9 cent. de diamètre, sont de la même longueur que les premiers et se placent bout à bout, mais sans manchons.

D. Quelles sont les qualités que doivent posséder les tuyaux de drain ?

R. Ils doivent être fabriqués avec de la très-bonne argile, être très-réguliers et parfaitement cuits.

D. A quelle profondeur convient-il d'établir les drains?

R. La profondeur à laquelle il convient d'établir les drains varie de 70 cent. à 1ᵐ 20 cent. Elle est, du reste, subordonnée à la nature du sol à drainer. Il faut enfin les enterrer le plus possible.

D. A quelle distance doivent être placés les tuyaux de drain ?

R. Il est difficile de préciser exactement les distances à observer entre chaque ligne de drains ; plus ils sont profonds, moins ils ont besoin d'être rapprochés ; plus le terrain est en pente, plus ils doivent être rapprochés. On peut les placer à 8 ou 10 mètres dans les terrains argileux, et à 12 ou 15 mètres dans les terrains sableux.

D. Quelles sont les dimensions à donner aux tranchées qui doivent recevoir les tuyaux de drainage?

R. Il ne faut pas donner aux tranchées de drainage plus de 40 cent. en haut, et au fond 6 à 15 cent., suivant la grosseur des tuyaux que l'on doit employer. On se sert, pour les faire, de la bêche, de la drague, de la pioche, suivant que le terrain est ou n'est pas pierreux.

. D. A présent que nous connaissons les dimensions des tranchées et des drains, comment faut-il s'y prendre pour drainer une terre ?

R. Il faut, avant tout, se bien assurer si l'on pourra facilement se débarrasser des eaux sans trop payer d'indemnités aux voisins, et sans être obligé de creuser à grands frais des puits perdus ; chercher à utiliser les déversoirs naturels, tels que les fossés des chemins, les ruisseaux, les rivières, etc.

D. Et ensuite, que faut-il faire ?

R. On commence par creuser, dans les parties basses du terrain à drainer, le fossé de décharge qui doit recevoir les tuyaux collecteurs. Puis, pour éviter d'être gêné par les eaux, on creuse, en partant du fossé de décharge, en allant de bas en haut, les rigoles où l'on doit établir les tuyaux de dessèchement.

D. Quelle est la pente à donner à ces rigoles ?

R. Les rigoles ne doivent jamais avoir moins de 2 cent. de pente par mètre ; plus serait mieux. Il serait bon de ne pas donner aux rigoles plus de 50 mètres de longueur, et plus de 300 à 400 mètres au drain collecteur.

D. Les rigoles étant bien nivelées et disposées, que reste-t-il à faire ?

R. Lorsqu'on s'est bien assuré de la bonne exécution des rigoles, on pose les tuyaux avec ou sans manchons ; il importe qu'ils s'ajustent le mieux possible.

D. Comment se posent les tuyaux ?

R. Les tuyaux de grande dimension se posent avec la main ; ceux de petite dimension sont posés avec un outil spécial. Un ouvrier habile peut, avec cet instrument, poser, par heure et convenablement, dans une rigole de 1^m 20 cent. de profondeur, près de 300 tuyaux ; il ne le pourrait faire en les posant à la main.

D. Lorsque les tuyaux sont posés, comment remplit-on les fossés ?

R. Lorsque les tuyaux sont posés, on les recouvre avec précaution, soit avec de petits cailloux et de la terre ensuite, soit avec de l'argile, de la glaise, mais jamais avec du sable. Il faut avoir soin de bien tasser la terre au fur et à mesure du remplissage.

D. Pourquoi faut-il éviter de recouvrir les tuyaux avec du sable ?

R. Si l'on recouvrait les tuyaux avec du sable, ils seraient bientôt obstrués et ne pourraient plus fonctionner.

D. Le drainage est-il une bonne opération ?

R. Le drainage est une opération excellente dans les terres qui gardent l'eau ; à mesure que cette eau s'en va, le froid, les causes de pourriture disparaissent, les racines s'étendent mieux, se développent davantage; la terre rendue moins compacte, offre un accès plus facile aux pluies, à l'air et à la chaleur.

D. Rendez-nous par un exemple l'effet produit à une terre par le drainage ?

R. Si, par exemple, on arrose souvent un pot à fleurs, dont les trous du fond sont bouchés, la plante meurt à cause de l'excès d'eau ; si, au contraire, on débouche les trous, la plante croît et prospère. Le même effet se produit dans les terres trop mouillées.

D. Combien coûte ordinairement le drainage d'un hectare de terre ?

R. Le prix coûtant du drainage d'un hectare de terre varie de 100 à 200 fr., suivant la nature du sol, la profondeur et l'écartement des fossés.

D. A quelles terres convient le drainage ?

R. Nous avons vu que le drainage convient aux terres froides et humides; mais, en raison des frais qu'il occasionne, il est prudent de ne l'appliquer qu'aux terres d'une certaine valeur.

D. Comment faut-il assainir les terres de peu de valeur?

R. Il est bon, lorsque l'on veut améliorer des terres de peu de valeur, et en grandes quantités, de commencer à les assainir au moyen de fossés ouverts qui coûtent beaucoup moins que le drainage, sauf à les drainer plus tard.

D. Les terres drainées ne demandent-elles pas plus de fumier que les autres?

R. La végétation devenant plus active dans les terrains drainés, il faut évidemment plus d'engrais, dont une partie entraînée par les eaux se perd dans les égouts. Cette perte est, du reste, largement compensée par l'abondance supérieure des récoltes.

D. Combien dure un drainage?

R. Un drainage bien fait peut durer presqu'indéfiniment, mais il faut avoir soin d'empêcher l'obstrusion des tuyaux par les racines, par les dépôts formés par les eaux, par les sables fins ou par la présence de certains petits animaux.

D. Comment obvie-t-on à ces inconvénients?

R. En donnant le plus de pente possible aux tuyaux, qui seront de la plus petite dimension, afin de diminuer l'action de l'air qui facilite les dépôts, en ne faisant pas trop longues les lignes de drains, et en garnissant d'un grillage quelconque les embouchures des tuyaux.

CHAPITRE IV.

Irrigations.

D. Qu'appelle-t-on *irrigations*?

R. On appelle *irrigations* l'arrosement des terres, des prairies surtout, au moyen de rigoles.

D. Quel est le but des irrigations ?

R. On irrigue, pour amollir les terres, rafraîchir les plantes qui souffrent de la sécheresse, et pour les fumer en même temps qu'on les rafraîchit.

D. Toutes les eaux sont-elles également bonnes pour irriguer ?

R. Non, il est des eaux qui favorisent la végétation et fécondent le sol, il en est d'autres qui nuisent aux plantes et rendent le sol stérile.

D. Quelles sont les eaux qui nuisent aux plantes et au sol ?

R. Les eaux sortant des forêts, qui ont coulé sur des terres ombragées, sont trop froides ; celles qui sortent des tourbières, des marais, sont acides ; et celles de source, si on les emploie immédiatement, sont mauvaises.

D. Quelles sont les meilleures eaux à employer ?

R. Les meilleures eaux à employer sont les eaux de rivières, de ruisseaux ; elles sont chaudes, aérées, souvent chargées de principes fertilisants. Celles qui proviennent des égouts des villes sont excellentes.

D. Peut-on employer, pour irriguer, les eaux de mer ou saumâtres ?

R. Les eaux saumâtres, même l'eau de la mer,

peuvent servir à irriguer ; mais il faut les employer avec mesure, et d'autant moins que le climat est plus sec ; elles conviennent aux herbages destinés au bétail, dont elles améliorent la qualité.

D. Ne peut-on améliorer les eaux de mauvaise qualité ?

R. Les eaux de mauvaise qualité peuvent être améliorées et employées utilement.

D. Que faut-il faire pour cela ?

R. Il faut recueillir les eaux de mauvaise qualité dans des réservoirs et les traiter suivant leurs besoins respectifs.

D. Donnez-nous des exemples ?

R. Il faut laisser exposées au soleil celles qui sont froides et non aérées. En général, on améliore toutes les eaux d'irrigation en les laissant à l'air, et en jetant dans le réservoir où elles sont recueillies des matières animales, fécales, végétales se décomposant facilement.

D. Comment se font les irrigations ?

R. Les irrigations se font de trois manières : par reprise d'eau, par infiltration et par submersion.

D. Comment irrigue-t-on par *reprise d'eau ?*

R. Pour irriguer par *reprise d'eau*, il faut aux terrains et aux rigoles une pente d'au moins 0,02 c. par m., et qu'un réservoir d'eau soit établi en une partie plus élevée que le sol à irriguer. On emploie pour distribuer l'eau trois sortes de rigoles.

D. Quelles sont ces rigoles ?

R. Il faut : 1° une rigole *principale* longeant le bord supérieur de la prairie ; 2° des rigoles de *distribution* s'embranchant perpendiculairement sur la rigole principale ; 3° des rigoles d'*arrosage*, ramifications des précédentes, sur lesquelles elles s'embranchent deux à deux.

9

D. Comment établit-on la rigole principale ?

R. Les dimensions de la rigole principale dépendent de la quantité d'eau et de terrain dont on dispose. Ordinairement une seule suffit. Si la longueur du terrain était trop grande, on établirait une deuxième rigole à 2 ou 300 mètres de la première. La longueur des rigoles alimentaires serait ainsi fixé de l'une à l'autre des rigoles principales.

D. Comment s'établissent les rigoles alimentaires ?

R. Les rigoles alimentaires doivent avoir au moins 2 c. par mètre de pente, sur 25 c. de profondeur et 12 c. de largeur. Si la pente de la prairie est forte, ce qui arrive fréquemment, on établit de petites chutes, au bas desquelles on dispose des pierres pour éviter des affouillements.

D. Comment s'établissent les rigoles d'arrosage ?

R. On donne aux rigoles d'arrosage une pente de 2 à 3 c. par mètre, avec une profondeur de 4 à 12 c. et une largeur de 3 c. à leur embouchure, et de 5 c. à leur extrémité, en les espaçant de 5 à 10 mètres l'une de l'autre, suivant la nature du terrain.

D. Comment se font ces rigoles ?

R. On se sert ordinairement, pour faire ces rigoles, d'une hache très-large et d'une houe à lame étroite qui enlève le gazon dont les bords sont détachés. On peut se servir aussi du battoir. Il ne faut les faire ni trop larges ni trop profondes, pour qu'elles débordent facilement et ne prennent pas trop de terrain.

D. Qu'entendez-vous par irriguer par *infiltration* ?

R. Irriguer par *infiltration* veut dire que l'eau qui circule lentement dans les rigoles, s'infiltre, pénètre peu à peu dans le sol ; ce système convient aux champs, aux jardins, et il est aussi quelquefois employé pour les prairies.

D. Comment opère-t-on pour irriguer par infiltration ?

R. On fait circuler l'eau dans des rigoles peu profondes (25 cent. sur 6), ouvertes de distance en distance, de manière à ce que la couche arable soit imbibée jusqu'au centre de la planche comprise entre les rigoles si le terrain est plat, et d'un bord à l'autre si le terrain est en pente.

D. Quelle doit être, dans ce cas, la largeur des planches ?

R. La largeur des planches dépend de la nature du sol ; dans les terrains perméables à l'eau, elle peut être de 2 à 5 mètres, et seulement de 1 mètre et même moins dans les terres compactes.

D. Où ce mode d'irrigation est-il surtout employé ?

R. On irrigue par infiltration dans le midi surtout ; au printemps, pendant la pousse des blés ; après la moisson, pour amollir la terre ; et en automne, pour faciliter l'arrachage des racines, pommes de terre, etc.

D. Qu'entend-on par irrigation par *submersion* ?

R. Irriguer par *submersion*, c'est complétement couvrir d'eau un terrain, et l'y laisser pendant plus ou moins longtemps.

D. Quels sont les cas où l'on irrigue par submersion ?

R. On irrigue par submersion les prairies où il n'y a point de pente, et où l'on ne peut arroser en été ; on profite alors des crues d'eau qui se produisent ordinairement vers la fin de l'automne, pour submerger complétement les prairies.

D. Comment s'y prend-on pour cela ?

R. Il suffit d'établir sur les ruisseaux ou rivières quelques digues ou barrages avec empellement; l'eau se répand, séjourne plus ou moins sur le sol, qui prend ainsi une fraîcheur très-utile, et se trouve amélioré si l'eau est chargée de principes fertilisants.

D. Quel est le meilleur de tous ces modes d'irrigation ?

R. Le meilleur mode d'irrigation, quand on peut l'employer, est celui par *reprise d'eau.*

D. Quels sont les meilleurs moments pour irriguer?

R. Le meilleur moment pour irriguer est la fin de l'automne, après les semailles; au printemps pour favoriser la végétation, mais seulement trois ou quatre jours de suite. On peut irriguer la nuit de huit en huit jours, pendant les fortes chaleurs, après la première coupe de foin ; on peut aussi irriguer pendant quatre ou cinq jours pour faciliter la pousse du regain.

CHAPITRE V.

Défrichements.

D. Qu'entendez-vous par *défrichements* ?

R. Le *défrichement* est une opération qui a pour but de convertir en terre cultivée une terre inculte et en friche.

D. Est-il nécessaire de savoir défricher ?

R. Toutes nos terres bonnes ou mauvaises ont été défrichées, toutes celles qui restent le seront nécessairement un jour. Il faut donc qu'un cultivateur sache, le cas échéant, comment s'y prendre pour défricher.

D. Serait-il avantageux de mettre en culture les terrains qui sont encore en friche ?

R. Il serait très-avantageux de mettre en culture les terres en friche. On tient à tort à les conserver dans certains pays parce que, sous le nom de *communaux, patis*, elles donnent à tout le monde de maigres et pauvres produits.

D. Pourquoi dites-vous que c'est à tort que certains pays tiennent à les conserver ?

R. Parce que, partout où les friches n'existent plus, la misère a fait place à l'aisance. On comprend, en effet, que d'immenses étendues de terre ne rapportant rien, ou presque rien, ne peuvent profiter sérieusement à personne.

D. Est-ce que les communaux ne sont pas très-utiles à la partie la plus pauvre de la population des campagnes ?

R. Non, c'est un préjugé de le croire : les communaux ne profitent, réellement, qu'aux riches propriétaires, qui y trouvent de la nourriture pour leurs moutons, qu'ils vendent, nourris ainsi presque sans frais, avec de beaux bénéfices ; ils sont onéreux à qui ne peut, faute de capital, profiter de ces conditions.

D. Comment cela ?

R. Une vache, par exemple, qui se fatigue tout le jour à brouter, ne donne que très-peu de lait et pas de fumier.

D. Comment, néanmoins, pourra-t-on remplacer ce peu de nourriture que fournissent les communaux ?

R. On peut remplacer le produit des communaux en faisant arracher l'herbe qui pousse sur le bord des chemins, dans les terres cultivées et ensemencées. On obtiendra ainsi, sans frais, une nourriture plus abondante et meilleure.

D. Quel serait en outre l'avantage de ce mode de faire ?

R. La vache, la chèvre, moins fatiguées, mieux nourries donneraient plus de lait, et rien ne serait perdu de leur fumier dont la litière pourrait, à défaut d'autre chose, se composer de ces mêmes herbes.

D. Le défrichement n'a-t-il pas pour la masse des travailleurs d'autres avantages encore ?

R. Le défrichement crée du travail pour les bras inoccupés, augmente les salaires, et partant l'aisance ; la mendicité disparaît. Pauvres et riches, enfin, y trouvent leur compte.

D. Mais avec le défrichement, les communaux, dont tout le monde jouissait, deviennent la propriété de quelques-uns seulement?

R. C'est vrai ; mais le travailleur y gagne, puisqu'il trouve du travail là où il n'y en avait pas ; d'un autre côté les communaux, en général, ne rapportant rien ou presque rien, ce n'est pas une perte pour lui que d'en être privé.

D. Il faut donc pousser au défrichement?

R. Oui, il faut pousser au défrichement, car de quelque manière qu'il soit fait, par les communes, par des sociétés, par des particuliers, le défrichement est utile, puisqu'il crée des récoltes là où rien ne poussait, enrichissant ainsi à la fois et le pays et l'individu.

D. Comment s'y prend-on pour défricher?

R. Les moyens employés pour défricher varient suivant les pays et la nature des terrains. Il faut, dans tous les cas, commencer par sonder le terrain à deux ou trois mètres de profondeur.

D. Pour quelle raison ce sondage ?

R. Il faut sonder afin de bien reconnaître la nature du sol et du sous-sol, savoir si on doit les mélanger et si ce dernier est ou non perméable, ensuite cultiver suivant les besoins du sol.

D. Comment défriche-t-on une terre couverte de bruyères, de genêts, de ronces, etc.?

R. Il faut commencer par couper ces végétaux, les utiliser dans des composts, ou comme litière, puis rompre le sol. Dans quelques pays on emploie l'écobuage. mais ce moyen est trop coûteux.

D. Comment défriche-t-on un sol argilo-calcaire ?

R. Pour défricher un sol argilo-calcaire, il ne faut labourer que progressivement en augmentant, d'année en année, la profondeur du labour ; puis employer la chaux, les cendres et drainer ou faire des fossés s'il en est besoin.

D. Comment défriche-t-on un terrain calcaire très-sec?

R. Si le terrain est calcaire, schisteux ou granitique, il faut, pour le défricher, le labourer profondément en automne, et n'employer la chaux et les cendres que pour les terrains schisteux ou granitiques ; ceux calcaires n'en ont pas besoin.

D. Comment défriche-t-on une tourbière ?

R. Pour défricher une tourbière, il faut commencer par assainir le terrain au moyen de rigoles ou de fossés, labourer profond et écobuer.

D. Vous avez dit cependant que l'écobuage était trop coûteux?

R. Oui, en général l'écobuage est trop coûteux ; mais dans les tourbières il y a toujours une immense quantité de débris végétaux dont l'acidité rend la terre aigre. Cette acidité disparaît par l'écobuage.

D. Comment défriche-t-on les terres composées de sables mouvants ?

R. Il faut, pour mettre en culture les sables mouvants, y mélanger des boues, de l'argile, puis y semer des prairies naturelles qui, bien que chétives, y gazonneront cependant ; retourner ce gazon, y semer des plantes qui végètent facilement, les retourner en vert jusqu'à ce que l'on ait ainsi créé l'humus nécessaire.

D. Ce moyen doit être très-coûteux ?

R. Ce moyen est très-coûteux et ne peut être employé que par les riches capitalistes ou les gouvernements.

D. Comment défriche-t-on les terres crayeuses ?

R. Les terres crayeuses sont infertiles parce qu'elles sont trop sèches ; il faut y semer toutes sortes d'herbes, qu'on enfouit en vert ; elles pourrissent dans le sol et y entretiennent la fraîcheur. Ce moyen demande plusieurs années, mais il paie les sacrifices qu'il exige en triplant souvent la valeur de la terre ainsi traitée.

D. De quels instruments se sert-on pour défricher ?

R. Dans les défrichés en grand, on se sert de la charrue, de la défonceuse, de l'extirpateur : dans les défrichés sur une petite échelle, on emploie la pioche pointue, large ou à dents, suivant la nature des terrains.

D. Est-il bon de défricher les forêts ?

R. Oui et non. Dans les pays chauds, les bois attirent les nuages, aident à les résoudre en pluie et entretiennent les sources. Dans les pays froids, ils augmentent les pluies et le froid, mais ils abritent les récoltes contre les vents, souvent nuisibles.

D. Il ne faut donc pas défricher les bois ?

R. Il faut défricher les bois avec prudence, et là seulement où ils occupent une trop grande étendue, en laisser quelques parties de distance en distance, afin de briser les vents et entretenir la fraîcheur nécessaire.

D. Comment défriche-t-on les bois?

R. Il faut enlever les bois et les racines, puis cultiver suivant la nature du sol.

D. Quelles sont les plantes à semer sur un défriché?

R. Toutes les plantes ne conviennent pas à une terre nouvellement défrichée, surtout si elle se compose de nombreux débris, de feuilles et d'arbustes. L'avoine est celle qui réussit le mieux, et celle qu'il faut employer de préférence.

D. Est-ce que d'autres plantes n'y viennent pas également bien?

R. Le colza, la pomme de terre poussent dans une terre fraîchement défrichée, mais sont en général de mauvaise qualité ; la betterave y vient aussi, mais elle ne vaut rien pour la fabrication du sucre.

D. Les défrichés demandent-ils beaucoup de fumier?

R. Généralement, les défrichés sont assez riches en débris végétaux pour pouvoir se passer de fumier pendant plusieurs années, mais néanmoins il vaut mieux entretenir annuellement cette richesse que de l'épuiser entièrement.

CHAPITRE VI.

Bâtiments de la ferme.

D. Les constructions rurales sont-elles bien comprises en général ?

R. Les constructions rurales sont généralement défectueuses ; elles sont ou trop luxueuses, ou, ce qui arrive souvent, lourdes, massives, incommodes et insalubres.

D. Que doit-on chercher dans la construction d'une ferme ?

R. Il faut qu'une ferme soit simple, construite en matières économiques, que chaque chose y ait sa place marquée et le caractère de sa destination, que tout y soit propre et solide.

D. Quelles sont les proportions à donner aux bâtiments ?

R. Les proportions à donner aux bâtiments sont subordonnées aux usages locaux, aux besoins de l'exploitation en hommes, animaux et outils, aux habitudes de conserver ou non les récoltes en greniers, en caves, en meules ou en silos.

D. Quelles sont les meilleures dispositions à donner aux bâtiments ?

R. Lorsque les bâtiments n'offrent pas un développement de plus de 50 mètres, il faut les placer sur une seule ligne, en ayant soin d'ouvrir au midi les ouvertures principales.

D. Comment disposera-t-on les bâtiments qui ont un plus grand développement ?

R. Pour les moyennes cultures, il convient d'établir deux bâtiments en retour d'équerre sur le bâtiment principal : celui regardant le levant pour les écuries, l'autre pour les granges et les hangars. Dans les grandes cultures, on fermera le carré par un bâtiment qui renfermera les bergeries. La basse-cour et la porcherie seront dans un endroit séparé.

D. Quels sont les avantages de ces dispositions ?

R. Avec des bâtiments ainsi disposés, la surveillance est facile, et si l'on a soin de les séparer l'un de l'autre

par un vide que remplit une palissade, l'air se renouvelle, et si, par malheur, un incendie vient à éclater,
on peut facilement le circonscrire.

Maisons d'habitation.

D. Quelles sont les dispositions à donner aux maisons d'*habitation* ?

R. La maison d'*habitation* doit être proprement construite, bien aérée, et avoir ses ouvertures au midi ;
elle renfermera les chambres des maîtres et des domestiques, une grande cuisine où tout le personnel puisse
se réunir à l'aise, le fournil, et enfin la cave, dans laquelle on ménagera un compartiment pour la laiterie.

Écuries.

D. Comment doivent être établies les *écuries* ?

R. Une *écurie* doit être pavée ou bétonnée, présenter
dans le sens de sa longueur et de sa largeur une pente
douce qui permette aux urines de se rendre, par une
rigole, dans un *puisard* établi en dehors ; les ouvertures
doivent être percées de manière à ce que l'on puisse, à
volonté et en l'absence des animaux, établir un courant
d'air.

D. Quel est l'espace que l'on doit réserver à chaque
cheval?

R. Un cheval a besoin, pour respirer à l'aise, de 25
à 30 mètres cubes d'air ; il convient donc d'accorder à
un cheval une largeur de 1^m 75 cent. et une longueur
de 4 mètres, y compris la crèche, la mangeoire et le
passage. Si l'écurie a 4 mètres de hauteur, on aura
ainsi, pour chaque cheval, 28 mètres cubes.

D. Comment faut-il disposer le *ratelier* ou *crèche?*

R. Le *ratelier* doit être vertical, à 40 cent. de la muraille, et avoir sa partie inférieure élevée de 1m 40 cent. au-dessus du sol.

D. Quelles sont les dispositions à donner aux *mangeoires* ?

R. La *mangeoire* doit être au-dessous et en avant du ratelier, et avoir 35 à 40 cent. de largeur ; sa partie supérieure doit être à 1 mètre au-dessus du sol.

D. Est-il avantageux de séparer les chevaux à l'écurie ?

R. Il convient que les chevaux soient séparés par des stalles pleines, et non à claire-voie, en bois, ayant 2m 80 cent. de longueur, élevées de 2 mètres à l'aplomb de la mangeoire, et finissant par une hauteur de 1m 20 cent.

D. L'écurie ne doit-elle pas contenir autre chose encore ?

R. L'écurie doit contenir le lit du domestique chargé des soins des chevaux ; ce lit occupera la place d'un cheval. Si l'écurie a un *seul rang*, on prendra 60 cent. de plus de largeur pour y placer les harnais derrière chaque cheval : si l'écurie est sur *deux rangs*, la sellerie sera à part, et comprendra autant de mètres carrés qu'il y a de chevaux.

Étables.

D. Comment doit-on établir une *étable* ?

R. Sous le rapport du plancher, de l'aération, de la pente à donner aux urines, les *étables* doivent être établies comme les écuries. L'espace à donner varie seul. Une vache ou un bœuf couchés occupent moins de place qu'un cheval.

D. Quelle est la place à donner à un bœuf?

R. 24 mètres cubes d'air suffisent à un bœuf ou à une vache : ainsi une étable de 4 mètres de largeur, et autant de hauteur, qui laisse à chaque bœuf de travail 1m 50 cent. de largeur pour se mouvoir, et à chaque veau 75 cent., plus la place pour les harnais, est dans de bonnes conditions.

D. Le même espace convient-il à un bœuf à l'engrais ?

R. Un bœuf à l'engrais, ou une vache mère, doit avoir plus de place; il leur faut au moins 1m 75 cent. de largeur. Il est très-bon que, dans ce cas, ils soient séparés par des stalles.

D. Les plafonds des écuries et étables sont-ils en général bien établis ?

R. Les plafonds des écuries et étables sont en général fort négligés; on place des perches en travers des poutres, et on charge le tout de fourrage sec. Cette coutume est fort mauvaise.

D. Pourquoi cette coutume est-elle mauvaise ?

R. Cette coutume est mauvaise, parce que les émanations des animaux altèrent le foin, dont les graines se répandent et nuisent au fumier; parce qu'elle aide à la multiplication des araignées, accumule la poussière, qui tombe et se mélange avec les aliments.

D. Comment faut-il établir ces plafonds?

R. Les planches coûtent cher et pourrissent vite; on peut, sur les poutres, étendre des plaques de gazon. Dans certains pays, on en fait à peu de frais de très-solides et très-propres.

D. Comment se font ces plafonds ?

R. On prend des rondins de bois de corde, que l'on roule dans un mortier de glaise et de foin ; on les serre l'un contre l'autre et on les recouvre d'argile pétrie, que l'on tasse fortement. Enduits de même en dessous et blanchis à la chaux, ils imitent le plafonnage.

SUITE DU CHAPITRE PRÉCÉDENT.

Bergeries.

D. Comment doivent être établies les *bergeries?*

R. Il faut qu'elles soient convenablement aérées par de nombreuses fenêtres; la porte d'entrée sera large, avec un seuil élevé et une sorte de pont de planches qui force les moutons à rentrer deux par deux. Les crèches doivent être bien disposées.

D. Comment faut-il disposer les *crèches?*

R. Il faut donner aux *crèches,* y compris les rateliers, une largeur de 50 cent., les disposer de façon à ce que le menu fourrage ne puisse tomber sur la tête ou la toison de l'animal.

D. Quel est le développement à donner aux crèches?

R. Un mouton occupe, en mangeant, 40 cent. de place; le développement à donner aux crèches doit être d'autant de fois 40 cent. qu'il y a de bêtes dans le troupeau.

D. Quelles dimensions doit-on donner aux bergeries?

R. Les dimensions à donner aux bergeries sont subordonnées à l'importance du troupeau; il est admis, toutefois, qu'il faut donner à chaque mouton ou brebis 1 mètre carré, et 75 cent. pour un agneau.

D. Qu'est-ce qu'une bergerie simple?

R. On appelle bergeries simples celles qui ont peu de largeur et dont les rateliers sont fixés le long des murs. Les animaux alors sont placés dos à dos.

D. Qu'appelez-vous bergeries *doubles* ?

R. On appelle bergeries *doubles* celles qui sont assez larges pour que l'on puisse y placer plusieurs rangs de crèches, soit dans le sens de la longueur, soit dans celui de la largeur.

D. Comment peut-on neutraliser les inconvénients des émanations des fumiers de bergerie?

R. On peut neutraliser les mauvais effets de ces exhalaisons en semant de temps en temps du plâtre en poudre sur la litière. Le fumier et les animaux en valent mieux.

Porcheries.

D. Comment doit-on établir les *porcheries* ?

R. Les murs d'une *porcherie* doivent être solides et garnis de planches à l'intérieur; le sol sera pavé en pente douce, ou planchéié à claire-voie, avec une rigole en dessous pour écouler les urines, qui sont très-abondantes.

D. Quelles dimensions faut-il donner aux porcheries ?

R. Il faut à un porc un peu plus de 3 mètres carrés de surface. On enchâsse l'auge dans la muraille, de manière à pouvoir l'alimenter du dehors.

Poulaillers.

D. Comment construit-on les *poulaillers* ?

R. Il faut aux *poulaillers* autant de propreté qu'à

tous les autres logements d'animaux. L'exposition au levant est la meilleure, à l'abri, autant que possible, du froid et du chaud ; ils doivent être pavés, à cause des fouines et autres animaux nuisibles.

D. Quelle est la dimension à leur donner ?

R. Il faut, pour contenir 100 poules, une pièce de 18 à 19 mètres de surface. Il est préférable de ne faire les poulaillers que pour 40 ou 50 poules, et d'en faire plusieurs, éloignés les uns des autres, si l'on a un plus grand nombre de poules.

Clapiers.

D. Qu'appelle-t-on *clapiers*?

R. On appelle *clapiers* les logements affectés aux lapins.

D. Comment doit-on établir les clapiers ?

R. L'exposition au levant et au midi est celle qui convient aux clapiers, dont il importe de faire les murs avec de profondes fondations. 1 m. 50 au moins. Le toit en sera solide à cause des chats et des fouines ; ils seront pourvus de fenêtres grillées qui en permettront l'aération.

D. Quelles dimensions faut-il donner aux clapiers ?

R. Un clapier doit être divisé en loges de 75 c. à 1 m. en tous sens, les plus petites pour les mâles, les moyennes pour les mères, et les plus grandes pour les jeunes assez forts pour vivre en commun.

Granges, Fenils, Greniers à fourrages.

D. Quelles sont les dimensions à donner aux *granges, fenils. greniers à fourrage*?

R. Les *granges, greniers, fenils,* doivent être en rapport avec l'importance présumée des récoltes. 50 kilog. de blé représentent, en moyenne, 100 kilog. de gerbes, qui occupent 1 mètre cube.

D. Quelle place occupent les fourrages?

R. 100 kilog. de fourrages occupent 1 mètre cube; si la ration d'un cheval est d'environ 12 k. 500 par jour, il faudra pour l'année environ 45 mètres cubes. D'où autant de fois 45 mètres cubes qu'il y aura de chevaux. On calcule de même pour les bœufs et les moutons.

Hangars.

D. Comment établit-on les *hangars*?

R. On doit établir les *hangars* dans des lieux secs, d'accès facile; il est bon de laisser au moins un des côtés à jour.

D. Quelles dimensions faut-il donner aux hangars?

R. Les dimensions à donner aux hangars dépendent de l'importance du matériel. On peut se fonder sur ceci : un chariot occupe environ 10 mètres carrés, une charrue 5 mètres, et il faut, pour la herse, l'extirpateur, le rouleau, de 7 à 10 mètres chacun.

SEPTIÈME PARTIE.

ASSOLEMENTS. — CULTURES DIVERSES.

CHAPITRE PREMIER.

D. Lorsqu'un cultivateur est pour reprendre ou créer une ferme, quelle doit être sa principale préoccupation ?

R. Lorsqu'un cultivateur veut créer ou reprendre une ferme, il doit, avant tout, étudier quelles sont, dans les conditions particulières où il se trouve, les plantes qu'il doit préférer, quelle quantité de chaque espèce il doit cultiver, et dans quel ordre elles doivent se succéder; en un mot, quel système de culture il doit adopter.

D. Existe-t-il, pour se guider dans cette étude, des règles certaines ?

R. On peut certainement, en théorie, déterminer des règles générales établissant quel système de culture on doit adopter; mais, dans la pratique, elles sont loin d'être applicables partout, et peuvent quelquefois, si l'on s'y conforme trop rigoureusement, devenir préjudiciables.

D. Que doit faire alors le cultivateur ?

R. Il doit étudier ce qui se passe chez ses voisins, imiter même, pour commencer, son prédécesseur, à moins que ce dernier n'ait évidemment cultivé à l'encontre du bon sens. Il pourra ainsi, et en peu de temps, se fixer sur le système qui doit lui être avantageux.

D. Lorsque l'on a adopté un système de culture, peut-on le changer ?

R. S'il est dangereux de changer, pour une cause légère, le système que l'on a cru devoir adopter, il ne l'est pas moins de ne vouloir en rien s'en écarter si l'on y trouve avantage. Un bon cultivateur ne doit pas se laisser guider par le système qu'il a choisi; c'est lui, au contraire, qui doit savoir le diriger.

D. Quelles sont les considérations qui doivent déterminer le choix d'un système de culture ?

R. Il faut baser son système de culture sur l'étendue du domaine, sa nature, sa fertilité et son morcellement; tenir compte du prix de la main-d'œuvre, des débouchés possibles, et des capitaux dont on dispose. Ne pas oublier que la variété des cultures est indispensable, puisque les plantes ne peuvent se succéder immédiatement sans dégénérer et mourir.

D. Comment appelle-t-on le système de culture qui règle ainsi ce que chaque pièce de terre doit produire annuellement ?

R. On l'appelle assolement.

D. Qu'entendez-vous par *assolement* ?

R. On entend par *assolement* l'ordre suivant lequel les plantes se succèdent sur une terre pendant un nombre d'années déterminé, au bout desquelles on recommence dans le même ordre, la même succession.

D. Ce système de culture ne porte-t-il pas aussi un autre nom ?

R. On l'appelle aussi *rotation*.

D. Ces deux mots : *assolement* et *rotation* sont donc synonymes ?

R. Aujourd'hui ces deux mots ont presque partout la même signification. Quelques auteurs cependant établissent encore entre eux la différence que l'on établissait autrefois.

D. Quelle est cette différence ?

R. Par assolement, on entendait la division du sol en parcelles affectées chacune temporairement à une récolte particulière ; et par rotation, l'ordre dans lequel ces récoltes se succèdent.

D. Comment nomme-t-on ces parcelles de terre ainsi divisées par l'assolement ?

R. On les appelle *soles* ou *pies* dans certains pays.

D. Résumez ce que vous entendez par assolement et par rotation ?

R. Il y a dans un assolement autant de soles ou pies qu'il y a d'années dans la rotation complète du système de culture.

D. Quelle est la règle générale à suivre dans les assolements ?

R. Il faut, dans l'assolement, faire succéder une plante améliorante à une plante épuisante, ou laisser la terre en repos.

D. Qu'entendez-vous par plante *améliorante* ?

R. Une plante est *améliorante*, lorsqu'elle laisse de nombreuses feuilles, comme engrais, dans le sol, rendant ainsi, en partie, ce qu'elle lui a pris ; lorsqu'elle exige, pour végéter, une série de travaux qui remuent la terre et détruisent les mauvaises herbes.

D. Citez-nous quelques plantes améliorantes ?

R. Sont améliorantes : les *trèfles*, la *luzerne*, le *sain-*

foin, les *hivernaches*, puis enfin les plantes sarclées . betteraves, *navets*, *pommes de terre, choux*, etc.

D. Qu'est-ce qu'une plante *épuisante* ?

R. Une plante *épuisante* est celle qui arrive à maturité sans exiger de culture d'entretien, car alors la terre, au lieu d'être divisée, est resserrée et pousse de mauvaises herbes ; celle aussi qui, après récolte, ne restitue rien au sol, ou ne lui laisse que des racines souvent plus nuisibles qu'utiles.

D. Nommez-nous quelques plantes épuisantes ?

R. Les *céréales*, le *chanvre*. le *colza*, le *lin*, etc.; en un mot, toutes les plantes qu'on ne récolte qu'après entière maturité de leurs graines.

D. Qu'est-ce que laisser *reposer* une terre?

R. C'est, après une ou deux récoltes, laisser pendant un temps quelconque, une terre sans y rien semer.

D. Comment s'appelle ce repos ?

R. On l'appelle *jachère*, quand ce repos est d'un an, et demi-jachère quand il est de six mois.

D. Pour faire une jachère, il suffit donc de laisser une terre sans y rien semer ?

R. Non ; il faut, outre le repos, lui donner plusieurs façons, pour détruire les mauvaises herbes. et la mettre ainsi en état de produire l'année suivante.

D. Quelles sont les façons à donner à une jachère, et à quelle époque *?*

R. Il faut commencer la jachère par un labour en automne et en hiver ; on l'extirpe en mars ; en avril ou mai, on donne un nouveau labour que l'on fait suivre de plusieurs autres.

D. La jachère est-elle une bonne méthode agricole?

R. La jachère a ses avantages et ses inconvénients, ses partisans et ses détracteurs.

D. Quels sont les avantages que l'on peut accorder à la jachère ?

R. On s'appuie, pour justifier l'emploi de la jachère, sur ce qu'elle repose sur de vieilles habitudes, qu'elle détruit les mauvaises herbes, qu'elle économise des capitaux, ou bien encore qu'elle donne à la terre le repos dont elle a besoin. On dit aussi que les produits poussés sur une jachère sont plus délicats.

D. Que peut-on opposer à tous ces avantages ?

R. Une méthode agricole a pu avoir, à une époque, sa raison d'être, et ne plus l'avoir. On détruit les mauvaises herbes en cultivant une plante sarclée productive ; des prairies artificielles ne coûtent pas beaucoup plus que la jachère. Quant au repos nécessaire à la terre, la terre ne se fatigue, ne s'use, que lorsqu'on ne lui rend pas ce que les récoltes lui ont pris.

D. Faut-il pratiquer la jachère ?

R. On ne peut condamner absolument la jachère ; elle est quelquefois utile, alors que l'on dispose de beaucoup de terres, et que l'on n'a que peu d'engrais ; mais, au fur et à mesure que la population augmente, que l'industrie se répand, que la propriété se divise, la jachère disparaît, parce qu'il faut produire beaucoup. On ne doit donc pas laisser improductive, une année sur trois, une partie de son exploitation.

D. Comment se divise encore la culture ?

R. On divise encore la culture en culture *intensive* et en culture *extensive*.

D. Qu'entendez-vous par culture *intensive* ?

R. On appelle culture *intensive* celle qui, aidée de capitaux, ne recule devant rien pour obtenir le plus possible en récoltes et en produits de toutes sortes. Travail, engrais, suppression complète de la jachère, tout concourt, dans la culture intensive, à faire produire à une exploitation tout ce qu'elle peut donner.

D. Qu'entendez-vous par culture *extensive* ?

R. On appelle culture *extensive* celle qui, marchant plus avec le temps qu'avec le capital, fertilise lentement le sol par la jachère, ne cultive que peu les plantes sarclées, et se contente d'un modique bénéfice.

D. A laquelle de ces deux cultures faut-il donner la préférence ?

R. Evidemment la culture intensive est plus avantageuse que l'autre ; mais on ne peut toujours choisir, car ce choix est subordonné aux conditions de sols, de climats, de capitaux. Là où la terre abonde quand les débouchés font défaut, la culture extensive est bonne. Il est souvent prudent de commencer par elle pour arriver ensuite à la culture intensive.

D. Citez-nous un modèle d'assolement de culture extensive ?

R. Un habile cultivateur, voulant mettre en culture des landes improductives, a fait alterner les céréales avec la jachère pendant les six premières années, et a terminé sa rotation par quatre années de pâturage à base de rai gras suivi de céréales (1).

D. Dites-nous quel assolement a produit cette méthode ?

R. 1re année. Défrichement à la charrue pendant l'hiver, hersage d'été ; à l'automne, semis de guano (300 kilog. à l'hectare) ou noir animal (5 hect.).

---

(1) Cet assolement a été adopté par M. Lecoutteux, dans son domaine de Cerçay, près Lamothe-Beuvron (Loir-et-Cher). Nous avons fait de nombreux emprunts, dans le cours de cet ouvrage, aux remarquables travaux de cet agronome distingué.

Puis, du 15 septembre au 10 novembre, emblavures successives d'escourgeons, d'avoine d'hiver, de seigle et de froment dans les meilleures terres. 2ᵉ année : Récoltes de céréales. 3ᵉ année : Jachère morte sur une partie de la sole, fumure verte sur l'autre ; à l'automne, semis d'engrais et de céréales. 4ᵉ année : Récoltes de céréales. 5ᵉ année : Jachère comme la 3ᵉ année. 6ᵉ, 7ᵉ, 8ᵉ et 9ᵉ année : Pâturages fauchables la 1ʳᵉ année. 10ᵉ année : Défrichés et céréales.

D. Ce modèle peut-il servir de règle fixe pour la mise en culture d'une terre improductive ?

R. Non, il n'y a rien d'absolu en culture : tout, nous l'avons dit, dépend des circonstances, et des moyens dont on dispose. Un autre agriculteur très-distingué a procédé, par l'écobuage, à un semis forestier, puis a labouré et semé un seigle dans lequel il a répandu de la graine de pin maritime (1).

CHAPITRE II.

Culture intensive.

D. Sur quoi se fonde l'obligation d'*alterner* les cultures ?

R. Les plantes, nous l'avons dit, ne se nourrissent pas toutes de la même façon : celles-ci prennent une substance, celles-là une autre. D'où la nécessité d'*alterner* les récoltes.

D. Quelle est la plante qui sert de base à l'assolement ?

(1) M. Rieffel, directeur du Grand-Jouan.

R. Le blé, base de la nourriture de l'homme, sert de base à l'assolement.

D. Quelle est la durée des assolements ?

R. L'assolement est de deux ans (biennal), de trois ans (triennal), de quatre ans (quadriennal), de 5, 6, 7 ans et quelquefois plus.

D. Donnez-nous des exemples de ces divers assolements ?

R. Nous adopterons, pour faciliter l'étude des assolements, la classification suivante proposée par M. Lecoutteux.

1° Sans fourrages en rotation : biennal, triennal et ses dérivés.

2° Avec fourrages en rotation : pâturages, prairies artificielles, prairies naturelles.

1° Assolements sans fourrages en rotation.

D. En quoi consiste cet assolement ?

R. Il faut, pour suivre cet assolement, avoir des prairies ou des pâturages assez pour nourrir ses animaux et faire de l'engrais, car les céréales qui alternent avec la jachère, ou même avec une plante sarclée, consomment plus d'engrais qu'elles n'en produisent.

Assolement biennal.

D. Quelle est la formule de l'assolement biennal ?

R. La formule de l'assolement biennal est : 1re année, jachère ; 2e année. céréales.

D. Quelle est la valeur de cet assolement ?

R. Cet assolement ne donne que de pauvres récoltes si on n'a pas assez de prairies ou de pâturages.

D. Est-ce que, dans cet assolement, on ne remplace pas la jachère par une autre plante?

R. Dans quelques pays, on remplace la jachère par le *maïs*, les *fèves* ou même le *tabac*, comme en Alsace. Dans ce cas, avec des prairies pour nourrir son bétail, et de l'engrais, cet assolement est assez avantageux.

Assolement triennal.

D. Quelle est la rotation de l'assolement triennal?

R. La rotation ordinaire de l'assolement triennal est: 1re année, jachère; 2e année, froment; 3e année, avoine.

D. Que remarquez-vous à propos de cet assolement?

R. Cet assolement roule tout entier sur la production des grains. Comme l'assolement biennal, il rend indispensables d'abondants fourrages naturels pour nourrir son bétail.

D. Où suit-on cet assolement avec jachère?

R. L'assolement triennal avec jachère est surtout suivi dans les pays dits à blé, tels que la Brie, la Beauce et la Comté.

D. Est-ce que, dans ces contrées et avec ce mode de culture, la production du blé est plus abondante qu'ailleurs?

R. Non, la récolte moyenne dans ces pays, avec 20,000 kilog. de fumier par hectare de jachère et de froment, n'est que de 18 à 20 hectolitres de blé et 25 à 30 hectolitres d'avoine par hectare.

D. La production du blé est-elle plus forte dans les

pays où l'on adopte l'assolement avec *production fourragère ?*

R. Dans les contrées où l'on pousse la production
fourragère avec forte fumure pour les racines alimentaires ou industrielles qui remplacent la jachère, on récolte, par hectare, de 55 à 45 hectolitres de blé et 55
à 65 hectolitres d'avoine.

D. Que faut-il conclure de cet état de choses ?

R. Il faut conclure de cet état de choses que la répu-
tation dont a joui l'assolement triennal d'être favorable
à la production du blé, est usurpée. En effet, récolter
18 à 20 hectolitres de blé à l'hectare dans une culture
dont le quart seulement est en blé et le quart en jachère,
au lieu de 40 hectolitres que l'on doit récolter, c'est
faire fausse route, évidemment.

D. C'est donc un mauvais assolement que l'assolement triennal ?

R. L'assolement triennal est un obstacle à toute amélioration : obstacle à l'abolissement de la vaine pâture :
obstacle à la culture des plantes fourragères et sarclées :
obstacle à l'engraissement du bétail, etc.

D. L'assolement triennal n'est-il pas défectueux encore à un autre point de vue ?

R. L'assolement triennal est défectueux, parce que
fumer pour les blés, c'est les exposer à la verse, surtout si les labours ne sont pas profonds ; puis, par cette
succession de deux céréales qui ne diffèrent guère que
de nom, on épuise le sol et on facilite la végétation des
mauvaises herbes.

D. Cet assolement doit donc être abandonné ?

R. L'assolement triennal disparaîtra au fur et à mesure que les connaissances agricoles se répandront ; et
ce sera un grand bien, car il laisse trop longtemps les

bras inoccupés et pousse à la dépopulation des campagnes. Il est un obstacle aussi à la production et à la bonne répartition des engrais.

D. Comment peut-on aider à la suppression de ce mode de culture ?

R. Le meilleur moyen d'arriver à la suppression de cet assolement est d'aider à la propagation des industries agricoles : *sucreries*, *distilleries*, *féculeries*, etc. Le cultivateur y trouvera une bonne et peu coûteuse nourriture, l'écoulement assuré et avantageux de ses produits en racines ; en même temps que l'ouvrier, certain d'un travail sans chômage, n'abandonnera plus le village pour la ville, ainsi qu'il le fait aujourd'hui.

D. A défaut d'usines agricoles, ne peut-on arriver à la suppression de l'assolement triennal ?

R. On y arrivera par la mise en pratique de l'assolement alterne sexennal, en admettant pour base le *trèfle*, qui végète à peu près partout, rend de très-grands services et ne peut revenir avantageusement que tous les six ans.

D. Quels sont les avantages de cet assolement ?

R. Cet assolement est plus productif ; il ruine la vaine pâture en la rendant inutile, enfin, il neutralise les inconvénients d'un trop grand morcellement de la propriété.

D. Quels sont ces inconvénients ?

R. A côté d'immenses avantages, le morcellement a cependant quelques inconvénients, dont le plus sérieux est d'empêcher, dans les contrées à assolement triennal surtout, les cultures améliorantes, gêné que l'on est par les conditions de culture de ses voisins.

D. L'assolement sexennal peut-il se substituer facilement à l'assolement triennal ?

R. La substitution de l'assolement sexennal à l'assolement triennal est facile : il ne s'agit que de *dédoubler* les soles ou pies. Elle laisse telle quelle la question des chemins ruraux. Comme elle demande plus de travail dans les terres, elle fera sentir plus vivement l'imperfection des instruments de travail.

D. Cet assolement n'oblige-t-il pas à plus de frais ?

R. Cet assolement, devant donner plus de produits, exige plus d'engrais. Il n'y aura dépense de ce côté que pour les premières années, puisqu'il doit, dans un avenir prochain, en augmenter la masse (1).

D. Ne trouve-t-on pas quelques bons modèles d'assolement triennal ?

R. Dans quelques riches contrées, près des villes où l'on peut se procurer facilement des engrais, et où l'on a de faciles débouchés, on se trouve bien de cet assolement modifié.

D. Citez-nous des exemples ?

R.   *1ᵉʳ exemple.*

1ʳᵉ année, jachère fumée ; 2ᵉ année, colza ; 3ᵉ année, céréales d'hiver.

2ᵉ exemple.

1ʳᵉ année, chanvre fumé ; 2ᵉ année, céréales d'hiver, froment ; 3ᵉ année, céréales de printemps, avoine.

(1) M. d'Andelarre, dans un rapport à la Société d'agriculture de la Haute-Saône, recommande ce dernier moyen de supprimer l'assolement triennal.

10.

3ᵉ *exemple.*

1ʳᵉ année, betteraves fumées ; 2ᵉ année, céréales d'hiver, froment ; 3ᵉ année, céréales du printemps.

CHAPITRE III.

2° Assolements avec fourrages en rotation.

D. Comment s'appelle cette méthode de cultiver ?

R. On appelle ce système de culture avec pâturages *agriculture pastorale mixte.* Schwertz, un agronome distingué de l'Allemagne, a donné, comme règle de cette méthode, d'utiles principes.

D. Citez-nous quelques-uns de ces principes ?

R. 1° Les céréales réussissent d'autant mieux que la terre à été plus longtemps en pâturage.

2° La terre se regazonne d'autant moins bien qu'elle a plus porté de récoltes épuisantes.

3° Plus la terre est en mauvais état, plus elle gagne à rester en pâturage.

D. A quelles terres conviennent les assolements avec pâturage ?

R. Ces assolements conviennent aux terres pauvres des montagnes et des plaines. On peut alors adopter comme rotation : 1ʳᵉ année, avoine sur défriché, ou jachère fumée ; 2ᵉ année, pommes de terre ; 3ᵉ année, avoine avec trèfle ; 4ᵉ année, trèfle ; 5ᵉ année et suivantes, pâturage. Il peut durer très-longtemps suivant l'état du sol et les circonstances.

Assolements avec prairies artificielles.

D. Quel nom donne-t-on ordinairement aux assolements avec *prairies artificielles* ?

R. On les appelle *alternes*, parce que, dans ce mode de culture, les récoltes de céréales se suivent le moins possible immédiatement, et que l'on fait *alterner* une récolte qui salit et durcit le sol avec une qui le nettoie et l'ameublit.

D. Faites connaître la différence qu'il y a entre la culture en céréales et la culture alterne?

R. La grande différence entre ces deux méthodes consiste en ce que, dans le premier cas, ce qui est prairie, reste prairie, ce qui est terre arable reste terre arable: dans l'alternat, au contraire, tout se confond; le champ qui, une année, porte des plantes fourragères, porte l'une des années suivantes des céréales.

D. Que conclure de cette différence ?

R. On doit conclure de cette différence que l'agriculture alterne se suffit à elle-même dès qu'elle peut cultiver des plantes fourragères. La culture à céréales, au contraire, ne peut exister sans prairies.

D. La culture alterne est donc préférable à l'autre ?

R. La culture alterne est préférable à tous égards, elle doit être suivie toutes les fois qu'elle est possible. La nature, nous le savons, est favorable à la variété des cultures.

D. Donnez-nous un exemple d'assolement alterne?

R. L'assolement suivi à Grignon est un modèle en ce genre.

D. Quel est-il ?

R. L'assolement de Grignon se résume en la formule suivante : 1re année, racines fumées ; 2e année, céréales de printemps ; 3e année, trèfle ; 4e année, céréales d'automne ; 5e année, fourrages annuels ; 6e année, colza avec demi-fumure ; 7e année, céréales d'automne ; 8e année, luzerne.

D. Donnez-nous d'autres exemples ?

R. 1re année, betteraves fumées ; 2e année, avoine ; 3e année, trèfle ; 4e année, fèves, froment ; 5e année vesces pour fourrages, ou froment après fèves.

D. Citez-nous un assolement pour terres très-riches ?

R. Pour les terres riches on peut adopter : 1re année, tabac, betteraves avec fumier ; 2e année, froment, puis navets ; 3e année, pommes de terre ; 4e année, méteil ou seigle ; 5e année, chanvre avec fumier ; 6e année, orge ; 7e année, trèfle ; 8e année, froment, puis navets.

D. Ces exemples d'assolement doivent-ils être considérés comme des modèles à suivre rigoureusement ?

R. Non, ces exemples ont pour but d'indiquer à peu près dans quelles conditions les récoltes doivent se succéder. Le cultivateur qui connaîtra bien les lois qui régissent les terrains, les plantes et les engrais, qui se rendra bien compte de ses ressources et de ses débouchés, saura mieux que personne ce qu'il faut faire pour tirer parti de son exploitation.

D. Résumez-nous les règles qu'il faut suivre dans la pratique des assolements ?

R. Il faut *intercaler* les récoltes épuisantes et les récoltes améliorantes ; fumer les récoltes sarclées qui doivent revenir assez souvent pour que, par leur culture, on arrive à détruire les mauvaises herbes. Les récoltes de même genre, les céréales surtout, devront être, autant que possible, séparées par des plantes sarclées et fourragères. Il faut aussi cultiver assez de plantes fourragères pour nourrir le bétail dont on a besoin.

D. Quel est, en somme, le meilleur assolement?

R. Le meilleur assolement est celui qui, sans épuiser le sol, en le fertilisant même, donne le plus de bénéfice.

CHAPITRE IV.

Céréales.

D. Quelle est la plus importante des céréales ?

R. La plus importante des céréales est assurément le *froment* ou *blé*.

D. Quel but se propose-t-on dans la culture des céréales ?

R. La culture des céréales a un double but : la production du grain destiné à la nourriture de l'homme, et la production de la paille destinée à servir à celle des animaux, ainsi qu'à leur litière.

D. Y a-t-il plusieurs sortes de *froment* ou *blé*?

R. Les variétés de *blé*, qui s'augmentent encore tous les jours, sont tellement nombreuses qu'il est impossible de les désigner ; du reste, beaucoup n'ont entre elles que des différences sans importance. On distingue cependant deux classes principales.

D. Quelles sont-elles?

R. Les deux classes principales de froment sont : les froments *nus*, et les froments *vêtus*.

D. Pourquoi sont-ils ainsi nommés?

R. On appelle *nus* ceux dont le grain se détache de la balle pendant le battage ; et *vêtus* ceux dont le grain ne se détache qu'avec grand'peine au moyen de la meule. Ces derniers sont aussi appelés *épeautres*.

D. N'y a-t-il pas encore d'autres classifications ?

R. M. Vilmorin établit deux sections de blés, la section des *grains tendres* cédant sous la dent, et celle des *grains durs* cassant sous la dent.

D. Comment, dans le commerce, classe-t-on les froments ?

R. La classification adoptée à la halle de Paris est celle-ci : 1° froments blancs ; 2° froments rouges ; 3° froments bigarrés. Les froments blancs sont les plus estimés, parce qu'ils rendent peu de son : les froments rouges en fournissent davantage, mais passent pour donner une meilleure farine. Les froments bigarrés sont formés du mélange des deux autres. Quant aux blés durs, on n'en veut pas à Paris.

D. Quelles sont les terres qui conviennent aux froments?

R. On fait des froments dans toutes les bonnes terres : cependant, cette plante se plaît mieux dans les bons terrains argileux. Il faut éviter de lui donner des terres maigres ou médiocres.

D. Quelle place le blé doit-il occuper dans l'assolement ?

R. Le froment réussit parfaitement après les plantes sarclées : *betteraves, pommes de terre, colza, navette*. Il faut remarquer, toutefois, que le blé ne vient bien après le colza et la navette qu'autant que ces plantes ont bien réussi elles-mêmes. Après luzerne, trèfles et sainfoin rompus, on a aussi de bons froments. Il faut surtout éviter de le faire revenir sur lui-même,

D. Quel *climat* convient au froment ?

R. Tous les climats qui peuvent fournir une chaleur moyenne de 13 à 15° à partir de la 2ᵉ pousse du blé d'automne, ou de la levée de celui de mars jusqu'à la moisson, peuvent produire avantageusement du froment.

D. Quels sont les *engrais* qui conviennent au blé ?

R. Tous les *engrais*, quand ils sont bien appliqués, profitent au blé, surtout s'ils renferment de la silice, de la potasse et du phosphate de chaux. On se trouve bien de ne les pas fumer quand ils succèdent à une plante sarclée qui, elle, a été fumée.

D. Quels sont les *labours* à donner aux terres que l'on veut ensemencer de blé ?

R. Si l'on veut semer le blé après une jachère, la terre doit être labourée au moins trois fois ; un seul labour suffit après des plantes sarclées ; il en faut deux quand le blé suit une récolte de colza.

D. Comment doivent être exécutés ces différents labours ?

R. Il ne faut pas herser après le premier labour d'automne ou d'hiver ; s'il s'agit de labours d'été, il faut herser après chaque opération. Quant aux labours pour les blés de mars, il suffit de labourer une fois avant l'hiver, et une autre fois huit ou dix jours avant les semailles.

D. Le choix de la *semence* est-il bien important ?

R. Le blé que l'on destine à l'ensemencement doit être choisi avec soin : car on ne doit employer que de la graine connue, et de la précédente récolte autant que possible.

D. Est-il bon de changer de semence ?

R. L'utilité du changement de semence n'est pas

généralement admise : certains cultivateurs sèment toujours du blé de leur récolte, qu'ils choisissent parmi le plus beau et le plus net, et s'en trouvent bien. Néanmoins, nous pensons qu'il convient de renouveler les graines dans certains pays, afin d'en éviter la dégénérescence.

D. N'est-il pas d'usage de faire subir aux semences diverses préparations ?

R. Il est d'usage assez général de faire subir aux blés de semence diverses préparations, dans le but, dit-on, de préserver les récoltes de la *carie* et du *charbon*.

D. Qu'emploie-t-on pour cela ?

R. On emploie la chaux seule, ou avec du *sulfate de cuivre* (couperose) ou avec du *sulfate de soude* ; on emploie aussi de l'arsenic.

D. De quelle manière se fait le *chaulage*?

R. Le *chaulage* des graines s'exécute de diverses manières : on fait un lait de chaux dans la proportion de 3 à 4 kilog. de chaux par 8 à 9 litres d'eau, on y plonge la semence pendant 3 ou 4 jours, on la retire, on l'égoutte et on la fait sécher ; on délaie aussi la chaux avec de l'eau chaude, et on verse le mélange sur la graine que l'on remue avec une pelle.

D. Quel est le meilleur de ces moyens ?

R. C'est, de l'avis du plus grand nombre, celui qui consiste à faire tremper la graine dans le lait de chaux.

D. Qu'appelle-t-on *sulfatage* ou *vitriolage*?

R. C'est la même opération faite avec du sulfate de cuivre seul (ou vitriol) que l'on délaie dans la proportion de 500 grammes dans 100 litres d'eau ; on verse le liquide sur le grain et on remue à la pelle. Quant à l'arsenic, son usage doit être interdit, pour les accidents qu'il peut occasionner. .

SUITE DU CHAPITRE PRÉCÉDENT.

D. A quelle époque sème-t-on le froment ?

R. L'époque des *semailles* dépend du climat et du terrain ; l'usage du pays est, en ce cas, un très-bon guide. Dans le nord, on sème le froment d'automne à partir de la Toussaint ; dans le midi, c'est à partir de la première quinzaine d'octobre jusqu'à la fin de novembre ; dans l'est et le centre, du 15 au 20 septembre jusqu'à la fin d'octobre. On sème les blés de mars le plus tôt possible.

D. Quelle est la quantité de semence à employer par hectare ?

R. La quantité de semence dépend beaucoup de l'époque à laquelle on sème, et de la nature du sol ; elle varie de 2 hectol. à 2 hectol. 50 par hectare ; pour les semailles tardives, on augmente la quantité pour que les plantes puissent se *taller*.

D. Qu'est-ce que le *tallage* ?

R. On dit qu'une plante *talle* lorsque, au lieu d'une tige, elle en pousse plusieurs. Les blés de mars ne tallent pas, il faut plus de semence.

D. Comment sème-t-on les blés ?

R. On sème généralement les blés à la volée ; il serait préférable de les semer au semoir, à présent surtout que plusieurs de ces instruments sont presque irréprochables. La semaille faite ainsi est plus facile et plus économique au point de vue de la graine et du travail qui doit suivre.

D. Quelles sont les façons à donner pour compléter la mise en terre de la semence ?

R. Les semoirs distribuent et enterrent la graine en même temps. On enterre celle semée à la volée au moyen de la herse ou quelquefois par un léger labour, soit à la charrue, soit à l'extirpateur. Il est bon aussi de rouler la terre soit avant, soit après les semailles.

D. Comment appelle-t-on la graine enterrée avec la charrue ?

R. On dit qu'elle est semée *sous raie*.

D. A quelle profondeur faut-il enterrer la semence ?

R. La profondeur à laquelle la semence doit être enterrée dépend des climats et des terrains. On la recouvre plus dans les sols riches que dans ceux qui sont maigres, plus aussi dans les terres légères que dans les terres fortes.

D. Quels soins faut-il ensuite donner au blé?

R. L'ensemencement terminé, on ne donne aucune culture au blé jusqu'après l'hiver; au printemps, il est bon de herser pour rechausser les tiges et ameublir le sol; dans les terres calcaires, soulevées par les gelées, le rouleau doit remplacer le hersage. il replante pour ainsi dire le blé.

D. Que fait-on si le blé, après l'hiver, est trop vigoureux ou s'il fait défaut par place ?

R. Si le blé à la sortie de l'hiver est trop vigoureux, il est exposé à donner plus de paille que de grain et à verser ; il faut le rouler, ou rogner un peu ses extrémités, ce que l'on fait très-bien au moyen d'un pâturage superficiel; s'il offre des vides, on peut les combler par le repiquage, ou bien l'on resème des blés de mars.

D. Le blé n'a-t-il pas à souffrir des mauvaises herbes ?

R. Il devient, en mai ou juin, selon les pays, nécessaire de protéger le blé contre les mauvaises herbes. Ce sont des femmes ordinairement qui font cette besogne. On les place de front, elles marchent droit devant elles pour ne pas piétiner à droite et à gauche ; elles se servent de couteaux, de petites pinces en bois, ou seulement de leurs mains, pour détruire les plantes mauvaises qu'elles trouvent sur leur passage.

D. Quels sont ces mauvaises herbes ?

R. On peut citer entre autres : les *chardons*, le *chiendent*, les *bluets*, l'*ivraie*, les *nielles*, le *coquelicot*, les *liserons*, la *folle avoine*, le *radis sauvage*, etc. Tout ce qui n'est pas blé, en un mot, doit être enlevé.

D. Ne bine-t-on pas aussi les blés ?

R. Le *binage* appliqué au blé est peu répandu et n'est possible qu'avec les semis en lignes, et là où la main-d'œuvre ne manque pas. Quelques cultivateurs d'élite soumettent leur blé à cette opération, et s'en trouvent très-bien, on le comprend.

D. Quelles sont les maladies auxquelles le blé est exposé ?

R. On a, pour les blés, à redouter diverses maladies : le *mal de pied*, dans les terres humides ; la *carie,* qui atteint l'intérieur du grain ; l'*ergot*, le *charbon*, le *miellat*, qui se produit sur les feuilles et les tiges ; le *retrait* du grain, qui se produit par l'effet du soleil sur les épis mouillés par les fortes rosées de l'été.

D. Comment prévient-on ou combat-on ces maladies ?

R. En assainissant par des saignées les terres humides, on empêche le mal de pied ou pourriture ; on prévient la carie, le miellat, en choisissant de bonnes semences et en les lavant avant de semer. Quant au retrait, quelques cultivateurs s'en garantissent en faisant passer dans les champs de blé, avant le lever du soleil, des enfants qui tiennent par ses deux bouts un cordeau qu'ils promènent sur l'extrémité des tiges, lesquelles, se courbant et se redressant immédiatement, font tomber la rosée.

D. Qu'entend-on par *blé de mars ?*

R. C'est un blé que l'on sème au printemps au lieu de le semer en automne.

D. A quels sols, à quel emploi convient-il ?

R. Mieux que le blé d'automne, il convient dans les montagnes et dans les terrains sujets aux inondations ; il est préférable aussi après des racines récoltées tardivement. Il est moins productif et plus chanceux que le premier ; il exige à peu près les mêmes soins.

D. Quels sont les usages de l'*épeautre* et à quels sols convient-il ?

R. L'*épeautre* est peu cultivé en France ; on ne le voit qu'en Alsace et dans quelques montagnes. Conservant sa balle, tous les meuniers ne peuvent le moudre : il pousse dans les sols pauvres, il est plus vigoureux que le blé ; sa farine est blanche, mais ne vaut pas celle du froment.

D. A quel moment récolte-t-on le froment ?

R. La récolte du froment a lieu, dans le midi, fin juin ou au commencement de juillet ; dans le centre et l'est, fin juillet et commencement d'août ; dans le nord, elle a lieu environ quinze jours plus tard.

D. Quel est le rendement du froment ?

R. Le rendement du froment est très-variable ; il rapporte depuis 10 jusqu'à 45 hectolitres par hectare, suivant les sols et les pays ; 20 à 25 hectolitres sont, dans beaucoup de contrées, une bonne moyenne.

D. Quel est le poids du froment?

R. Le poids de l'hectolitre de froment varie de 70 à 80 kilog. à l'hectolitre ; l'épeautre ne pèse que de 40 à 45 kilog.

CHAPITRE V.

Seigle.

D. Existe-t-il beaucoup de sortes de seigles ?

R. En agriculture, il n'y a qu'une sorte de seigle, qui se divise en *seigle commun* ou *d'hiver,* et en *seigle de mars* ou *multicaule.*

D. Quelles sont les conditions nécessaires à la bonne végétation du seigle ?

R. Le seigle est le froment des contrées pauvres ; les terres maigres, calcaires et autres peu propres au froment, lui conviennent, surtout dans les climats du nord ; il végète bien après les défrichés et les récoltes sarclées. Seul des céréales, il peut se succéder pendant plusieurs années. Il ne faut cependant pas abuser de cette faculté. Le fumier de vache, les engrais verts et liquides, tous les engrais propres au froment lui sont bons.

D. Quels sont les soins à donner à la culture et à la semence du seigle?

R. Il est bon de donner aux terres destinées au seigle

deux ou trois labours préparatoires ; ils sont moins nécessaires aux terres légères. Il faut tasser la terre pour y répandre la semence, qui devra être de l'année et bien choisie ; il peut, mieux que le blé, se passer du chaulage et du sulfatage.

D. A quelle époque sème-t-on le seigle ?

R. En général, on sème le seigle vers le 15 septembre ou au printemps. Il est presque partout semé à la volée, à raison de 150 ou 200 litres par hectare. On le sème aussi sous raie, ou bien on le recouvre avec la herse. Il faut semer par un temps sec. Il exige, pendant sa végétation, les mêmes soins à peu près que le blé.

D. Quelles sont les maladies du seigle ?

R. Le seigle est sujet à la rouille et au charbon ; mais la véritable et sérieuse maladie de cette céréale est l'*ergot*, qui boursoufle les grains et les recourbe en forme d'éperons. Le grain ergoté est brun violet à l'extérieur ; l'intérieur est blanc ; ce grain est un poison très-violent, dont l'emploi est dangereux, surtout dans le midi.

D. A quoi attribue-t-on cette maladie ?

R. On peut attribuer l'ergot du seigle à la grêle, aux grandes pluies, à l'épuisement du sol et à l'incomplète maturité des graines dont on s'est servi.

D. Quel est le rendement du seigle ?

R. Le seigle, que l'on récolte de juillet en septembre, suivant les pays, varie de 15 à 30 hectolitres à l'hectare ; il pèse de 70 à 75 kilog. à l'hectolitre.

D. Qu'est-ce que le méteil ?

R. On appelle méteil une récolte mêlée dans laquelle le froment entre pour les deux tiers environ, et le seigle pour un tiers. Dans les contrées pauvres, le pain produit par ce mélange remplace le pain de seigle, dont la culture diminue en France et n'est plus guère pratiquée que pour la distillerie.

Orge.

D. Y a-t-il plusieurs espèces d'orge ?

R. Il y a plusieurs espèces d'orge, dont quatre sont cultivées en France.

D. Quelles sont ces espèces ?

R. Les espèces d'orge cultivées sont : 1° l'*orge commune*, ou *grosse orge* ; 2° l'*orge à 6 rangs*, appelée *orge d'hiver, escourgeon, scourgeon, sucrion* ; 3° l'orge *en éventail*, appelée aussi *faux riz* et *orge blanche* ; 4° enfin, l'*orge distique*, nommée aussi *petite orge, orge à deux rangs, pamelle, orge à longs épis.*

D. Comment se cultive l'orge ?

R. Il faut à l'orge une terre riche, bien préparée et fumée. On la sème, celle d'hiver en octobre, celle d'été en avril, dans la proportion de 200 à 300 litres par hectare. Elle rend en moyenne de 20 à 25 hectolitres. Tous les soins prescrits pour les autres céréales lui sont applicables.

D. Quels sont les usages de l'orge ?

R. L'orge est surtout employée pour la fabrication de la bière. Tous les animaux la mangent avidement. En industrie on connaît l'orge *mondé*, celle qui est privée de son écorce par un procédé quelconque, et l'orge *perlé*, celle à qui on a enlevé, outre son écorce, ses deux extrémités. L'une et l'autre sont employées en médecine pour préparer des tisanes et des boissons rafraîchissantes (1).

(1) Nous remarquons en passant que le mot *orge*, employé

Avoine.

D. Y a-t-il plusieurs espèces d'avoine ?

R. Les espèces d'avoine sont très-nombreuses ; la plus cultivée est l'espèce *commune*, qui renferme plusieurs variétés différant entre elles par la *couleur* et la *grosseur* du grain. L'avoine noire et l'avoine blanche sont les variétés les plus répandues. On cultive encore *l'avoine de Hongrie* et *l'avoine rouge*.

D. Quelle est la meilleure des deux avoines, *noire* ou *blanche* ?

R. L'avoine noire passe pour être meilleure que l'avoine blanche, mais en revanche elle est plus dure, plus difficile à digérer.

D. Quels sont les soins que nécessite la culture de l'avoine ?

R. L'avoine aime l'humidité ; elle réussit presque partout, mieux dans les argiles ; elle n'exige pas beaucoup de travaux de culture, et végète parfaitement après les plantes sarclées. On sème celle du printemps en février ou mars, celle d'automne à partir de septembre, dans la proportion de 200 à 300 litres par hectare, et on la récolte fin juillet ou commencement d'août. Elle rend de 35 à 60 hectolitres, elle pèse de 45 à 50 kilog. à l'hectolitre.

D. Quel est l'usage de l'avoine ?

R. L'avoine est la meilleure nourriture que l'on puisse donner aux bêtes de travail. Sa paille est mangée avec plaisir par les chevaux, les vaches et les moutons ; fauchée en vert, elle est un excellent four-

par les savants, les naturalistes, est masculin, et qu'il est féminin dans le langage agricole.

rage. L'industrie en fabrique des gruaux, employés en médecine pour nourriture des convalescents.

Maïs.

D. Le maïs offre-t-il beaucoup d'espèces ?

R. Il y a beaucoup d'espèces de maïs ; on n'en cultive qu'une seule, le maïs *commun*, ou *blé de Turquie* ; cette espèce a fourni une foule de variétés et de sous-variétés peu distinctes, du reste, les unes des autres.

D. Comment, et dans quelles conditions se cultive le maïs ?

R. Le maïs aime les climats chauds ; là où le raisin mûrit, le maïs mûrit aussi. Il vient bien dans les terres légères, ou ameublies et bien fumées. Comme tête d'assolement, après des *marsages* ou sur *prairie artificielle rompue*.

D. Comment sème-t-on le maïs ?

R. Après deux labours, un avant l'hiver, l'autre au printemps. On sème en avril, soit à la volée, à raison de 100 à 200 litres à l'hectare ; soit sous raie avec un labourage léger, avec un semoir, à raison de 50 à 40 litres à l'hectare.

D. Quels soins faut-il donner à la semence ?

R. La meilleure semence est celle qui a mûri sur pied. On choisit ceux des épis les mieux remplis, les plus réguliers ; on retrousse leurs feuilles au lieu de les arracher, on réunit les épis par deux ou par quatre, et on les suspend au plafond, dans la maison, jusqu'au mois d'avril suivant.

D. Cette méthode est-elle bonne ?

R. Cette méthode est généralement suivie ; cependant, il est à peu près certain qu'il serait préférable de laisser le maïs couvert de ses feuilles ; les grains vaudraient mieux, car ils n'auraient pas eu à souffrir de la chaleur, de la poussière et de la fumée.

D. Quelles sont les façons à donner au maïs pendant sa végétation ?

R. Aussitôt que le maïs a atteint 5 ou 6 cent., on lui donne un léger binage et on l'éclaircit ; puis, quand il atteint 35 ou 40 cent., on le butte pour soutenir les tiges et leur conserver de la fraîcheur. Il faut enlever les rejets qui poussent souvent au pied des tiges et épuiseraient la plante, de même qu'il faut aussi quelquefois pincer l'extrémité des tiges, lorsque les épis sont formés, afin d'en hâter la maturité.

D. Quand récolte-t-on le maïs ?

R. On récolte le maïs en octobre. Cette plante n'est plus consommée par l'homme que dans quelques localités. En Comté, on fait avec sa farine une bouillie connue sous le nom de *gaude*, assez appréciée des habitants de ce pays. Les distilleries et les animaux en absorbent de grandes quantités. Le maïs pèse de 70 à 72 kilog. à l'hectolitre.

Sarrazin.

D. Y a-t-il plusieurs espèces de sarrazin ?

R. Il n'y a qu'une espèce de sarrazin, c'est celle que l'on cultive en France ; sous le nom de *boquette*, dans le nord ; de *millet carré* dans le midi, et de *blé noir* dans le centre et l'est de la France.

D. Comment se cultive le sarrazin ?

R. Tous les terrains pauvres et légers conviennent

au sarrazin, qui n'aime pas les terres compactes et humides ; il redoute le froid, la grande chaleur, ne demande que peu de labours, et ne prend guère de fumier que ce que la récolte précédente à laissé, car on le sème souvent en *récolte dérobée,* en mai, juin et même juillet ; on le récolte en septembre ou octobre, à raison de 20 à 30 hectolitres à l'hectare.

D. Quel est l'usage du sarrazin ?

R. Coupé au moment de la floraison, le sarrazin fournit un fourrage qui est une ressource dans les pays pauvres ; on peut aussi l'enterrer comme engrais vert, très-convenable aux terres légères. Dans quelques contrées, sa graine sert à la nourriture des habitants, on en fait des galettes qui ne sont point désagréables. Il est surtout précieux pour la nourriture des volailles.

Millet.

D. Parlez-nous du millet ?

R. Le *millet* ou *mil* se cultive surtout dans le midi ; il lui faut de bonnes terres bien fumées, bien ameublies ; on sème en avril ou mai par un temps sec, à la volée, à raison de 40 litres à l'hectare. Sa graine est peu estimée comme nourriture ; on s'en sert pour calfater les navires et pour nourrir les petits oiseaux ; enfin, on fait des balais avec ses tiges.

CHAPITRE VI.

Récoltes des céréales.

D. Comment s'appelle la récolte des céréales ?

R. La récolte des céréales s'appelle *moisson.* C'est

la fin et le couronnement des travaux. Tout n'est pas fini, en effet, lorsque l'on est arrivé par son intelligence, son travail et avec l'aide de Dieu à avoir de belles récoltes, il faut encore en assurer la rentrée par de sages mesures et d'indispensables précautions.

D. Quelles sont les mesures et les précautions qu'il faut prendre pour assurer la moisson ?

R. Le cultivateur doit, assez à l'avance pour n'être entravé par aucun retard quand arrivera la récolte, tout préparer, tout disposer, choisir l'emplacement de ses meules, nettoyer ses granges, faire faire ses liens, etc.

D. Quelles sont les matières ordinairement employées pour faire des liens ?

R. On se sert le plus souvent de paille pour faire des liens, celle de seigle est la meilleure ; on emploie aussi, pour le même usage, le coudrier, l'écorce de tilleul, le genêt et le jonc. De quelque matière qu'ils soient faits, on les mouille avant de s'en servir.

D. A quelle époque faut-il moissonner les céréales ?

R. Les céréales, le blé surtout, doivent être moissonnées avant leur complète maturité, lorsque le grain, déjà ferme, se laisse encore pénétrer par l'ongle. C'est en javelles, en gerbes, en moyettes que le grain doit achever de mûrir.

D. Quels sont les avantages de cette méthode ?

R. En coupant les blés avant leur complète maturité, on évite les pertes occasionnées par l'égrenage ; le blé est meilleur , son écorce plus lisse , sa couleur plus claire, il a plus de poids, glisse mieux dans la main, enfin, sa paille est de meilleure qualité.

D. A quelle époque peut-on couper les seigles ?

R. La culture du seigle, moins étendue que celle du

froment, permet d'en expédier promptement la récolte ; on le coupe quatre ou cinq jours seulement avant sa complète maturité.

D. Quand coupe-t-on l'orge ?

R. Plus que toutes les autres céréales, l'orge redoute les longues pluies, à cause de sa facilité à se ternir et à germer ; quand elle est mûre et sèche, les épis se détachent facilement des tiges. Cette céréale exige que l'on opère vite et seulement le matin et le soir.

D. A quel moment faut-il couper les avoines ?

R. Il faut couper l'avoine un peu sur le vert, on courrait risque de perdre beaucoup de grains si on la laissait mûrir sur pied. On laisse l'avoine ainsi coupée, javeler, c'est-à-dire, rester pendant une huitaine de jours sur le sol ; il est bon même que le grain reçoive dans cét intervalle une ou deux ondées pour arriver à la perfection.

D. Comment coupe-t-on les céréales ?

R. On se sert, pour couper les céréales, de la faucille, de la faulx, de la sape et de la machine à moissonner.

D. Lorsque les blés sont coupés, dans les conditions que nous avons indiquées, que reste-t-il à faire?

R. Pour que la récolte coupée avant maturité soit réellement améliorée, il faut que les gerbes soient mises en *moyettes*.

D. Qu'entendez-vous par *moyettes ?*

R. On appelle *moyette* de petites meules que l'on forme avec des javelles, ou des gerbes, pour garantir les céréales contre les pluies, pendant trois, quatre ou même cinq semaines, en attendant que l'on puisse les rentrer définitivement.

D. L'emploi des moyettes est donc bien avantageux ?

R. L'emploi des moyettes est tellement avantageux qu'on ne peut s'expliquer pourquoi il n'est pas général: les moyettes remplacent la javelle, qui n'est possible que par le beau temps ; elles augmentent 'le poids et la qualité du grain, et assurent la bonne rentrée des récoltes (1).

D. Comment se rentrent les céréales en attendant leur égrenage ?

R. Il faut, lorsque les récoltes ont été coupées. mises en moyettes pendant un temps convenable, faire toute diligence pour les rentrer, soit en granges, soit en meules.

D. Lesquelles valent le mieux des granges ou des meules pour conserver les récoltes ?

R. Les meules valent mieux, car les granges coûtent

(1) On fait les moyettes de plusieurs manières. M. Henri, professeur d'agriculture à l'Institut impérial de Grignon, recommande la manière suivante de procéder à cette opération :

On replie une javelle sur elle-même vers le milieu de la longueur de la paille, en ayant soin que les épis ne touchent pas à terre. On peut aussi se servir d'une gerbe liée au-dessous des épis. Lorsque la javelle ou la gerbe, dont la partie inférieure est très-élargie, a été placée sur un endroit un peu élevé du champ, on forme un petit rang circulaire de javelles dont les épis sont dirigés vers le centre ; on pose ensuite sur ce premier rang, dont la partie supérieure repose sur la gerbe affaissée, ou sur une javelle pliée, un deuxième, un troisième rang, enfin autant de couches semblables de javelles qu'il en faut pour élever les bords de la moyette ou des meules à la hauteur de 1 m. 20 environ. On doit maintenir les parois circulaires parfaitement d'aplomb. Quand cette moyette est parvenue à la hauteur voulue, elle ressemble à une petite meule ou à une tourelle surmontée, coiffée d'un cône ayant une pente de 45 à 50 degrés et une hauteur de 1 m. 65 c. La pente est destinée à faciliter l'écoulement des eaux du centre à la circonférence.

En terminant cette moyette, dont le diamètre est égal environ à fort cher ; mais, pour cela, il faut que les meules soient bien faites : une infiltration d'eau de pluie peut causer des pertes énormes, il faut donc en confier la construction à un homme qui ait une longue pratique de ce travail.

D. Comment se font les meules ?

R. La méthode la plus employée de faire une meule consiste à circonscrire l'emplacement où l'on veut établir la meule par un fossé, dont on rejette les terres sur le terreplein intérieur pour augmenter sa hauteur. On bat cette surface, et on y établit un lit de paille de colza, de fagots, sur lequel on pose les gerbes par couches successives. Il faut avoir soin de renfler la meule vers le centre pour mettre le pied à l'abri de l'écoulement des eaux de pluie.

deux fois la longueur des tiges de blé, il faut avoir soin de croiser assez fortement les épis des dernières rangées de javelles, qu'on place alors par poignées, pour faire un sommet plus régulier.

Ceci terminé, on fait une forte gerbe et on la lie près de la base ; on entr'ouvre les tiges qui la composent de manière à former une espèce d'entonnoir, ou de chapeau, et on la renverse sur le sommet conique de la moyette, de manière à la couvrir et à former une espèce de toit. Si l'on redoutait des pluies trop abondantes, on ferait peut-être bien d'employer à cet usage une gerbe déjà battue. Afin d'éviter que la moyette ne soit décoiffée par un vent violent, on peut la maintenir au moyen d'un grand lien de paille qui embrasse le pourtour du meulon et que l'on fixe à l'aide de quelques épingles de bois ou *crochets.*

M. Barral, dans son Almanach d'agriculture pour 1867, cite, d'après M. Douville de Franssu, un système de moyettes préférable à ceux employés jusqu'à ce jour.

Les moissonneurs, en partant le matin, emportent la quantité de liens nécessaires pour botteler ce qu'ils fauchent dans la journée ; avant de rentrer, le soir, ils prennent les gerbes ainsi

D. Quelle forme donne-t-on aux meules?

R. On donne aux meules la forme ronde, carrée parallélogrammatique.

D. Comment les couvre-t-on ?

R. On couvre les meules avec de la paille. On a inventé, depuis quelques années, des couvertures mobiles en toile goudronnée, en carton bitumé, qui, bien qu'un peu plus coûteuses, remplacent avantageusement la paille.

D. Lorsque la moisson est faite, que la récolte est rentrée, que reste-t-il à faire ?

R. Lorsque la moisson est faite et ses produits rentrés, il faut séparer la graine de la paille, ce qui se fait de trois façons différentes : 1° par le *dépiquage;* 2° par le *battage au fléau;* 3° par le *battage à la mécanique.*

D. Qu'est-ce que le dépiquage ?

R. Le dépiquage, employé dans le midi, se fait au moyen d'un rouleau traîné par un cheval, sur des gerbes, dont une couche est déposée sur l'aire ; ou au moyen du pied des chevaux, bœufs ou mulets, qui foulent le blé, en marchant dessus, jusqu'à égrainage plus ou moins complet. Ce moyen est très-défectueux.

D. Que dites-vous du battage au fléau ?

liées, les placent debout sur trois rangs, au nombre de trente-neuf, en ayant soin, aux deux extrémités, de placer les bottes par deux et une; puis, prenant onze bottes qu'ils ouvrent jusqu'au lien, ils couvrent les trente-neuf qui sont debout, ayant soin de placer le pignon de chaque chaîne, ainsi composée de cinquante bottes, du côté du sud-ouest, d'où vient généralement le mauvais vent; le blé se trouve alors parfaitement à l'abri, et le grain prend de la qualité. Les chaînes ainsi disposées offrent une plus grande résistance au vent que les moyettes les mieux faites.

R. Ce moyen était le seul en usage, il y a vingt ans, dans la plus grande partie de la France ; il est partout, ou à peu près, remplacé par celui plus économique, moins pénible et mieux fait, pratiqué par la *machine à battre* ou *batteuse.*

D. Que faut-il faire lorsque le grain est séparé de la paille ?

R. Lorsque le grain est battu, il faut nettoyer, enlever la poussière et les graines étrangères qu'il peut renfermer ; pour cela on se sert d'abord du *tarare,* et ensuite du *trieur.* Le nettoyage est utile non-seulement pour les grains destinés aux semailles et à faire de la farine, mais encore pour ceux destinés à la nourriture des animaux.

D. Quels sont les moyens à prendre pour conserver les grains au grenier ?

R. Le meilleur moyen de conserver le grain est de le laisser dans sa balle : il faut aérer les greniers, qui doivent être secs et frais. Pour éviter le charançon et l'échauffement, il faut ventiler le grain en le pelletant ; dans les pays chauds, on conserve les grains dans des silos faits dans la terre.

D. Quels sont les moyens que l'on peut employer pour préserver les grains des charançons ?

R. On réussit quelquefois à empêcher les charançons de s'établir dans un tas de blé, en y mettant des bouquets d'absinthe, de chanvre vert ; ou bien, ce qui est préférable, en mettant sur le tas quelques planches peintes au goudron. Il faut avoir soin de renouveler l'enduit, lorsqu'il est trop sec.

D. N'est-il pas encore un moyen plus efficace de conserver les grains ?

R. M. Pavy, de Girardet (Indre-et-Loire), a inventé

un *grenier conservateur* qui n'a que le tort de peu convenir à la petite culture, mais qui conserve parfaitement et très-économiquement les grains.

CHAPITRE VII.

Plantes fourragères.

Prairies.

D. Qu'entend-on ordinairement par *prairies* ?

R. On entend par *prairies* toutes les terres qui sont couvertes de plantes destinées à la nourriture des animaux, qu'elles soient produites par la culture ou par la nature.

D. Qu'entend-on par *pâturages* ?

R. On entend généralement par *pâturages*, des prairies qui ne peuvent être fauchées et qui sont broutées sur place par le bétail.

D. En combien de classes divise-t-on les prairies ?

R. On divise les prairies en deux classes : 1re classe, prairies permanentes ou naturelles ; 2me classe, prairies temporaires ou artificielles.

D. Qu'entendez-vous par *prairies naturelles* ou *permanentes* ?

R. Les *prairies naturelles* sont celles qui, depuis longues années, sans avoir été soumises à la culture, donnent leurs produits annuels. Ainsi sont les pâturages de la Suisse et la plus grande partie des prairies de France.

D. Qu'entendez-vous par *prairies artificielles* ou *temporaires* ?

R. On appelle prairies artificielles ou temporaires, toute étendue de terre ensemencée de fourrages destinés aux bestiaux, soit secs, soit verts. Ainsi les *trèfles,* la *vesce,* la *luzerne,* le *sainfoin,* etc.

D. Qu'appelle-t-on plus particulièrement *prairies temporaires* ?

R. On appelle *prairie temporaire* une pièce de terre ensemencée en graines de prairies naturelles et destinée à être de nouveau soumise à la culture après un certain nombre d'années.

Prairies permanentes ou naturelles.

D. Les prairies naturelles ou permanentes anciennes doivent-elles être améliorées?

R. Très-souvent, dans les prairies communales surtout, on se contente de récolter ce qu'elles donnent, sans rien faire pour les rendre plus fécondes. Ce qui serait facile en leur donnant les soins que l'on donne à celles que l'on a soi-même créées.

D. Quelles sont les terres qui conviennent à la formation d'une prairie?

R. Les prairies réussissent sous tous les climats, de préférence dans les terres légères, bien ameublies, et dans les terres sableuses disposées le long des cours d'eau ; il faut aux prairies permanentes un sol frais ou que l'on puisse arroser convenablement.

D. Que faut-il faire lorsque l'on veut former une prairie ?

R. Si on veut établir une prairie dans des terrains cultivés, il faut fumer abondamment en fumier bien pourri et semer une plante sarclée, afin de bien nettoyer le terrain. Cette récolte faite, labourer deux fois, dont une à la sortie de l'hiver ; bien herser, et semer une avoine avec des graines de pré recouvertes à la herse et roulées ; on aura pour l'hiver une herbe déjà forte.

D. Si c'est une friche que l'on veut mettre en prairie, que faut-il faire ?

R. Si, au lieu de terres cultivées, c'est une friche que l'on veut mettre en prairie, on donnera un labour peu profond et on sèmera du colza ou des pommes de terre. Après cette récolte, on donnera un fort labour en automne, et un plus fort encore au printemps ; on hersera le mieux possible, et on sèmera une avoine avec des graines de pré qui, à l'hiver, fourniront une herbe déjà résistante.

D. Comment divise-t-on ordinairement les prairies ?

R. On divise les prairies, d'après leur nature et leur exposition, en prairies maigres, en prairies basses et en prairies grasses.

D. Quels sont les caractères des prairies *maigres* ?

R. Les prairies *maigres* sont généralement sur des coteaux ou des montagnes ; elles ne disposent guère que de l'eau de pluie ; l'herbe en est fine, aromatique, peu abondante, et le foin, qui sèche vite, est bon et se conserve bien.

D. Quels sont les caractères des prairies *grasses* ?

R. Les prairies grasses sont toujours sur un bon sol, l'herbe en est longue, dure par la sécheresse ; quelques-unes donnent, sans irrigation, des produits abondants ; le foin de ces prairies est substantiel et convient aux chevaux.

D. Quels sont les caractères des prairies *basses* ?

R. Les prairies basses sont ordinairement situées sur le bord des rivières ; elles sont humides, souvent marécageuses. L'herbe y est abondante : on y rencontre des joncs, des carex, etc. Lorsque l'eau qu'elles reçoivent est aigre, le produit qu'elles donnent est mauvais.

D. Toutes les herbes qui poussent dans les prairies sont-elles bonnes pour les animaux ?

R. Pour reconnaître la composition d'un herbage, il faut tenir compte des bonnes et des mauvaises plantes. Il y a presque toujours plus de mauvaises espèces que de bonnes, mais ces dernières présentent plus d'individus.

D. Combien faut-il de temps pour qu'une prairie soit en plein rapport ?

R. Il faut généralement trois ans pour qu'une prairie soit en plein rapport ; dans quelques contrées privilégiées, cependant, des prairies semées en avril donnent des produits à l'automne et sont complétement faites l'année suivante.

D. Quelles graines faut-il employer pour ensemencer les prairies ?

R. La graine de prés varie avec les sols et doit provenir d'une très-grande quantité de plantes. Il serait à désirer que cette graine fût récoltée à la main sur les diverses plantes, au fur et à mesure de leur maturité. Ce travail minutieux, mais dont l'utilité n'est pas douteuse, n'est presque jamais exécuté par le cultivateur.

D. Comment, ordinairement, se procure-t-on la graine dont on a besoin ?

R. On l'achète sans trop savoir ce que l'on prend et si elle conviendra aux sols auxquels elle est destinée ; ou bien on se sert de poussier de foin, recueilli sur les greniers. La graine ainsi formée n'est pas mûre et renferme beaucoup d'herbes mauvaises.

D. Quels sont les soins à donner aux prairies ?

R. Il faut assainir et irriguer les prairies qui en ont

besoin ; au printemps, étendre les taupinières et fumer avec des fumiers légers, des composts de cendres, de boues, des platras, etc. Il est bon aussi de les arroser avec du purin mélangé d'eau.

D. Que faut-il faire lorsqu'une prairie est usée ?

R. Lorsqu'une prairie est envahie par les mauvaises herbes, ou couverte de mousses, le meilleur parti à prendre est de la rompre, c'est-à-dire de faire de ces prés des champs, sauf à les remettre en prairies plus tard. Cette opération, peu pratiquée, est cependant avantageuse à tous les points de vue.

D. Quel est l'engrais par excellence qui convient aux prairies ?

R. L'engrais liquide est celui qui convient le mieux aux prairies ; c'est une énorme richesse pour l'agriculteur, qui cependant la néglige presque partout. Combien chaque pluie qui tombe n'entraîne-t-elle pas de purin, qui va se perdre dans les rivières, quand il suffirait d'une citerne pour retenir cette précieuse matière !

D. Qu'entend-on par *foin* ?

R. On appelle *foin* toutes les plantes qui, coupées avant maturité, sont desséchées pour la nourriture des animaux. Là où il y a des prairies naturelles ou permanentes, le mot *foin* s'applique exclusivement aux produits de ces prairies.

D. Le foin a-t-il partout et toujours les mêmes qualités ?

R. Les qualités du foin dépendent de la nature des plantes qui le composent, du sol qui le produit, des soins dont il a été l'objet et de la façon dont il est conservé.

D. Comment, ordinairement, distingue-t-on la qualité du foin ?

R. Il est difficile d'apprécier la qualité du foin à la

vue et même à l'odorat ; on peut regarder comme très-bon celui qui est mangé avidement, qui pousse à l'engrais, qui donne du lait aux vaches et entretient les animaux en bon état. On distingue ordinairement trois qualités de foin.

.D. Quels sont les caractères du foin de première qualité?

R. Le foin de première qualité est formé de plantes alimentaires et assaisonnantes ; elles sont feuillées, souples. Il est vert et exhale une odeur aromatique. Le foin brun, quand il est bien préparé, est souvent aussi un foin de première qualité.

D. Comment est composé le foin de deuxième qualité ?

R. Le foin de deuxième qualité est ordinairement un foin qui, produit par un bon terrain et composé de bonnes plantes, a été mal préparé ; il est sans bonne odeur, quelquefois délavé ; il peut provenir aussi de sols humides ; on y trouve alors quelques joncs. Tous les autres foins, formés de plantes dures, piquantes, mal récoltés, mal conservés, trop durs ou vasés, sont des foins de troisième qualité.

D. Quelle est la proportion de fourrage sec que fournissent les végétaux verts?

R. La proportion de foin fourni par les herbes vertes varie selon la nature des plantes et l'époque où il est récolté. Cependant, on estime que 100 parties d'herbes en fournissent de 20 à 25 de foin.

D. Qu'appelle-t-on *regain ?*

R. On donne le nom de *regain* aux récoltes qui suivent, dans les prairies, la récolte principale.

D. Le regain est-il aussi bon que le foin ?

R. Dans les prairies précoces, le premier regain ressemble beaucoup au foin ; mais celui des autres coupes et celui des prés tardifs est fade, peu excitant : il convient peu aux animaux de travail, il faut le réserver pour les bêtes à l'engrais.

D. Comment se nomme l'opération qui consiste à récolter les foins?

R. L'opération de la récolte des foins se nomme *fanage*, et l'époque pendant laquelle elle a lieu se nomme *fauchaison* ou *fanaison*.

D. A quelle époque a lieu la fauchaison?

R. L'époque à laquelle il convient de couper les foins ne peut être positivement fixée, elle dépend des climats, des sols ; mais, cependant, on peut admettre qu'il faut faire la première coupe au moment de la floraison des plantes. Quant aux regains, on ne les coupe guère qu'en automne.

D. De quels outils se sert-on pour couper les foins ?

R. On se sert ordinairement, pour couper les foins, de la faulx. Depuis quelque temps on emploie, dans les grandes exploitations, des faucheuses mues par des chevaux et même par des appareils à vapeur *locomobiles*.

D. Quand le foin est coupé, que reste-t-il à faire ?

R. Quand le foin est coupé, il faut le faner pour le faire sécher.

D. Comment se fait cette opération?

R. Dès que le soleil a dissipé l'humidité de la nuit, on retourne les andains abattus depuis la veille. Ils restent ainsi tant que l'herbe conserve de la verdeur. On a soin de les retourner de temps en temps sans les étendre, si l'on craint la pluie ; quand le temps est beau, il faut les étendre au soleil dès qu'ils commencent à sécher un peu.

D. Quels sont les autres soins à donner au fanage ?

R. Il ne faut pas laisser l'herbe exposée à la pluie ou à la rosée ; tous les soirs on fait des tas plus ou moins gros, suivant que l'herbe est plus ou moins sèche ; on étend ces tas quand la rosée est dissipée. Lorsque le foin est bien sec, on le met soit au grenier, soit en meules, pour le conserver.

D. Quel est le rendement des prairies ?

R. On ne peut préciser le rendement des prairies, qui est très-variable. on le conçoit : 2,000 kil. par hectare, est une faible récolte ; 6,000 kilog., en est une belle.

D. Comment conserve-t-on les foins ?

R. On conserve les foins *bottelés* ou non, en *meules* et en *granges*.

D. Quel est le meilleur de ces deux moyens de conservation ?

R. Le foin en meules est meilleur que le foin en grange ; mais dans les climats pluvieux , les meules offrent de grands inconvénients. Si l'eau les pénètre , elle amène la pourriture dans le tas. Dans l'un ou dans l'autre cas, il faut avoir soin de le bien tasser.

D. N'est-il pas bon de saler les fourrages ?

R. La méthode de saler les fourrages se répand tous les jours. On conseille 12 kilog. de sel à peu près par 1,000 kilog. de foin. Le sel répandu ainsi convient à tous les foins , surtout à ceux provenant des prés humides ; il leur donne une saveur qui plaît à tous les animaux.

CHAPITRE VIII.

Prairies artificielles.

D. Quel a été et quel est encore, en agriculture, le rôle des prairies artificielles ?

12

R. L'adoption des prairies artificielles a été une cause de fortune pour toute l'Europe ; elle renverse la jachère et rend ainsi à la culture le quart au moins des terres frappées annuellement par elle de stérilité. Elle a permis d'augmenter le nombre des bestiaux ; en un mot, elle a été un des plus merveilleux agents du progrès agricole réalisé jusqu'à ce jour.

D. Cette précieuse innovation a-t-elle été accueillie comme elle devait l'être ?

R. Ce n'est qu'avec de très-grands efforts qu'on est parvenu à faire accepter la culture des fourrages artificiels ; mais aujourd'hui leur utilité est si bien constatée, qu'il est passé en pratique ; à moins de disposer d'assez de prairies naturelles, il faut avoir, en prairies artificielles, le quart et même le tiers de son exploitation.

D. Quelles sont les plantes employées comme fourrages artificiels ?

R. Les plantes ordinairement employées comme fourrages artificiels sont : la *luzerne cultivée*, le *trèfle*, le *sainfoin;* on emploie aussi le *raygras* (ivraie vivace), le *maïs*, les mélanges de *féveroles*, *orge* et *avoine*, etc., mélangés de seigle et de lentilles, etc.

Luzerne.

D. Y a-t-il plusieurs espèces de luzernes ?

R. La luzerne comprend une foule d'espèces, dont deux seulement sont cultivées en France.

D. Quelles sont ces espèces ?

R. La luzerne cultivée et la luzerne lupuline, aussi appelée *minette* ou *trèfle jaune.*

D. Comment faut-il traiter la *luzerne cultivée ?*

R. La *luzerne cultivée*, ou simplement la *luzerne*, est, avec raison, regardée comme la base des prairies artificielles, partout où elle peut prospérer; cette plante a des racines très-longues et demande un sol profond et bien ameubli; elle redoute les sous-sols humides ou pierreux; elle pourrit dans les uns et ne végète pas dans les autres.

D. Comment faut-il préparer les terres pour la luzerne?

R. Le terrain que l'on destine à une luzernière doit être bien cultivé et bien fumé de fumier décomposé. Il ne faut pas semer la luzerne seule, elle souffrirait de la chaleur; mais bien, en mars, avec une céréale de printemps, à raison de 20 à 25 kilogrammes par hectare.

D. Quels soins nécessite ensuite la luzerne?

R. Lorsque la récolte des céréales est faite, la luzerne pousse et grandit; au printemps suivant, par un temps couvert, on la plâtre à raison de 2 hectolitres environ par hectare. Tous les ans, également au printemps, il faut herser les luzernières.

D. Quel est le rendement de la luzerne?

R. La première année, une luzernière rend fort peu; elle ne produit véritablement que la deuxième ou troisième année; mais alors, si le sol est convenable, on fera par an trois ou quatre récoltes au moins.

D. Combien dure une luzerne?

R. Une luzernière ne se maintient en complet rapport que 6 ou 7 ans; après ce temps, elle décline; on pense qu'une luzerne ne doit revenir dans une même terre qu'après un intervalle de 15 à 20 ans.

D. La culture de la luzerne est donc avantageuse?

R. La culture de la luzerne est très-avantageuse,

Elle dure longtemps, donne des produits abondants, et elle apporte au sol où elle a végété une quantité considérable de principes fertilisants (1).

Luzerne, lupuline ou minette.

D. Qu'est-ce que cette *luzerne*?

R. La *luzerne*, *lupuline* ou *minette*, beaucoup plus petite que la luzerne proprement dite, se distingue à ses petites feuilles dentelées et à ses petites fleurs jaune doré. Elle est précoce et réussit même dans les terres médiocres; semée au printemps avec une avoine, elle fournit, dès l'année suivante, un précieux parcage aux moutons.

Sainfoin.

D. Qu'est-ce que le *sainfoin*?

R. Le *sainfoin*, que l'on nomme aussi *esparcette*, est une plante fourragère qui a rendu et qui rend encore d'énormes services à l'agriculture. Originaire du midi, disent les uns, des montagnes des Vosges, disent les autres, elle pousse à merveille dans les terres calcaires sèches, où la luzerne et le trèfle ne réussiraient pas : les pierrailles mêmes ne l'empêchent pas de végéter.

(1) On a récemment trouvé le moyen de fabriquer du papier avec la racine de luzerne. Les vieilles racines sont les meilleures ; dans un temps prochain, elles seront très-recherchées. Motif de plus pour cultiver cette plante fourragère déjà si utile. M. Louis Figuier dit qu'elle remplace les saponaires pour nettoyer et dégraisser les étoffes. Il suffit pour cela de la faire bouillir avec l'eau dont on veut se servir.

D. Quand et comment sème-t-on le sainfoin ?

R. On sème souvent le sainfoin avec une céréale de printemps ou d'automne, à raison de 4 à 6 hectol. à l'hectare ; il faut n'employer que de la graine de l'année, et l'enterrer profondément. Semé en juin, il réussit aussi parfaitement.

D. Combien y a-t-il de variétés de sainfoin?

R. Il y a deux variétés principales de sainfoin : l'une, connue sous le nom de *grande graine*, donne chaque année deux coupes de fourrage , et en septembre ou octobre un regain très-feuillu; il lui faut un bon sol. L'autre, plus commune, connue sous le nom de *sainfoin de montagne*, ne donne qu'une seule coupe et un regain. Le fourrage en est plus estimé.

D. Quel est le rendement du sainfoin ?

R. Le produit moyen de la variété à une coupe, peut être évalué à 4,000 kilog. de fourrage sec par hectare ; celui de la variété à deux coupes, à 8,000 kilog.

D. Combien le sainfoin peut-il durer ?

R. Le sainfoin peut durer, dans les terres qui lui conviennent, 5 ou 6 ans ; mais la meilleure limite est 5 ans, car il est vite envahi par les mauvaises herbes. C'est, soit en vert, soit en sec, un des meilleurs fourrages connus.

Trèfle.

D. Y a-t-il plusieurs espèces de *trèfles* ?

R. Les espèces de *trèfles* connues sont excessivement nombreuses, mais on en cultive quatre principales.

D. Quelles sont ces espèces ?

R. Ces espèces sont : 1° le *trèfle des prés, trèfle*

rouge ordinaire ; 2° le *trèfle incarnat* ou *d'Italie* ; 3° le *trèfle rampant* ou *trèfle blanc* ; 4° le *trèfle hybride.*

D. Quel est la plus cultivée de ces quatre espèces ?

R. Le plus généralement cultivé est le trèfle *des prés* ou *rouge ordinaire.* Il est la base de toute bonne agriculture des climats froids et humides, comme la luzerne et le sainfoin sont la base des cultures des climats et des terrains secs.

D. Comment doit-on cultiver le trèfle ?

R. Tous les terrains à froment conviennent au trèfle ; on le sème à raison de 15 à 20 kilog. par hectare dans des céréales de mars ou d'automne ; quelquefois, la végétation du trèfle nuit à celle de la céréale ; il est bon, pour éviter cet inconvénient, d'attendre pour semer que cette dernière soit levée.

D. Quels soins faut-il donner au trèfle pendant sa végétation ?

R. En mars ou avril suivant, lorsque le jeune trèfle couvre bien le sol, il faut, comme pour la luzerne, profiter d'un temps couvert ou brumeux pour le plâtrer, à raison de deux hectolitres par hectare. Il est très-bon aussi de fumer les trèfles avec des terres imprégnées d'urine de bétail, mélangées avec de la chaux.

D. Quel est le rendement du trèfle ?

R. Le trèfle rend ordinairement deux récoltes, on lui en demande quelquefois une troisième. C'est un abus. Il vaut mieux alors le retourner que de le récolter. Il rend de 6 à 8,000 kilog. par hectare.

D. Quel est l'emploi du trèfle *incarnat ?*

R. Le trèfle *incarnat* ou *farouch,* le plus beau de tous, est aussi un précieux fourrage ; il redoute les sols argileux et se plaît dans les terres légères, sableuses ou caillouteuses. On le sème, soit nettoyé, soit dans sa capsule, seul après une récolte, dans le mois d'août, à raison de 25 à 30 kilog. à l'hectare ; on le récolte au printemps, à peu près quinze jours avant le trèfle ordinaire.

D. Quel est le rendement du trèfle incarnat ?

R. Si on coupe le trèfle incarnat avant sa floraison, on a encore en automne une petite récolte ; si on le coupe, au contraire, lorsque ses fleurs d'un rouge vif commencent à pâlir, on n'a qu'une seule coupe. Dans le midi, nonobstant la récolte, il sert de pâturage dans le mois de décembre jusques fin février.

Trèfle blanc ou rampant.

D. Quel est l'emploi du *trèfle blanc ?*

R. Le trèfle *rampant* ou *blanc* se sème, comme le trèfle ordinaire, dans les céréales de printemps, dans des sols calcaires, à raison de 8 à 10 kilog. à l'hectare ; on le sème aussi avec le foin pour en créer des pâturages ; on le fauche rarement, on le fait pâturer par le bétail.

Trèfle hybride.

D. Qu'est-ce que le trèfle *hybride ?*

R. Ce trèfle, connu aussi sous le nom de *trèfle de Suède*, qui provient probablement du croisement entre le trèfle des prés et le trèfle rampant, est cultivé dans certaines contrées. Ses fleurs sont d'un blanc rosé ; il est robuste, aime les terrains frais et dure très-longtemps. Il se cultive comme le trèfle ordinaire.

SUITE DU CHAPITRE PRÉCÉDENT.

Vesce (besette).

D. Quel est l'emploi de la *vesce* en agriculture ?

R. La *vesce* renferme un grand nombre d'espèces, dont une seule est surtout cultivée pour son fourrage et ses graines ; on l'appelle *vesce cultivée* ou *commune*.

D. Comment la cultive-t-on ?

R. La vesce se plaît dans tous les terrains, elle préfère ceux de nature siliceuse et réussit très-bien après l'écobuage ; elle est très-utile pour remplacer, au printemps, les récoltes qui ont souffert de l'hiver ; elle demande peu de labours, on la fume avec du fumier de vache, des composts, et, comme la luzerne et les trèfles, il est bon de la plâtrer.

D. A quelle époque la sème-t-on ?

R. Il est bon de mélanger à la graine de vesce qu'on choisit dans celle de l'année, et que l'on humecte avec du purin, de la graine de seigle ou d'escourgeon, 160 litres de vesce avec 40 litres d'autre par hectare. On sème la vesce d'hiver en septembre, et celle de printemps en mars ou avril ; on l'enterre à la herse et on ne s'en occupe plus jusqu'à la récolte.

D. Comment s'appelle le mélange de la vesce avec le seigle ou le froment ?

R. On l'appelle *hivernache ;* on emploie deux tiers de graines de vesce, avec un tiers de la graine de la céréale choisie. On appelle *warots* un mélange de vesces, de pois, de féveroles et d'avoine que l'on sème en avril ; et *bisaille, dragée,* un mélange de vesces de *pois gris,* de *lentilles,* d'*orge* et d'*avoine.*

D. Ces mélanges sont-ils bons ?

R. Ils sont toujours préférables au fourrage qui n'est composé que d'une seule herbe.

D. Comment et à quelle époque récolte-t-on la vesce ?

R. On récolte les vesces, ou quand elles sont en fleurs, ou lorsque les graines sont formées, en juin ou juillet, de la même manière que l'on récolte les autres fourrages. Un hectare produit de 3,000 à 5,000 kilog. de fourrage sec. Comme fourrage, il convient à tous les animaux de la ferme, et ses graines sont très-bonnes pour la volaille.

Gesse.

D. Qu'est-ce que la *gesse* ?

R. La *gesse cultivée* ou *lentille d'Espagne,* est un fourrage annuel à fleurs blanches ou bleuâtres que l'on sème au printemps dans les conditions de climat, de sol qui conviennent à la vesce, à raison de 150 litres à l'hectare : elle convient aux moutons.

D. Ne cultive-t-on pas encore d'autres espèces de gesses ?

R. On cultive encore la *gesse chiche,* appelée aussi *jarosse, jarot, pois cornu ;* elle convient aux terres médiocres ; elle est annuelle, et donne un fourrage meilleur pour les moutons que pour les chevaux. On la sème à raison de 200 à 300 litres par hectare. Sa farine est dangereuse pour l'homme comme alimentation.

Pois des champs.

D. Qu'est-ce que le *pois des champs* ?

R. Le *pois des champs*, qu'il ne faut pas confondre avec le *pois de champ* qui est comestible, est une plante annuelle connue sous le nom de *pois gris*, *pois de brebis*, *pois d'agneau*, etc., que l'on cultive comme fourrage à donner vert ou sec aux animaux.

D. Comment cultive-t-on le pois des champs ?

R. Il est souvent employé en mélange. Il fournit une variété d'hiver très-résistante, que l'on sème en septembre ; celle de printemps se sème en mars ou avril, à la volée, à raison de 250 litres à l'hectare. S'il n'est pas consommé sur place, on le fane, quand il est en gousse, comme les autres fourrages.

Fèves, féveroles.

D. Existe-t-il plusieurs espèces de *fèves* ?

R. Il y a plusieurs sortes de *fèves* que l'on cultive dans les jardins et dans les champs ; les plus connues sont : 1° la fève de marais ; 2° la féverole ou fève de cheval.

D. Quel est l'emploi de ces diverses plantes ?

R. La fève de marais se sert sur les tables, alors qu'elle n'a pas atteint encore toute sa grosseur ; réduite en farine, ou seulement concassée, et délayée dans de l'eau tiède, c'est une excellente nourriture d'engraissement. La féverole est surtout employée pour la nourriture des animaux, et donne au cheval beaucoup d'ardeur et de forces. On cultive aussi ces plantes comme fourrages ; on les coupe au moment de la floraison et on les fait manger en vert.

D. Comment cultive-t-on les fèves ?

R. On sème généralement les fèves à la volée ou en lignes, en ayant soin de les écarter assez pour qu'elles ne se gênent point, dans des terres argileuses, un peu humides et bien cultivées ; la fève est une bonne préparation à la culture du froment, et se trouve bien de tous les engrais. Pendant sa végétation, il est bon de la traiter comme une plante sarclée.

D. A quelle époque récolte-t-on les fèves ?

R. On récolte la fève en septembre ou octobre, lorsque les tiges deviennent noires. On la coupe avec la faulx ou la faucille ; on met les tiges en bottes, que l'on dresse l'une contre l'autre ; on les laisse ainsi jusqu'à complète dessication, on les rentre ensuite et on les bat au fléau, en ayant soin de ne pas écraser les grains. On récolte de 15 à 20 hectolitres par hectare. Bien desséchées, elles se conservent parfaitement en meules.

Lupin blanc et jaune.

D. Qu'est-ce que le *lupin ?*

R. Cette plante, dont la tige est haute de 40 à 50 centimètres, pousse dans les plus mauvais terrains ; elle est surtout précieuse comme engrais vert. Ses graines, macérées dans l'eau, sont une bonne nourriture pour les bœufs. Quand il est jeune, le lupin blanc est un assez bon pâturage pour les moutons. On le sème en avril, à raison de 100 litres par hectare.

Ajonc.

D. Qu'est-ce que l'*ajonc ?*

R. L'*ajonc* est un arbuste qui ressemble un peu au genêt, d'où le nom de *genêt épineux* qui lui est quelquefois donné ; les fleurs forment des épis allongés, de couleur jaune.

D. Quel est l'emploi de cette plante en agriculture ?

R. Dans la Beauce, la Bretagne, la Normandie, on en forme des haies de clôture. Au fur et à mesure des besoins on en coupe les jeunes pousses, qui, après avoir été broyées, servent de litière et même de nourriture aux animaux.

D. Comment se fait une haie d'ajoncs ?

R. Pour faire une haie d'ajoncs, on les sème au printemps sur deux rangs ; au bout de deux ou trois ans, les haies sont très-touffues. On peut aussi les repiquer.

Céréales fourragères.

D. Ne cultive-t-on pas aussi les céréales comme plantes fourragères ?

R. Les cultivateurs des contrées riches, les éleveurs, les nourrisseurs, cultivent quelquefois des céréales qu'ils font manger en vert au bétail. Ces plantes, dans ces conditions, comme toutes celles qui n'arrivent pas à maturité, ne fatiguent pas le sol.

D. Quelles sont les céréales ordinairement employées comme fourrage ?

R. On emploie ordinairement le *seigle*, l'*orge*, le *maïs*, quelquefois même l'*avoine*.

Ivraies vivaces ou raygras.

D. Ne cultive-t-on pas encore comme fourrages artificiels différentes sortes d'*ivraies ?*

R. On cultive encore comme fourrages artificiels plusieurs sortes d'*ivraies,* dont la principale est l'*ivraie vivace* ou *raygras.*

D. Le raygras est-il un bon fourrage ?

R. Ce fourrage est plus estimé en Angleterre qu'en France ; il donne de bonnes prairies dans les contrées humides ; dans les pays secs, il donne peu : on le sème à la fin de l'été ou en automne, à raison de 50 kilog. par hectare : le raygras donne deux coupes par an. Plusieurs autres espèces d'ivraies, la *fléole des prés,* les *houlques,* sont également employées seules ou mélangées.

D. Ne cultive-t-on pas encore d'autres plantes comme fourrages ?

R. On cultive encore le *sorgho,* certaines variétés de *choux,* le *navet,* la *moutarde blanche,* la *spergule,* la *pimprenelle* et le *pastel.*

D. Que dites-vous du sorgho ?

R. Le sorgho est une très-belle plante, qui s'élève souvent à 3 mètres de hauteur ; il s'accommode à tous les sols : on sème le sorgho en lignes espacées de 50 centimètres, quand les gelées ne sont plus à craindre ; on le traite comme les plantes sarclées.

D. Quel est l'emploi du sorgho ?

R. Cette plante, fort vantée, n'a pas tenu tout ce que l'on en attendait. Le sorgho épuise le sol, est délicat et rend peu. Vert, il est donné au bétail ; ses graines sont bonnes pour la volaille ; on a essayé, mais sans grand succès, d'en retirer industriellement du sucre et de l'alcool.

Choux.

D. Quelles sont les sortes de choux cultivées comme fourrages ?

R. Ce sont les choux non pommés : le *cavalier*, le *chou branchu*, le *chou rave*. Les choux aiment les climats humides, les terres fortes, profondément labourées ; et pour engrais, les fumiers de mouton, les matières fécales. On les sème à demeure ou en pépinières, au printemps ; et dans l'été on les sarcle, on les bine, et on en prend les feuilles du mois de novembre au mois d'avril.

Brôme de Schrader.

D. Qu'est-ce que le *brôme de Schrader* ?

R. Cette plante est ainsi nommée du nom de Schrader qui l'a décrite en 1830, et aussi pour la distinguer des 87 espèces du genre *bromus*, répandues dans l'Ancien et le Nouveau Monde. Elle est très-rustique, pousse vite, graine abondamment et donne un excellent fourrage.

D. La culture du brôme de Schrader est-elle bien répandue en France ?

R. Le brôme de Schrader est peu répandu en France, malgré ses remarquables propriétés nutritives et sa culture économique et facile. Nous engageons les cultivateurs à l'essayer ; il s'accommode de presque tous les terrains, pourvu qu'ils ne soient pas trop secs, et peut subsister 5, 6 et même 8 ans.

D. Quels sont les soins que demande cette culture ?

R. Les soins de création sont très-simples : on laboure, on sème en automne, on herse et on roule fortement ; les soins d'entretien sont nuls. Le brôme remplit si bien le sol qu'il y reste toujours parfaitement propre et étouffe toutes les herbes envahissantes ;

il n'épuise point le sol, ainsi qu'on pourrait le croire.

D. Quelle est la quantité de semence nécessaire par hectare ?

R. 200 litres de graines au maximum suffisent par hectare ; cette plante talle beaucoup , se resème abondamment et pousse avec vigueur, surtout dans les terrains frais.

D. Quel est le rendement du brôme de Schrader ?

R. Cette plante peut donner au moins quatre coupes par an d'un excellent fourrage , très-bon surtout pour les vaches laitières ; la première a lieu. au plus tard , vers le 20 avril. Le rendement total d'un hectare varie de 35,000 à 40,000 kilog. en vert. Séché comme fourrage, il perd les deux tiers de son poids. Le rendement en grains peut être , en deux coupes, de 130 hectolitre.

D. Cette plante n'offre-t-elle pas, dans sa végétation, une particularité assez remarquable ?

R. Cette plante offre une particularité remarquable : elle présente , à chaque coupe , et sur chaque pied , plusieurs épis où le grain est déjà presque mûr, pendant que la tige est encore verte. C'est à cette présence de la graine au moment de la fauchaison que l'on doit attribuer, en grande partie, sa valeur nutritive.

D. Que dites-vous des autres plantes que nous avons citées encore comme fourrages artificiels ?

R. Toutes ces autres plantes, le *navet*, la *spergule*, le *pastel*, etc., se cultivent, à peu de chose près, comme celles que nous avons détaillées , et n'ont. du reste, dans l'alimentation des animaux, qu'un rôle tout à fait secondaire.

CHAPITRE IX.

PLANTES INDUSTRIELLES

La pomme de terre.

D. Est-ce une plante bien importante en agriculture que la *pomme de terre* ?

R. La *pomme de terre*, dont nous avons raconté l'origine, est une des plantes les plus importantes de l'agriculture par son rôle dans l'alimentation publique. Vrai pain du pauvre, elle est aussi pour la table du riche une précieuse ressource. Avec la pomme de terre on fabrique de l'alcool, on fait la fécule et on nourrit les bestiaux. Parmentier, pour nous l'avoir donnée, doit donc figurer aux premiers rangs parmi les bienfaiteurs de l'humanité.

D. Cette plante offre-t-elle beaucoup de variétés ?

R. La pomme de terre est une plante qui se diversifie à l'infini ; ses variétés sont tellement nombreuses, qu'il est presque impossible de les grouper convenablement ; cependant, on distingue trois classes principales, qui comprennent à peu près toutes les variétés.

D. Quelles sont ces classes ?

R. Ce sont : 1° les rondes, appelées aussi *patraques* ; 2° les oblongues à yeux peu nombreux, ou *parmentières* ; 3° les longues à yeux rapprochés, connues sous le nom de *vitelottes*. Dans chaque classe, les pommes de terre varient de grosseur, de forme et de couleur, de précocité, etc.

D. Ne distingue-t-on pas les pommes de terre autrement encore ?

R. On divise encore les pommes de terre en *tardives* et en *précoces*.

D. Quelles sont les pommes de terre que l'on préfère?

R. On préfère généralement les variétés dont le feuillage n'est pas trop abondant, qui donnent peu ou pas de fleurs, et dont les tubercules se développent ramassés au pied de la plante, ce qui en rend plus facile la culture d'entretien. Une pellicule grisâtre, crevassée, révèle sa qualité farineuse.

D. Quels sont les climats et les terres qui conviennent à la pomme de terre?

R. Les climats tempérés conviennent mieux à la pomme de terre que les climats chauds, où elle donne des produits inférieurs en quantité et qualité. Elle aime les sols légers ou très-meubles, même ceux légèrement calcaires, mais profonds ; les terres humides, compactes, ne lui conviennent pas.

D. Quelles sont les façons et les engrais à donner à une terre que l'on destine à la pomme de terre ?

R. On cultive la pomme de terre en tête de l'assolement ou à la suite d'une céréale, pour nettoyer le terrain ; elle demande peu d'engrais, on lui donne deux labours profonds, l'un avant la plantation et l'autre au moment de planter.

D. Comment se multiplie la pomme de terre?

R. La pomme de terre se propage de trois manières différentes : 1° par des *semis ;* 2° par *bouturages*, et 3° par les *tubercules*. Ce dernier moyen est le seul employé en agriculture.

D. Comment se pratique ce mode de propagation ?

R. Le mode de propagation par les tubercules varie beaucoup : quelques-uns ne plantent que des pelures, d'autres que les yeux ; ici, on coupe le tubercule par fragments ; là, on le conserve entier ; ailleurs, on le choisit de moyenne et même de petite grosseur.

D. Auquel de ces modes de propagation faut-il accorder la préférence ?

R. Nous pensons que si l'on veut obtenir une abondante récolte, il faut planter des tubercules de belle grosseur, en choisissant ceux qui ont peu d'yeux, qui sont bien développés, sains et pas germés.

D. Comment plante-t-on les pommes de terre ?

R. On plante les pommes de terre à la bêche et à la charrue. Le premier de ces moyens est employé pour les jardins, l'autre est suivi par le cultivateur. C'est en mars ou avril que cette opération a lieu.

D. Comment plante-t-on à la charrue ?

R. La charrue ouvre une raie de 15 à 20 cent. de profondeur; une femme la suit et dépose les tubercules, les distançant de 30 à 40 cent., non au fond du sillon, mais sur les revers de la bande, en l'enfonçant un peu. On plante toutes les trois raies, laissant deux raies vides entre deux raies plantées, ce qui donne aux lignes un écartement de 75 cent. environ.

D. Que faut-il faire lorsque les tubercules sont plantés ?

R. Après la plantation, si l'on craint la sécheresse, il faut herser la surface du sol, et même, dans les sols légers, il faut passer le rouleau après la herse.

D. Quelle quantité de graine faut-il par hectare ?

R. Il faut 25 à 30 hectolitres de tubercules pour ensemencer un hectare de terre.

D. Quels sont les soins à donner à la pomme de terre pendant sa végétation ?

R. Au bout de 15 jours, 3 semaines, on herse, afin de détruire les mauvaises herbes, et écrouter le sol.

Cette opération ne doit pas effrayer le cultivateur et ne produit jamais les mauvais effets que l'on pourrait redouter. Quand les tiges ont pris un certain accroissement, en juin à peu près , on les bine et on les butte.

D. Comment et à quelle époque récolte-t-on les pommes de terre ?

R. L'époque de la récolte des pommes de terre dépend de la variété cultivée et d'une foule d'autres circonstances ; on les arrache, généralement, en septembre ou octobre. On emploie, pour les arracher, la bêche , la houe à cheval ou la fourche à trois dents (crochet), et enfin la charrue. Ce dernier moyen est très-expéditif, mais il met souvent en danger les tubercules , qui peuvent ainsi être coupés ou atteints. Une fois arrachées, on les laisse se ressuyer sur le sol, et on les rentre à la cave , ou bien on les met en silos.

D. Est-ce que la pomme de terre n'est pas exposée à une terrible maladie ?

R. Tout le monde sait que depuis 1845 à peu près, une maladie terrible règne sur la pomme de terre. On a pu croire que c'en était fait de cette précieuse plante ; on a cherché les causes de la maladie, on a vanté mille remèdes inefficaces. Grâce à Dieu, ce fléau à disparu sans que l'on puisse beaucoup plus préciser les causes de la guérison que celles de la maladie.

D. Les recherches faites à l'occasion de cette maladie n'ont donc amené aucun résultat ?

R. De toutes les observations recueillies, on a remarqué que les plantes qui avaient le moins souffert étaient celles qui étaient plantées dans des terres neuves, dans des défrichés non fumés, et qui avaient passé l'hiver en terre, ayant été plantées en septembre.

Cette méthode est recommandée comme donnant en tout état de causes de bons résultats.

Topinambourg.

D. Qu'est-ce que le topinambourg ?

R. C'est une plante qui nous vient d'Amérique, comme la pomme de terre, à laquelle on la compare ; mais, après de nombreux essais, il demeure établi que son goût particulier l'éloignera toujours de nos tables : elle n'est bonne que pour le bétail.

D. Comment se cultive le topinambourg ?

R. Tous les sols, même les plus médiocres, conviennent au topinambourg ; il se cultive absolument comme la pomme de terre ; on l'arrache à la fin de l'hiver ; ses tubercules se conservent mieux en terre qu'au grenier, et varient en rendement de 40 à 60,000 kilog. à l'hectare.

D. Quelle est la principale cause pour laquelle le topinambourg ne s'est pas répandu ?

R. Le topinambourg ne s'est pas propagé, parce que l'on a cru pendant longtemps qu'on ne pouvait l'extirper d'un champ où il avait pris racine. Cette crainte est mal fondée ; il suffit, pour s'en débarrasser, de le remplacer par une plante fourragère. Il ne peut résister à deux fauchages dans l'année.

D. Quel est l'emploi du topinambourg ?

R. Ses tubercules lavés et coupés, mélangés avec de la paille et du foin hachés, forment une excellente nourriture, surtout pour les vaches ; son feuillage est un très-bon fourrage ; ses tiges donnent, quand elles sont sèches, un chauffage qui n'est pas à dédaigner. Ses tubercules distillés produisent beaucoup d'alcool, mais la pulpe qui en provient est rejetée par le bétail.

Carottes.

D. Quelles sont les carottes cultivées dans les fermes ?

R. Les carottes cultivées généralement dans les fermes sont : 1° les *carottes blanches;* 2° les *carottes jaunes;* 3° les *carottes rouges.* Il en existe encore beaucoup d'autres.

D. Quelles sont les conditions nécessaires à la bonne végétation de la carotte ?

R. La carotte se plaît dans les climats tempérés, plus humides que secs ; il lui faut un sol riche, ameubli et un peu ombragé ; on la cultive seule ou en récolte dérobée, c'est-à-dire emblavée d'un autre produit ; la préparation du sol, les semis et les façons d'entretien, d'arrachage et de conservation, sont les mêmes que pour les autres plantes sarclées.

D. A quelle époque récolte-t-on la carotte ?

R. Les carottes en récoltes principales atteignent leur maturité dans la première quinzaine d'octobre ; on peut arracher plus tard celles cultivées en récoltes dérobées. Leur produit est de 15 à 25,000 kilog. à l'hectare. Elles forment une excellente nourriture d'hiver pour les bestiaux et surtout pour les vaches.

CHAPITRE X.

Betteraves.

D. Qu'est-ce que la *culture betteravière?*

R. C'est le progrès agricole dans sa plus haute expression, c'est la valeur des terres augmentée, la production des céréales triplée, celle de la viande doublée; c'est la suppression complète de la jachère, c'est le meilleur remède à la dépopulation des campagnes par le travail qu'elle donne, l'été dans les champs, et l'hiver dans les sucreries; c'est à elle, en un mot, que les pays qui s'y livrent doivent d'être les plus avancés en agriculture.

D. Comment la betterave peut-elle produire tous ces heureux résultats?

R. Parce que, mieux qu'aucune autre plante, elle ameublit et nettoie le sol; parce qu'elle procure au cultivateur, outre un prix de vente très-rémunérateur, une excellente et abondante nourriture pour les moutons et pour les bœufs, la pulpe, à laquelle il a droit dans la proportion du cinquième des betteraves qu'il a livrées, au prix moyen de 10 fr. les mille kilog.

D. Existe-t-il beaucoup d'espèces de betteraves?

R. Les espèces connues de betteraves sont excessivement nombreuses. Bien que toutes puissent être considérées comme fourragères, et puissent même donner du sucre, il y a entre elles une telle différence que l'on peut les diviser en: 1° *betteraves à sucre;* 2° *betteraves fourragères.*

D. Quelles sont les variétés de la betterave à sucre?

R. Les variétés les plus généralement employées par la sucrerie sont: 1° la betterave *blanche à collet vert;* 2° la betterave *blanche à collet rose.* Ces deux variétés appartiennent à la *betterave de Silésie,* introduite en France par Mathieu de Dombasle (1).

---

(1) De nombreuses variétés se produisent fréquemment: on a la betterave Vilmotin; celle jaune pâle à chair blanche, dont

D. Quels sont les principaux caractères de ces betteraves?

R. Ces betteraves, pour être bonnes pour la sucrerie, doivent ne pousser que très-peu hors de terre, s'enterrer profondément, avoir peu de chevelu, être coniques et très-lisses.

D. Quelles sont les variétés de la betterave fourragère ?

R. Les variétés plus particulièrement employées directement à la nourriture des animaux sont : 1° la *betterave champêtre;* 2° la *betterave rouge globe;* 3° la *betterave jaune;* 4° la *betterave jaune globe,* veinée de rouge. Toutes les racines des variétés fourragères sont charnues, pivotantes et atteignent quelquefois une énorme grosseur; elles poussent, en grande partie, hors de terre.

D. Quels sont les terrains et les engrais qui conviennent à la betterave ?

R. Les terres argilo-sableuses, toutes les terres à blé sont plus ou moins propres à la betterave ; celles de cette nature qui ont de la profondeur sont les meilleures. Les terres calcaires, légères et sèches, les terres fortes, argileuses, lui conviennent peu. Le fumier des bêtes qui ont vécu de la betterave et de ses résidus sont les meilleurs de tous. Ce qu'il lui faut, c'est une terre fertilisée.

D. Est-ce que la betterave épuise le sol ?

R. Non, la betterave n'est pas épuisante ; elle veut être cultivée sur des terres en très-bon état, mais elle

on vante la richesse en sucre, etc., etc. Les grosses betteraves sont moins riches que celles de taille moyenne ; celles de 500 grammes à un kilogramme sont les meilleures pour la fabrication du sucre.

les appauvrit fort peu, surtout lorsque l'on abandonne ses feuilles à la couche arable.

D. Quelle est la place de la betterave dans l'assolement ?

R. La betterave s'alterne très-bien avec les plantes de la grande culture ; on peut la faire précéder ou la faire suivre de céréales, de fourrages. Néanmoins, comme cette plante nettoie le sol par les sarclages qu'elle exige, il est bon de la placer entre deux récoltes salissantes. Cultivée en grand, elle ouvre avantageusement l'assolement.

D. Quelle préparation faut-il donner à une terre destinée à recevoir de la betterave ?

R. Plus la terre est défoncée, ameublie, divisée, mieux elle convient à la betterave. Généralement, on déchausse en août ou septembre, on laboure profondément avant l'hiver ; puis encore au printemps, avec hersages et roulages alternatifs jusqu'à complète pulvérisation. Le roulage est une opération nécessaire, il ne faut pas craindre de tasser fortement le sol avant de semer.

D. Le choix de la graine est-il bien important ?

R. Autrefois, il était presque indispensable de faire sa graine soi-même ; mais, depuis le grand développement qu'a prise la culture de la betterave, des maisons sérieuses ont fait leur spécialité de la production de cette graine ; elles le font en grand et dans les meilleures conditions. C'est à elles qu'il faut s'adresser pour obtenir la variété de graines que l'on désire, on y trouve économie, et souvent meilleure qualité (1).

(1) MM. Vilmorin et Andrieux, à Paris, Desprez père et fils, à Cappelle (Nord) et d'autres maisons encore fournissent en toutes variétés, des graines de permier choix.

D. A quelle époque et comment doit-on semer les betteraves ?

R. Lorsque l'on n'a plus à craindre les gelées, du commencement d'avril à la fin de mai, on sème la betterave, à raison de 8 à 10 kilog. par hectare, soit en lignes, soit à la volée ou en pépinières pour repiquer.

D. Quelle est la meilleure de ces trois manières de semer ?

R. Dans la petite culture, le repiquage peut être employé ainsi que le semis à la volée, qui cependant rend difficiles les cultures d'entretien. Dans les grandes cultures, on sème à demeure, avec un semoir à cheval qui espace les lignes de 40 à 45 cent. l'une de l'autre. La semence, par ce moyen, est convenablement répandue et enterrée.

D. Quelles sont les façons à donner à la betterave pendant sa végétation ?

R. Aussitôt que les betteraves semées en lignes et à demeure ont trois ou quatre feuilles, un mois à peu près après l'ensemencement, on leur donne un sarclage avec la binette ; un peu plus tard, lorsqu'elles ont atteint la longueur du doigt à peu près, on les *démarie,* c'est-à-dire qu'on ne laisse qu'un pied tous les 25 ou 30 centimètres. On enlève en même temps les mauvaises herbes, puis on donne encore, à diverses époques de la végétation, un ou deux binages, suivant l'état du sol.

D. Est-il bon d'effeuiller les betteraves ?

R. Effeuiller les betteraves est une coutume désastreuse ; pour gagner un en feuilles, on perd quatre au moins en racines. Du reste, elles ont peu de valeur nutritive.

D. La betterave est-elle, comme nourriture, un produit abondant ?

R. La betterave est la plante qui produit le plus de nourriture sur un terrain donné; elle craint peu la sécheresse et fournit quand les autres récoltes manquent. Dans les bonnes années, elle donne des quantités énormes de substances alimentaires.

D. La betterave est-elle une bonne nourriture?

R. La betterave convient à tous les animaux, surtout aux ruminants; elle les nourrit bien, les rafraîchit, les tient en bonne santé et fournit beaucoup de lait.

D. Comment donne-t-on la betterave aux animaux?

R. On donne la betterave crue, nettoyée et coupée. Il est cependant préférable de la faire cuire, elle est ainsi plus nutritive et plus salubre. La pulpe de betterave bien desséchée est un meilleur aliment que la betterave elle-même.

D. Quelle est la ration de betteraves que l'on peut donner aux animaux?

R. La ration doit varier de la moitié aux trois quarts de la nourriture totale, si les animaux ne reçoivent en outre que des fourrages secs. Il faut donner la betterave avec précaution pour la première fois, souvent les animaux la prennent avec trop d'avidité et s'en dégoûtent ensuite.

D. A quelle époque et comment récolte-t-on la betterave?

R. On arrache les betteraves en octobre et novembre à la bêche ou à la charrue; on les met en tas, puis, avec des couteaux on procède au décolletage, c'est-à-dire que l'on coupe le collet et les feuilles.

D. Ce travail est-il pénible?

R. Ce travail ne demande que des soins, et peut être parfaitement exécuté par des femmes ou des enfants. Il faut éviter de heurter les betteraves les unes contre les autres, il en résulterait des contusions qui les feraient pourrir. Les feuilles abandonnées sur le sol équivalent à un quart de fumure.

D. Quel est le rendement des betteraves par hectare?

R. La betterave à sucre rend, en moyenne, de 30,000 à 40,000 kilog. à l'hectare; certains ont atteint 60,000 kilog. La betterave fourragère rend beaucoup plus.

D. Comment se conserve la betterave ?

R. Lorsque la récolte est faite, le cultivateur qui a vendu sa betterave, n'a plus qu'à la conduire à l'usine ; celui qui veut la garder la met en cave s'il en a peu, ou en *silos* ou en *tas* s'il en a beaucoup.

D. Comment s'établissent les silos ?

R. On creuse, à l'abri de l'humidité, une fosse à laquelle on donne généralement 2 mètres de longueur, sur 1 mètre de profondeur et autant de largeur. On la remplit de betteraves, que l'on fait saillir à 80 cent. environ au-dessus du sol.

D. Est-ce qu'il n'y a pas, pour remplir ces fosses, de précautions à prendre?

R. Il faut éviter de contusionner les betteraves en les plaçant dans l'intérieur de la fosse ; celles à l'extérieur doivent être disposées en arête de toit , les collets en dehors, en ayant soin de ménager des cheminées d'air formées avec des fascines ou avec un carré à claire-voie de 12 à 15 cent.

D. Lorsque les betteraves sont ainsi disposées, que faut-il faire ensuite?

R. Il faut les recouvrir de 30 à 35 cent. de terre, que l'on a soin de bien tasser. Une fosse de 2 mètres renferme de 1,400 à 1,500 kilog. de betteraves.

D. Ne fait-on pas aussi des tas pour conserver les bettteraves ?

R. On fait des tas de la même dimension à peu près que les fosses, également en arête de toit, de façon à ce que les parois extérieures soient formées par les collets de la plante disposés régulièrement. On recouvre les tas de la même quantité de terre.

D. La betterave, dans les silos et les tas ainsi faits, cesse-t-elle de végéter?

R. Les racines, pendant leur séjour dans les silos, continuent à végéter ; de petits bourgeons, des feuilles blanches, sortent du collet de la racine, dont la partie inférieure se couvre quelquefois de chevelu.

D. Cette végétation se produit-elle également dans toutes les parties du silo?

R. La végétation anormale des betteraves en silos n'est pas égale dans tout le silo ; on remarque aux parois extérieures une pousse peu sensible, qui augmente à l'intérieur, et qui est souvent vigoureuse près des cheminées.

D. Cette végétation est-elle bien nuisible à la betterave ?

R. Les betteraves sont d'autant moins riches en sucre et en pouvoir nutritif qu'elles ont poussé davantage après l'arrachage ; il importe donc d'adopter, pour les silos, les dispositions qui gênent le plus le développement de cette végétation.

D. Quelles sont les dispositions à prendre pour atteindre ce but ?

R. Il faut établir de petits silos ; ils présentent, proportionnellement au volume, plus de surface extérieure que les grands, et laissent ainsi moins pousser les betteraves. Il faut aussi ne pas trop multiplier les cheminées et ne les mettre en communication avec l'air extérieur qu'autant que l'élévation de la température intérieure ferait craindre une disposition à la fermentation.

D. Pourquoi, en général, les betteraves des parois extérieures poussent-elles moins que celles qui sont au centre du silo ?

R. Le manque d'air, l'obstacle qui presse contre le collet, s'opposent à la végétation des betteraves des parois extérieures. En effet, une betterave dont le collet est recouvert de terre ne peut végéter aussi librement que celle dont le collet jouit de l'air renfermé dans les nombreux vides formés par les racines dans l'intérieur du silo, où la température se trouve aussi plus élevée. Les silos petits, peu épais, sont donc préférables, parce qu'ils équilibrent mieux la température.

D. Lorsque l'on a une très-grande quantité de betteraves, l'établissement des silos doit être très-coûteux ?

R. L'établissement des silos, soit en fosses, soit en tas, coûte de 70 c. à 1 fr. par 1,000 kilog. ; aussi, les fabricants de sucre qui opèrent sur de grandes quantités se bornent-ils à faire des tas plats, peu élevés, d'une grande étendue, qu'ils recouvrent de paille seulement, et disposent leurs usines de façon à pouvoir travailler leurs racines le plus rapidement que possible.

D. Ce traitement de la betterave pourrait-il aussi être adopté pour la conservation de la betterave pour les bestiaux ?

R. La betterave, pour les bestiaux, doit pouvoir se conserver tout l'hiver ; pour cela, les fosses, les tas faits ainsi que nous l'avons expliqué, sont préférables.

D. Comment se conservent les pulpes ?

R. Le cultivateur ramène ordinairement sa pulpe

par contre-voyage, en conduisant sa betterave à la sucrerie ; il la conserve en fosses comme la betterave.

CHAPITRE XI.

Navets. — Turneps. — Rutabagas.

D. Y a-t-il plusieurs espèces de *navets?*

R. Aucune plante n'a produit autant de variétés que le navet et présenté autant de difficultés à la classification ; cela tient à ce que, plus qu'aucune autre, elle se modifie suivant les climats et les sols. Le navet le plus cultivé en agriculture est celui qui a une forme ronde et aplatie, désignée en Angleterre sous le nom de *turneps;* on le subdivise en une foule de sous-variétés.

D. Quelles sont les conditions de climat, de terrain et d'engrais nécessaires à la végétation du navet ?

R. Les navets se plaisent sous un ciel brumeux et humide, dans des sols légers, de consistance moyenne, peu exposés à la sécheresse. Les engrais de ferme, ceux riches en chaux et en potasse, comme les os, les cendres, lui conviennent.

D. Comment se cultivent les navets?

R. On cultive les navets entre deux cultures de céréales, après plus ou moins de labours, ou sur un seul labour, sans engrais après un produit principal récolté de bonne heure ; ou enfin, au printemps, avec ou sans engrais ; on les sarcle et on les bine comme la betterave.

D. A quelle époque récolte-on les navets?

R. La maturité des navets s'annonce plus ou moins tôt, suivant que les semailles ont été faites à une saison plus ou moins avancée ; c'est, en général, d'octobre à novembre qu'elle se produit. En Angleterre, on fait manger sur place, d'abord les feuilles, puis les racines ; ou bien on arrache ces dernières, que l'on emmagasine pour les faire consommer au fur et à mesure des besoins. Ce procédé est le plus généralement employé.

D. Comment se conservent les navets et quel est leur emploi ?

R. La conservation des navets est moins facile que celle des autres racines ; il ne faut pas les réunir en trop grande masse, ils s'échauffent vite et pourrissent ; on en fait de plus petites fosses et de plus petits tas. Ils sont peu nourrissants ; mais, en revanche, ils sont pour les bestiaux une très-agréable et bienfaisante nourriture. Ils sont avantageux, car, en culture dérobée, ils n'occasionnent que très-peu de dépenses.

D. Qu'est-ce que le *rutabaga?*

R. Le *rutabaga*, appelé aussi *navet de Suède*, a une racine plus pesante, plus savoureuse, plus nourrissante et plus rustique que le navet ordinaire. Il provient probablement du *chou* et du *navet ;* on le reconnaît à ses feuilles glauques, à sa racine charnue, arrondie, jaune clair ou violet ; il forme plusieurs variétés, dont la plus répandue est le *chou-navet* à tête verte, ou *rutabaga commun* ; une de ses variétés est appelée *chou-rave.*

D. Comment se cultive le rutabaga ?

R. La culture de cette plante n'offre pas de difficultés ; on sème en mars pour repiquer, et en mai ou juin à demeure dans une terre légère ; on sarcle, on bine les rutabagas et on les récolte sur la fin de l'automne, même en hiver ; ils craignent peu le froid. On les conserve comme le navet, et ils sont une excellente nourriture pour les vaches et les moutons.

Chicorée.

D. La chicorée est-elle importante en agriculture?

R. La chicorée n'a pu jusqu'ici, malgré les bénéfices qu'elle donne, attirer l'attention sérieuse du cultivateur, si ce n'est en Belgique, où elle occupe une assez large et fructueuse place. Quelques contrées du nord la cultivent aussi.

D. Combien y a-t-il d'espèces de chicorée?

R. Il y a une foule de variétés de chicorées ; deux seulement sont cultivées : l'une dite *sauvage*, comme fourrage ; l'autre dite *à café*. Cette dernière est moins amère que la précédente, et sa racine est plus forte.

D. Comment cultive-t-on la chicorée?

R. La chicorée demande un sol profond, de consistance moyenne, bien pulvérisé par des labours profonds, et des hersages énergiques ; on sème à la volée et en lignes, et on cultive comme pour les betteraves.

D. A quelle époque récolte-t-on la chicorée?

R. La chicorée est bonne à récolter du 1er octobre à la fin de novembre ; on fauche d'abord les feuilles pour les bestiaux, puis on arrache les racines, on les fait sécher et on les conduit à l'usine. Elle rend de 12,000 à 15,000 kilog. à l'hectare.

D. Quel est l'emploi de la chicorée?

R. Les racines de chicorée torréfiées servent à remplacer le café ou à le falsifier. On cultive pour salades, dans les jardins, plusieurs variétés de chicorée.

Lin.

D. Combien y a-t-il d'espèces de lin?

R. Il y a plusieurs espèces de lin, dont une seule est cultivée ; elle se divise en deux classes : 1° le *lin d'été* ou *lin chaud;* 2° le *lin d'hiver* ou *lin froid.*

D. Quelles sont les conditions de climat, de sol et d'engrais qui conviennent au lin ?

R. Il faut au lin un climat très-tempéré ; on le cultive cependant dans le midi, mais l'ouest et le nord de la France seuls s'y livrent en grand. Il aime les sols sablo-argileux, riches, les alluvions, bien ameublis et défoncés, les fumiers énergiques ; il se plaît après les plantes sarclées ou les trèfles.

D. A quelle époque sème-t-on et comment cultive-t-on le lin ?

R. Il faut apporter un grand soin au choix de la graine, qui doit être courte, grosse, rondelette, ferme et pesante. On sème à la volée, en automne et au printemps, suivant l'espèce, par un temps humide, mais non pluvieux ; on le sarcle lorsqu'il atteint quatre ou cinq centimètres de hauteur ; des femmes, des enfants accomplissent cette besogne ; pour cela, on s'agenouille sur le sol et on sarcle à la main.

D. A quelle époque récolte-t-on le lin ?

R. Dans le nord, on assigne un intervalle de onze semaines, depuis l'ensemencement jusqu'à la récolte. Semé en avril, on l'arrache en juillet. L'usage auquel on le destine influe sur le moment de la récolte. Si la filasse doit servir pour les tissus fins, on le récolte aussitôt après la floraison, on le *rouit* avec les capsules, et la graine est perdue. Pour les tissus moyens, on le récolte entre la floraison et la maturité. Si l'on veut de la bonne graine et de gros tissus, on le laisse complétement mûrir.

D. Comment récolte-t-on le lin ?

R. On arrache le lin à la main, on le forme en bottes de 30 à 40 cent. de tour que l'on pose debout sur le sol, trois par trois, les têtes rapprochées et les pieds écartés; ou bien, on les dispose en pente de chaque côté d'une ligne formée par un cordeau ou une perche. Lorsque les bottes sont sèches, on bat la tête contre un billot, ou on la dépouille avec un peigne à dents de fer; celui cultivé pour la graine n'est pas peigné, on le frappe avec une batte.

D. Quel est le rendement du lin ?

R. Un hectare de lin, dans le nord, donne de 3,000 à 8,000 kilog. de tiges brutes, qui contiennent de 15 à 18 pour cent de fibres et dont on retire de 350 à 750 kilog. de filasse. Celui cultivé pour les graines en donne de 250 à 600 kilog., qu'il faut conserver dans un endroit sec et aéré.

D. Que reste-t-il encore à faire lorsque le lin est récolté?

R. On le soumet au *rouissage.*

D. Qu'est-ce que le *rouissage* ?

R. Le rouissage est une opération qui consiste à tenir dans l'eau pendant un temps plus ou moins long les tiges des plantes textiles pour les faire fermenter et pouvoir ainsi séparer la filasse de la paille que l'on appelle aussi *chenevotte.*

D. Comment se fait le rouissage ?

R. Le rouissage s'opère de diverses façons ; on en expose les bottes sur un gazon pour qu'elles reçoivent l'humidité des nuits, et on les retourne de temps en temps ; ou, ce qui est plus expéditif, on les expose dans l'eau courante d'une rivière, ou dans l'eau dormante. Lorsque le lin est convenablement roui, c'est-à-dire quand la filasse se détache facilement, on délie les bottes, on les fait sécher, et on rentre le lin à la ferme.

D. Quel est le meilleur de ces modes de rouissage ?

R. Le rouissage à l'eau courante donne beaucoup de filasse solide, presque blanche et très-estimée. Le rouissage à l'eau stagnante donne une filasse abondante assez bonne, mais peu forte ; quant au rouissage à la rosée, c'est le pire des trois, la filasse qu'il donne est grisâtre, peu abondante et étoupeuse.

D. N'y a-il pas encore d'autres procédés de rouissage ?

R. Depuis quelque temps, le rouissage du lin a pris les caractères d'une véritable industrie, il se fait par le *procédé américain*, par le procédé *Claussen*, etc.; mais ces divers procédés ne sont pas à la portée de tous les cultivateurs et sont, du reste, peu répandus.

D. N'y a-t-il pas encore d'autres opérations à faire subir au lin après le rouissage ?

R. Plusieurs opérations restent à faire encore ; mais elles sont plus manufacturières qu'agricoles.

D. Quel est l'usage du lin ?

R. Le lin est employé à fabriquer des cordes, des toiles ordinaires et fines, les batistes, dentelles, etc. La farine de graine de lin est employée en médecine ; l'huile de lin siccative joue un grand rôle dans les arts. La graine de lin ne rend que 25 pour cent d'huile, et ses tourteaux sont consommés par les bestiaux, ou servent d'engrais.

Chanvre.

D. Existe-t-il plusieurs espèces de chanvre ?

R. Il y a plusieurs espèces de chanvre, sur la classification desquelles on n'est pas d'accord ; on ne cultive que le chanvre commun. On sait que le chanvre a des pieds mâles et des pieds femelles.

D. Quelles sont les conditions nécessaires à la végétation du chanvre ?

R. Le chanvre, qui pousse dans des climats rudes, n'en aime pas moins les climats doux ; il recherche les vallons et les bas-fonds , les sols profonds bien ameublis et riches en humus, enfin toutes les bonnes terres, quelle que soit leur composition. Il demande une terre bien labourée, deux et même trois fois , et bien émiettée par les hersages.

D. Comment sème-t-on le chanvre ?

R. Il faut bien choisir la graine , qui doit être luisante , gris foncé et pesante ; on sème à la volée, de mars jusqu'en juin, suivant les climats et les terrains, à raison de 500 litres de chènevis par hectare , si l'on veut de la grosse filasse ; et à raison de 500 à 600 litres, si l'on veut de la filasse fine. On enterre la graine avec une herse légère. Il est utile de préserver cette graine de la voracité des oiseaux. Le chanvre n'exige pas de culture pendant sa végétation.

D. A quelle époque se fait la récolte du chanvre ?

R. La récolte du chanvre se fait en deux fois, à des époques variables suivant les pays ; en juillet ou août , on récolte les pieds mâles , et en septembre les pieds femelles ; ces derniers sont plus nombreux que les premiers,

D. Comment récolte-t-on le chanvre ?

R. Il faut laisser bien mûrir les pieds mâles ; on en forme des bottes qu'on lie à deux places , puis on les fait sécher à l'air contre des murs, des haies ou sous des hangars. On arrache de la même manière les tiges femelles. Quand la dessication est complète, on bat les tiges dans une futaille ou sur un billot. La graine ainsi obtenue est la meilleure pour semence et pour l'huile ;

on fait sécher de nouveau et on bat une seconde fois. Ces dernières graines ne valent pas les premières.

D. Comment rouit-on le chanvre ?

R. On rouit le chanvre absolument comme le lin. Le chanvre rouit plus vite que le lin.

D. Après cette opération, que fait-on du chanvre ?

R. Après le rouissage on fait sécher le chanvre et on le met en bottes en attendant le teillage, qui consiste à séparer la filasse de la chenevotte. Ce travail se fait généralement à la main, pendant les longues soirées d'hiver.

D. Quel est le rendement et l'emploi du chanvre ?

R. On estime à environ 800 kilog. de chanvre peigné et à un peu plus de 250 kilog. d'étoupes la récolte d'un hectare de terre. La filasse du chanvre sert à faire des cordes, de la toile ; la graine nous donne une huile médiocre. La culture de cette plante diminue tous les jours.

D. N'y a-t-il pas encore d'autres plantes textiles ?

R. Il y a d'autres plantes textiles, mais le lin et le chanvre sont les seules cultivées en grand.

D. Quelles sont les plantes que nous cultivons pour en retirer l'huile ?

R. Les plantes cultivées en France pour en retirer l'huile sont : le *colza,* la *navette,* le *pavot,* la *cameline* et la *moutarde.*

SUITE DU CHAPITRE PRÉCÉDENT.

Colza.

D. Quelles sont les conditions nécessaires à la végétation du colza ?

R. Le colza se plaît particulièrement dans les contrées du nord ; il lui faut des terres riches d'engrais énergiques, et bien ameublies par des labours profonds et des hersages. Il pousse aussi dans des terres médiocres, si elles sont dans des climats humides.

D. Quelle place le colza doit-il occuper dans l'assolement ?

R. Le *colza* végète bien après les *pommes de terre*, les *gazons rompus*, les *céréales*, la *betterave*. Il ne peut se succéder trop souvent sans appauvrir le sol ; il est bon de ne le ramener que tous les cinq ou six ans. Il y a les colzas d'hiver et les colzas de printemps.

D. A quelle époque sème-t-on le colza ?

R. On sème le colza d'hiver destiné à rester en place, du 15 juillet au 15 août, à la volée ou en lignes, à raison de 5 à 7 kilog. par hectare ; s'il doit être repiqué, on le sème en juin ou juillet en pépinière, et on le repique en septembre ou octobre.

D. Comment se fait le repiquage ?

R. On repique le colza à la charrue, à la bêche ou au plantoir. Le premier mode est le plus expéditif et le meilleur. Pour cela la charrue ouvre le sillon, et des femmes, des enfants déposent les plantes tous les 15 ou 20 cent. de deux raies en deux raies. La charrue, en retournant, les recouvre de manière à ne laisser passer que les fanes. Le repiquage à la bêche n'a lieu que dans la petite culture, on met dans chaque fosse une ou deux plantes.

D. Comment se fait le repiquage au plantoir ?

R. On fait, avec un plantoir à deux ou trois dents, des trous qui se trouvent à 15 cent. les uns des autres, dans des lignes que l'on écarte de 30 cent. Trois enfants ou des jeunes filles suivent l'ouvrier, posent le colza dans les trous, et appuient avec soin la terre avec le pied. On sarcle et on bine le colza, de quelque manière qu'il soit semé, lorsqu'il en est besoin.

D. Quels sont les soins à donner au colza de printemps ?

R. Cette espèce est moins productive et moins rustique que la précédente, et ne s'emploie qu'en remplacement de récoltes manquées. On fume, on laboure, on herse et on sème, à la volée ou en lignes, dans le courant de mai. Le colza de printemps demande les mêmes soins d'entretien que les colzas d'hiver.

D. A quelle époque récolte-t-on le colza ?

R. La maturité du colza dépend des climats et des sols ; c'est ordinairement en juin ou juillet qu'on le récolte, on le coupe à la faulx ou à la faucille, ou même à la serpe si les tiges sont trop grosses ; on le met en bottes, on les fait sécher, et on les bat sur place, sur une toile afin de ne pas perdre la graine.

D. Comment transporte-t-on le colza aux batteurs ?

R. On le transporte dans de grandes toiles fixées par deux côtés à des bâtons comme des civières; on crible la graine, que l'on transporte à la ferme dans des chariots ou charrettes bien garnis de toiles. On remet les pailles en bottes dont on forme des meules.

D. Quel est l'usage du colza ?

R. Le colza en vert est donné comme fourrage aux bestiaux. Sa graine fournit une huile abondante employée à l'éclairage. Les tourteaux servent à l'alimentation des animaux, ainsi que les siliques, mélangées à la pulpe ou aux fourrages. La paille sert à chauffer le four, ou à former des fonds de meules ou de granges.

D. Quel est le rendement du colza ?

R. Le colza d'hiver rend de 20 à 50 hectolitres à

l'hectare ; celui d'été 15 à 20 : 100 kilog. de colza d'hiver rendent 39 kilog. d'huile ; 100 kilog. de colza d'été n'en rendent que 25 kilog.

Navette.

D. Parlez-nous de la *navette* ?

R. Cette plante, contrairement au colza, végète bien dans les terres médiocres, elle pousse plus vite et donne une huile meilleure ; cependant, comme elle rend moins, on préfère le colza à la navette. Cette plante est une bonne tête d'assolement ; elle réussit bien après une céréale, de même qu'elle précède avantageusement le froment. Elle a aussi une variété d'été.

D. Quelles sont les conditions de culture favorables à la végétation de la navette ?

R. On sème au mois d'août et même en septembre la navette d'hiver ; celle d'été, d'avril à fin mai, dans des terres autant que possible préparées convenablement et fumées ; on l'éclaircit quinze jours ou trois semaines après la levée, et on la bine quand les boutons commencent à se faire voir.

D. Comment récolte-t-on et quel est l'emploi de la navette ?

R. C'est en juin ou en juillet que l'on procède à la récolte de la navette, qui se fait, se ramasse et se bat comme celle du colza. La navette d'hiver rend par hectare environ 30 hectolitres ; celle d'été à peu près 20 hectolitres. En vert, la navette constitue un très-bon fourrage ; les graines donnent une huile convenable pour l'éclairage et comestible en certaines localités.

Cameline.

D. Dites-nous ce que c'est que la *cameline* ?

R. Cette plante, avantageuse en ce qu'elle n'est difficile ni sur le climat, ni sur le sol, ni sur l'engrais, n'est que peu cultivée, et cependant il y aurait profit à le faire. Elle pousse vite. Semée en avril, on la récolte en juin, et peut quelquefois fournir deux récoltes en un an. Elle rend environ 15 hectolitres par hectare de graines, dont l'huile est moins fumeuse que celle du colza.

Moutarde.

D. Qu'avez-vous à dire de la *moutarde*?

R. La moutarde blanche ou noire donne une huile dans le genre de celle de la navette. Sa culture est moins avantageuse que celle de cette dernière, car elle veut un bon sol bien préparé et de bons engrais. C'est comme plante médicinale ou condimentaire qu'elle est le plus cultivée. Elle rend 12 à 15 hectolitres à l'hectare.

Pavot.

D. Y a-t-il plusieurs espèces de *pavots*?

R. Il y a trois espèces de *pavots* : 1° le *pavot ordinaire ou noir*, dont les têtes s'ouvrent à la maturité, 2° le *pavot blanc à fleurs blanches, à têtes fermées*; 3° le *pavot aveugle à têtes fermées*.

D. Quelle est l'espèce cultivée généralement?

R. On cultive de préférence le pavot noir ; il porte aussi les noms d'*œillette*, d'*olivette*. Cette plante n'est plus guère cultivée que dans le nord ; elle pourrait l'être partout, car elle résiste très-bien aux rigueurs de l'hiver.

D. Comment cultive-t-on le pavot?

R. On sème le pavot après l'hiver, dans les conditions d'assolement particulières aux plantes sarclées, sur une terre riche, bien divisée, et fumée avec des fumiers pourris, des tourteaux ou des cendres, à raison de 2 kilog. à 2 kilog. et demi par hectare. Quand la plante a poussé trois ou quatre feuilles, on l'éclaircit et on la sarcle plusieurs fois.

D. A quelle époque et comment récolte-t-on le pavot?

R. Le pavot mûrit généralement en septembre. Les capsules ne mûrissent pas toutes à la fois; au fur et à mesure qu'elles prennent une couleur gris jaunâtre, on les secoue dans des sacs, on arrache les tiges et on les met en bottes. On coupe aussi les capsules avant maturité, on les emporte à la ferme, où elles achèvent de mûrir. Le pavot fermé offre moins de difficultés.

D. Quel est le rendement du pavot?

R. Le pavot rend de 15 à 20 hectolitres de graines à l'hectare, et est recherché pour son huile à manger.

CHAPITRE XII.

Houblon.

D. Quel est le climat qui convient au houblon?

R. On dit que le houblon est la vigne des pays froids; on donne par là la mesure du climat qui lui convient; cependant, il exige principalement un climat humide et doux plutôt que froid. Il craint les brouillards et les contrées basses et peu aérées.

D. Demande-t-il une exposition particulière?

R. Le houblon veut absolument de l'air et du soleil,

donc il préfère les pentes douces au revers méridional des collines ; il ne lui faut pas de pentes rapides d'où la terre est enlevée par les pluies. Il se plaît aussi dans les larges vallées aérées, abritées des vents et bien exposées au soleil. Il est sensible aux transitions brusques de température.

D. Quels sont les sols qui conviennent au houblon?

R. Le houblon demande un terrain chaud, ni trop humide, ni trop sec, profond, riche et ameubli ; les terrains argilo-sableux, même calcaires, lui conviennent ; mais il végète mal dans les terrains tourbeux et marécageux.

D. Quels sont les engrais et les façons à donner aux terres destinées à recevoir le houblon ?

R. La terre, pour le houblon, doit être défoncée profondément; 70, 90 cent. ne sont pas trop, en diverses reprises ; il faut avoir soin d'enlever les pierres, les mauvaises herbes. Le houblon demande beaucoup d'engrais, réparti sur toute la surface du champ : le fumier de ferme, les composts, la gadoue, lui conviennent beaucoup. On peut aussi placer le fumier dans les trous, à proximité des plants.

D. Combien y a-t-il de variétés de houblon ?

R. Le houblon sauvage ne fournit qu'une seule variété ; la culture en produit plusieurs, mais on n'en distingue que deux : la variété précoce et la variété tardive; cette dernière est la plus cultivée. Cette plante se reproduit par boutures.

D. Comment choisit-on les boutures?

R. On peut, comme plants, se servir des jets radicaux que poussent annuellement les racines, ainsi que des rejetons que ces dernières poussent également. On les enlève de la racine mère, au printemps, au moyen d'un couteau, et on fait en sorte de les replanter de suite. Il faut que les pieds qui fournissent les plants aient de deux ans au moins à six ans au plus.

D. Les jets pour boutures devront-ils être vieux ?

R. Non, il faut que les jets soient de l'année, ce que l'on reconnaît à leur couleur claire, plus ou moins blanchâtre ; les vieux sont brunâtres ou bruns ; ils doivent être tout à fait sains, longs de 12 à 18 cent., gros comme le doigt et pourvus de plusieurs nœuds ; s'ils sont un peu chevelus, ils reprennent plus vite.

D. Est-ce que les rejets d'une année n'atteignent que cette longueur de 12 à 18 centimètres ?

R. Les rejets peuvent, dans une seule année, atteindre une longueur de 70 cent. à 1 mètre, quelquefois plus. Lorsque l'on veut les employer comme replants, on les coupe à la longueur de 15 à 18 cent., et on rejette la partie qui a poussé près de la souche.

D. A laquelle des variétés précoce ou tardive faut-il donner la préférence ?

R. Le houblon précoce devra être préféré là où le climat sera nébuleux et peu chaud ; dans de bonnes conditions, on devra préférer le houblon tardif. Du reste, on fait sagement de mélanger les deux variétés, que l'on récolte alors l'une après l'autre, ce qui demande moins de bras à la fois et moins de place pour le séchage.

D. Comment plante-t-on le houblon ?

R. En avril, dans le nord, on plante au cordeau, en lignes ou en quinconce, de manière à ce qu'ils soient à 1 mètre 75 cent. à peu près l'un de l'autre en commençant à 87 cent. du bord du champ, des piquets pour fixer l'emplacement des touffes : il faut avoir soin d'ouvrir les ruelles dans la direction du midi.

D. Que fait-on lorsque les piquets sont plantés ?

R. A la place de chaque piquet on creuse des trous de 40 à 60 cent. de profondeur, suivant la nature du sol ; on donne à ces trous 25 à 30 cent. de diamètre et on y met, suivant que la terre est plus ou moins fumée. quelques poignées de fumier bien pourri ou d'excellents composts.

D. A quoi ces fosses sont-elles destinées ?

R. Ce sont ces fosses qui doivent recevoir les plants ; un seul plant pourrait suffire, mais il est préférable d'y en mettre trois ou quatre afin de pouvoir remplacer ceux qui périraient.

D. Comment les plants doivent-ils être placés dans les fosses ?

R. Il faut placer les plants de manière à ce que leurs yeux soient tournés vers le haut. Se rapprochant par le haut, ils doivent, en terre, s'éloigner l'un de l'autre pour que les racines puissent mieux s'étendre et que les pousses se réunissent autant que possible.

D. Quels sont les soins à donner aux jeunes plants ?

R. S'il arrive qu'un plant ne pousse pas, on ouvre la fosse pour en connaître la cause. Si le pied est mort, on le remplace ; s'il fait sec, il faut arroser soit avec de l'eau simple si la terre a été bien fumée, soit avec du purin coupé d'eau si la terre est maigre, et on jette une pelletée de terre sèche sur la partie arrosée.

D. Combien y a-t-il de pieds dans un hectare ?

R. On compte, par hectare, à la distance de $1^m 74$ centimètres, environ 3,300 pieds ; 3,935 à $1^m 60$ cent., et 4,760 à $1^m 85$ cent. Multipliant ces chiffres par le nombre de pieds que l'on met par fosses, on aura la quantité de plants nécessaire à un hectare.

D. Le houblon étant une plante grimpante, comment en soutient-on les tiges?

R. On soutient les tiges du houblon au moyen de perches, qui doivent être assez fortes pour pouvoir supporter tout le poids de la plante. Plus les perches sont longues, plus le produit est abondant; les meilleurs cônes sont au sommet.

D. Comment doit-on choisir les perches?

R. Il faut les prendre, autant que possible, en mélèze ou en sapin rouge, de 10 à 12 mètres de hauteur, d'une épaisseur de 70 à 80 millimètres à leur base, droites et élancées. Il est bon d'en égaliser les saillies, de les écorcer et d'en carboniser le pied qui doit être enterré.

D. A quelle époque place-t-on les perches?

R. On peut placer les perches aussitôt après la plantation, ou lorsque les pousses commencent à se montrer, par un temps sec, en ayant soin de faire les trous d'avance. Mieux vaut aussi placer immédiatement les grandes perches, que d'en placer d'abord de petites pour les remplacer ensuite.

D. Quels soins faut-il donner à la plantation des perches?

R. Il faut placer les perches à 30 cent. du plant, du côté d'où viennent le plus ordinairement les vents; les trous auront de 40 à 50 cent. de profondeur. Il importe de piquer les perches de manière à ce qu'elles soient bien droites et de les bien tasser au pied.

D. Combien faut-il de perches par pied?

R. Il ne faut qu'une seule perche par pied, les autres méthodes sont défectueuses. Il n'a pas été possible de remplacer avantageusement les perches; on a essayé, sans résultat satisfaisant, des ficelles, du fil de fer, etc. Ce moyen est cependant employé en Alsace.

D. Que fait-on lorsque les perches sont placées?

R. Aussitôt que les pousses sont assez longues pour atteindre les perches, c'est-à-dire quand elles ont 45 c. environ, on les attache pour faciliter leur développement. On se sert, pour cela, de paille humide de jonc, de saule, etc., et on profite d'un temps chaud, jamais pendant et aussitôt après une pluie. On lie, sans trop serrer, au-dessous des nœuds de la tige que l'on dirige en spirales de gauche à droite, en suivant le cours du soleil.

D. Lorsque la tige est liée, quels soins demande-t-elle encore?

R. Si on enlève, au fur et à mesure qu'elles poussent, les branches et les feuilles inférieures, la tige devient plus productive et plus vigoureuse. Il faut donc rogner ses branches, et, pour cela, ne pas attendre qu'elles soient longues; on les pince avec les ongles à environ 5 millimètres de la tige, en s'élevant aussi haut que possible.

D. Cette opération doit-elle se continuer?

R. La rognure des *pampres* doit continuer jusqu'à la maturité des fruits, celle des feuilles ne doit se faire que lorsqu'elles commencent à se faner. Les uns et les autres peuvent être employés comme fourrages, ou mis en tas avec des composts.

D. Quelles sont les façons à donner à la terre plantée de houblon?

R. Dès que les pousses ont atteint 15 à 20 centimètres, en avril ou mai, on donne avec la houe ou la binette un premier labour, on enlève les mauvaises herbes, et on ramasse la terre autour des pieds. Sur la fin de juin, on donne un deuxième labour; puis, un peu plus tard, on butte chaque pied, en le recouvrant d'environ 60 centimètres de terre. Il faut, dans toutes les façons, avoir soin que les souches et les sarments ne reçoivent ni coups ni blessures.

D. A quelle époque récolte-t-on le houblon?

R. L'époque de la maturité du houblon dépend de la température, du sol, et des soins qu'il a reçus: ordinairement, le houblon précoce mûrit vers le 15 août, et le houblon tardif au commencement de septembre.

D. A quoi reconnait-on que le houblon est mûr?

R. Vers l'époque de la maturité, les sarments, les feuilles prennent une teinte jaunâtre ou vert clair; les cônes sont fermés, de couleur jaune, ils sont gras au toucher, et exhalent une odeur aromatique assez forte et agréable.

D. Comment se fait la récolte du houblon?

R. La récolte du houblon doit se faire au milieu du jour, par un beau temps, avec promptitude, en coupant les sarments à 2 mètres environ du sol; puis, avec précaution, on enlève les perches. On coupe ensuite les sarments par bouts de 50 à 60 centimètres et on les lie en bottes.

D. Lorsque les sarments sont coupés, que reste-t-il à faire?

R. Il faut alors procéder à la cueillette des cônes, ce que l'on fait en ayant soin de ne pas les presser entre les doigts, mais en les *pinçant* avec les ongles, et en leur laissant une queue de 8 à 10 millimètres. Il ne faut pas non plus les entasser dans les paniers, mais les porter promptement au séchoir. Ce travail se fait très-vite par des femmes et des enfants; les cônes seront bien épluchés, sans débris de feuilles, de tiges, etc., et disposés ensuite pour être séchées.

D. Le séchage du houblon est-il bien important?

R. Bien sécher sa récolte est d'une importance capitale, car dans cette opération reposent toutes les chances des bénéfices à réaliser, quels que soient, du reste, les soins antérieurs qui aient été donnés à la plante. Il faut sécher le houblon à l'ombre et non au soleil.

D. Comment opère-t-on ce séchage?

R. Il y a divers moyens pour opérer le séchage : en Angleterre, on se sert de tourailles chauffées légèrement, les cônes y sont étendus sur une épaisseur de 15 centimètres environ, et remués de temps en temps. Après 6 ou 8 heures, quand les queues deviennent cassantes, on les retire des tourailles, on les met en tas sur un plancher pendant quelques jours pour qu'ils reprennent un peu d'humidité, et on ensache.

D. Cette méthode est-elle bonne?

R. Ce mode de séchage ne doit pas être conseillé; ou le houblon traité ainsi est torréfié, ou il n'est pas complétement sec. Le moyen employé en Bohême est préférable pour la qualité qu'il communique au houblon.

D. Quel est ce moyen?

R. On étend le houblon dans des greniers munis de soupiraux, en couches minces de l'épaisseur au plus de deux cônes, on le remue tous les jours ; lorsqu'il est sec. on l'entasse d'abord à 30 cent. d'épaisseur, puis à 60 cent., et, enfin. en tas plus épais qu'on recouvre de baches. Il faut le remuer souvent et veiller à ce qu'il ne s'échauffe pas. Cette méthode vaut mieux que la précédente, mais il en est une troisième plus généralement employée.

D. Quelle est-elle?

R. On fait sécher les cônes sur des filets en forme

de tamis placés, comme les rayons d'une bibliothèque, sur des supports en lattes. On place les châssis à 40 cent. environ l'un de l'autre, on remplit ces rayons de cônes placés à deux d'épaisseur. Au fur et à mesure du séchage, on augmente l'épaisseur des couches jusqu'à complète dessication.

D. Quelle est la meilleure méthode de séchage?

R. La meilleure méthode est celle qui s'opère par la seule action de l'air en greniers bien aérés, et sur châssis. Il importe d'organiser ses séchoirs de façon à les pouvoir chauffer au besoin, en les munissant de soupiraux et de ventilateurs. Il ne faut pas que le séchage s'opère trop rapidement.

D. Comment se fait l'ensachement du houblon?

R. Il faut, pour ensacher, que les cônes soient secs, mais non cassants; on se sert de toile de chanvre grossière, et on fait les sacs de 50 kilog.; il faut, pour cela, 3 mètres 60 de toile, d'une largeur de 60 cent.; on garnit la bouche du sac d'un cerceau, on le suspend, on lie les bouts inférieurs, et on le remplit de houblon, que l'on tasse avec les pieds. On place les ballots ainsi faits dans un lieu sec et aéré.

D. Que fait-on des perches après la récolte?

R. Il faut, lorsque la récolte est faite, serrer les perches; le mieux est, si l'on dispose d'un bâtiment convenable, de les y mettre à l'abri; ou bien, on les dispose en pyramides sur la houlonnière même.

D. Quelles sont les autres façons à donner aux houblonnières?

R. Il est bon d'ameublir le sol avant l'hiver; puis, en avril suivant, on découvre le plant et on taille, au ras de terre, les pousses nouvelles que l'on recouvre de terre légère; on fait de même quand les pieds sont bien enracinés; s'ils sont chétifs, on les taille à **3** ou **4** centimètres: on fume ensuite si l'on n'a pas fumé en automne ou pendant l'hiver, ce qui est préférable.

D. Que fait-on encore?

R. Dès que les tiges principales ont atteint un certain développement, on fait disparaître les nouvelles pousses; on dépose sur chaque touffe deux ou trois pelletées de fumier bien pourri, que l'on recouvre de buttes de 30 cent. environ. En juillet, on bêche l'intervalle des buttes, on refait celles qui se sont affaissées. et on les arrose de courte graisse ou d'autres engrais liquides.

D. Quelle est la durée d'une houblonnière?

R. La durée d'une houblonnière dépend de la nature du sol, de sa profondeur, de la manière dont elle a été plantée et soignée; on en a vu durer et produire même au delà de 25 ans.

D. La culture du houblon est-elle d'un bon produit?

R. La culture du houblon est très-productive; elle nécessite d'assez grands frais d'établissement; néanmoins, lorsqu'on dispose de terres favorables, on se trouvera bien de s'y livrer.

D. Quel est l'usage du houblon?

R. Les cônes du houblon sont employés à la fabrication de la bière, dont la consommation a pris, depuis quelques années, un si grand développement.

SUITE DU CHAPITRE PRÉCÉDENT.

Tabac.

D. Qu'est-ce que le *tabac?*

R. Le *tabac* est une plante originaire d'Amérique, introduite en France par Jean Nicot, ambassadeur de France en Portugal, qui l'apporta à Paris, à Catherine de Médicis. Cette herbe fut nommée *herbe à la Reine*, *herbe du grand Prieur*; enfin, elle fut appelée *tabac*, de Tabago, ville des Antilles.

D. Cette plante ne fut-elle pas considérée comme très-utile?

R. On attribua d'abord au tabac toutes espèces de vertus médicales; elle devait guérir tous les maux. On commença par en aspirer la fumée, puis on eut l'idée de s'en mettre dans le nez, et d'en recevoir la fumée dans la bouche. Toutes les propriétés qui l'avaient fait admettre furent reconnues fausses; on en fit un objet d'agrément du même ordre à peu près que l'opium pour certains pays.

D. L'usage de cette plante est-il utile?

R. Non, les plus grands amateurs du tabac, eux-mêmes, reconnaissent que l'usage de cette plante exerce sur la santé une action dangereuse, et cependant elle est à présent d'un emploi si commun que sa culture est devenue, dans certains pays, une des grandes ressources de l'agriculture.

D. Quelles sont les conditions de climat, de sol, de culture et d'engrais qui conviennent au tabac?

R. Le tabac végète presque partout, il préfère cependant les climats tempérés; il veut un sol profond, ameubli et riche en humus, et, comme toutes les plantes sarclées, une culture soignée; il aime les engrais énergiques.

D. Comment sème-t-on le tabac?

R. On sème le tabac sur couches, en pépinières, en mars ou avril; en juin, par un temps brumeux, on repique, en espaçant les pieds à 50 cent. l'un de l'autre. Du reste, en France, la régie fixe le nombre de plantes à cultiver par hectare.

D. Quels sont les soins à donner au tabac pendant sa végétation ?

R. On butte les plants de tabac lorsqu'ils ont atteint un certain développement; puis, on supprime les sommités pour refouler la sève dans les feuilles, dont on ne laisse que le nombre fixé par la régie. On ébourgeonne jusqu'à ce que le plus fort de la sève soit passé. On bine la terre , comme pour les autres plantes.

D. A quelle époque récolte-t-on le tabac ?

R. On récolte le tabac fin août ou septembre ; on reconnaît sa maturité à l'odeur des plantes qui devient plus pénétrante , aux feuilles qui durcissent, se rident et abaissent leurs extrémités vers la terre ; à la tige qui, coupée, présente à l'endroit de la coupure un anneau rougeâtre.

D. Comment récolte-t-on le tabac?

R. On coupe le tabac avant midi , on le laisse sur la terre sèche , un peu au soleil , puis on le fait sécher sous des hangars, ou dans des séchoirs disposés à cet effet.

D. Comment s'opère le séchage ?

R. Le séchage du tabac s'opère de diverses manières : ici on détache les feuilles , on les lie avec des ficelles, qui peuvent en porter chacune environ 50 ; là, on laisse les feuilles sur la tige , et on les fait sécher suspendues à l'air, et séparées entre elles.

D. Que fait-on ensuite ?

R. Lorsque les feuilles sont assez sèches, on les met en paquets pour les ramollir ; on couvre ces paquets d'un linge, et on les soumet à une forte pression. C'est alors qu'on livre le tabac à la régie, qui le manufacture pour le livrer à la consommation.

D. Quel est le rendement du tabac ?

R. Suivant les pays, le rendement du tabac varie de 600 à 1,200 kilog. à l'hectare, et donne, quand il est convenablement soigné, de beaux bénéfices aux cultivateurs.

D. Ne cultive-t-on pas en France d'autres plantes industrielles ?

R. On cultive en France, pour l'industrie, plusieurs autres plantes : la *garance*, la *gaude*, le *safran*, le *pastel*, etc.; mais ces cultures, bornées à quelques localités, ne font qu'indirectement partie de l'agriculture, elles sont plutôt du ressort de l'horticulture.

HUITIÈME PARTIE.

ANIMAUX DOMESTIQUES.

CHAPITRE PREMIER.

D. Qu'appelez-vous *animaux domestiques ?*

R. On appelle ainsi tous ceux que l'homme a rencontrés à l'état libre ou sauvage et qu'il est parvenu à dompter pour les faire servir à ses besoins et à ses plaisirs. La domestication doit, pour être complète. porter sur toute une race, et non sur un individu isolé.

D. Quels sont ceux de ces animaux qui sont communs en France ?

R. Le *cheval*, l'*âne*, le *bœuf*, la *vache*, le *mouton*, le *porc*, le *lapin*, le *chien* et le *chat.*

D. N'y a-t-il pas des oiseaux et des insectes qui sont aussi dans le même cas?

R. Il y a, parmi les oiseaux : la *poule*, le *dindon*, la *pintade*, le *faisan*, l'*oie*, le *canard* et le *pigeon* ; parmi les insectes : le *ver à soie*, l'*abeille.*

D. L'éducation domestique est-elle bien nécessaire au cultivateur?

R. L'éducation ou l'entretien des animaux domestiques est très-utile au cultivateur, car les animaux augmentent ses ressources de diverses manières.

D. En quoi les animaux sont-ils utiles au cultivateur?

R. Ils travaillent, donnent des produits et fournissent des engrais. Quelquefois, ils font ces trois choses
à la fois.

D. Quel est le nom générique sous lequel on comprend les animaux domestiques?

R. Les animaux domestiques sont désignés sous le
nom de *bétail*.

D. Comment désigne-t-on encore le bétail?

R. On divise encore le bétail en animaux de *travail*, et en animaux de *rente*.

D. Qu'appelez-vous *animaux de rente*?

R. On appelle *animaux de rente*, ceux qui, par les
produits qu'ils donnent : *viande, laine, lait, fumier,*
paient plus que les frais qu'ils ont coûtés. Presque tous
les animaux domestiques peuvent être animaux de rente.

D. Quelle est la fonction principale du bétail en
agriculture?

R. Le bétail est surtout indispensable au cultivateur
comme producteur de fumier. Or, on sait que là où
le fumier ne manque pas, les récoltes abondent.

D. Quelle est la quantité et la nature des bestiaux
à employer sur une exploitation?

R. La quantité et la nature des bestiaux à employer
dépendent de l'importance de l'exploitation, des travaux que l'on a à exécuter, de la quantité de nourriture dont on dispose, des débouchés, des climats, de
la proximité ou de l'éloignement des marchés. Du
reste, le cultivateur saura mieux que personne ce
qu'il lui est utile de faire.

D. Qu'entend-on, lorsque l'on parle d'animaux, par
le mot *espèce*?

R. On entend par *espèce* la collection de tous les animaux qui se ressemblent et qui peuvent se reproduire.

D. Quelles sont les espèces employées en agrculture ?

R. On emploie en agriculture quatre espèces principales, que l'on appelle : celle des chevaux, espèce *chevaline ;* celle des bœufs, espèce *bovine ;* celle des moutons, espèce *ovine ;* celle des porcs, espèce *porcine.*

D. Qu'entend-on par *races* ?

R. On entend par *races* une collection d'animaux qui tiennent de l'espèce par les caractères principaux, et qui s'en écartent par des modifications particulières; ainsi la race *normande*, *percheronе* pour les chevaux ; la race *charolaise*, *suisse* pour les bœufs, etc.

D. A quoi tiennent les différences que l'on remarque dans les races d'animaux domestiques?

R. Les différences entre les races tiennent au sol, au climat, à la nourriture, aux soins que les animaux ont reçus et aux travaux auxquels on les a assujettis.

Amélioration des animaux.

D. Qu'entendez-vous par *amélioration* des animaux ?

R. On appelle *amélioration* des animaux les modifications apportées à leur conformation ou à leurs aptitudes pour les rendre plus capables de répondre aux besoins qu'ils ont à satisfaire.

D. Quelle distinction faut-il faire entre les améliorations ?

R. Il faut les considérer suivant qu'elles ont lieu sur une race ou sur un individu isolé.

15.

D. Qu'y a-t-il à considérer dans les améliorations d'une race ?

R. Les améliorations ne sont réelles dans une race qu'autant que les modifications obtenues sont assez *fixées* pour qu'elles puissent sûrement se transmettre par la génération ; c'est pour cela que les éleveurs doivent rechercher la pureté de race, l'*origine*, plutôt que le mérite particulier de l'individu.

D. Qu'y a-t-il à considérer dans l'amélioration à obtenir d'un individu isolé ?

R. L'important, lorsque l'on veut améliorer un individu isolé, est de le choisir parmi ceux dont la conformation et les aptitudes peuvent offrir le meilleur parti industriel et commercial. Il n'est pas besoin de s'attacher à la constance des améliorations, puisqu'ils ne doivent point être reproducteurs.

D. Quelles sont les conditions essentielles à toute amélioration ?

R. La première et la plus indispensable des conditions auxquelles il faut s'attacher pour améliorer, c'est une nourriture appropriée au but que l'on veut atteindre, puis un exercice raisonné ayant pour but de développer ou d'accroître l'aptitude ou l'organe dont on veut tirer parti.

D. Est-ce que l'on ne peut pas améliorer encore d'une autre façon ?

R. On améliore aussi par l'hérédité des formes et des aptitudes transmises par voie de génération, au moyen de l'accouplement des individus qui les présentent au plus haut degré.

D. Comment s'opère l'amélioration par hérédité ?

R. L'amélioration par hérédité s'opère par *sélection* ou par *croisement*.

D. Qu'entendez-vous par *sélection?*

R. Ce mot, qui signifie grammaticalement *choix*, *triage*, signifie ici un système d'amélioration ayant pour but d'augmenter et de fixer dans une race certaines qualités ou aptitudes, par l'accouplement de sujets qui possèdent ces qualités et ces aptitudes.

D. Cette opération est-elle difficile ?

R. Cette opération est difficile ; ses résultats se font attendre, car les améliorations produites ne se transmettent pas toujours exactement par la génération. Il faut, pour obtenir ce résultat, la *constance* de la race, qui n'est possible que par *sélection*.

D. Que doit-on rechercher dans la *sélection ?*

R. La *sélection* ayant pour but la conservation des races pures, il importe de choisir deux producteurs d'après le même type, lequel doit être celui de la race dans son état le plus parfait.

D. Le choix de la femelle est-il aussi important que celui du mâle pour la conservation des races?

R. On a cru longtemps le contraire ; on s'attachait au choix du père sans trop se préoccuper de la mère : c'était une erreur. Les qualités des femelles sont aussi indispensables que celles des mâles pour donner de bons produits.

D. Qu'entendez-vous par *croisement?*

R. On appelle *croisement* l'accouplement d'animaux de la même espèce, mais de races différentes. Quelquefois on accouple aussi des animaux d'espèces différentes.

D. Quel est le but du croisement ?

R. Par le croisement, on cherche à obtenir des produits possédant les qualités des pères et des mères sans en avoir les défauts. Ce résultat ne s'obtient qu'après plusieurs générations successives.

D. Qu'appelle-t-on *pure race, pur sang* ?

R. On appelle *pur sang, pure race*, l'individu de race étrangère employé pour améliorer, pour croiser les animaux du pays ; on appelle *race commune* celle que l'on veut améliorer.

D. Comment sont nommés les descendants de deux races croisées ?

R. Les descendants de deux races croisées sont nommés *premier métis, demi-sang*, s'ils proviennent d'un premier croisement ; on appelle *trois quarts de sang, deuxième métis*, le descendant d'un premier métis et d'un pur sang, et ainsi de suite.

D. Le croisement a-t-il produit de bons résultats ?

R. Le croisement a produit souvent de bons résultats ; souvent aussi il a produit des mécomptes, parce que l'on ne s'est pas préoccupé assez des conditions essentielles à la réussite de cette opération, qui demande beaucoup d'intelligence et beaucoup de prudence.

D. Quelles sont ces conditions ?

R. Ces conditions sont de diverses natures, et exigent une étude particulière. On peut dire cependant qu'outre l'étude des formes, des aptitudes des animaux, il faut être bien fixé sur les ressources dont on dispose, s'assurer si la nourriture, le sol, le climat, etc., conviennent à la race que l'on veut créer ou importer.

CHAPITRE II.

Espèce chevaline.

D. D'où pense-t-on que le *cheval* tire son origine ?

R. On croit généralement que le *cheval* est originaire des contrées qui s'étendent depuis le Volga jusqu'à la mer de Tartarie, au nord de la Chine ; on en rencontre de nombreuses bandes parcourant en liberté les plateaux asiatiques.

D. La domestication de ce précieux animal est-elle bien ancienne ?

R. Dès les temps les plus reculés on a fait usage du cheval ; il paraît certain qu'il fut employé attelé avant de l'être comme monture. Les Scythes furent les premiers, dit-on, qui soumirent le cheval à la selle.

D. Les races de chevaux sont-elles bien nombreuses ?

R. Les races de chevaux sont très-nombreuses, mais toutes ces races se confondent dans deux types distincts ; l'un est celui des chevaux de *trait*, l'autre celui des chevaux de *course*.

D. Décrivez-nous chacun de ces deux types, quels sont les caractères du cheval de *trait* ou *massif* ?

R. Le cheval de *trait* est de taille élevée : sa tête, son encolure sont grosses et courtes ; sa crinière est touffue, tombant à droite ou à gauche ; les crins sont gros, épais ; tout le corps est large et court ; ses muscles et ses os sont peu saillants ; sa peau est épaisse, couverte de poils abondants ; le garot est bas, la poitrine énorme ; la croupe est large, avalée ; l'épaule droite ; les extrémités sont courtes, les pieds gros et évasés (1).

---

(1) Les principales robes des chevaux sont les suivantes : 1° La blanche, qui peut être argentée ou d'un blanc simple. 2° La noire, qui se divise en noir simple, noir de jais et noir de suie. 3° La robe bai, qui est rougeâtre avec les extrémités noires, ainsi que les crins. Cette robe présente une foule de variétés, qui sont le bai cerise, le bai clair, le bai doré, le bai châtain, le bai marron, le bai brun ; ce dernier ressemble à un noir qui serait mal teint, mais on l'en distingue parce qu'il est

D. Dites-nous les caractères du cheval de *course* ?

R. Le cheval de *course*, dont l'arabe est le type, est de taille moyenne ; sa peau est fine, ses poils sont courts et serrés, ses crins soyeux ; il a peu de fanons, ses muscles sont bien dessinés, les articulations sont larges et les veines apparentes. Le crâne est ample, le chanfrein, l'encolure sont droits, les yeux grands, le garot élevé, la croupe saillante, le ventre peu développé, la poitrine haute, étroite, les épaules sèches et obliques, les jambes fines, le sabot petit et dur, la queue attachée haut.

D. Quelles sont les races qui fournissent ordinairement le cheval de trait ?

R. 1° Le *boulonnais*, sa tête est excessive et ses yeux petits ; 2° le *poitevin*, qui a des formes plus lourdes et une moins forte encolure ; 3° le *flamand*, de taille colossale avec une croupe et une poitrine énormes ; 4° le *hollandais*, qui tient du boulonnais et du flamand, avec de plus gros pieds ; 5° le *suisse*, moins gros que le précédent, a le dos ensellé, le garot bas, le ventre gros et les membres grêles ; 6° le *comtois*, qui

taché de feu aux flancs, à la tête et aux faces. 4° La robe alezane ou alzane. Dans cette espèce la couleur est roussâtre sur toute la surface du corps ; elle peut être claire, dorée, cerise, châtaigne, ou brûlée. 5° La robe café au lait, qui peut être claire ou foncée. 6° La robe Isabelle, qui ne se distingue de la précédente que par une raie noire sur le dos avec les crins et les extrémités de même couleur. L'une et l'autre de ces différences suffisent pour caractériser la robe Isabelle.

Telles sont les couleurs qu'affectent les poils des chevaux lorsqu'elles sont uniformes ; mais il arrive souvent qu'elles sont mélangées, et l'on a alors une nouvelle série de robes tellement nombreuses en ses variétés, que nous croyons inutile de les rapporter ici.

se rapproche du suisse, est moins gros, et a l'encolure plus forte.

D. Quelles sont les races qui fournissent ordinairement le cheval de course?

R. 1° L'*arabe*, le meilleur cheval du monde, il a l'encolure du cerf, la tête carrée et horizontale, le crâne volumineux ; 2° le *persan*, qui ressemble à l'arabe avec une tête plus fine ; 3° le *barbe*, dont la tête est petite, les épaules plates et sèches ; 4° le *limousin*, le plus élégant de tous les chevaux, très-ardent, très-bon à monter.

D. N'est-il pas encore d'autres races fines ?

R. Il existe beaucoup d'autres races fines : l'*espagnol*, le *turc*, le *tartare*, l'*anglais*, qui tous proviennent de l'arabe.

D. N'y a-t-il pas des races qui sont, à la fois, et chevaux de trait et chevaux de course ?

R. Il y a dans presque tous les pays des races intermédiaires appelées *bêtes à deux fins*, que l'on peut atteler et monter ; la *Normandie*, le *Mecklembourg* et la *Bretagne* se font remarquer dans cette production.

D. Que faut-il faire pour obtenir du cheval la plus grande somme de travail possible ?

R. Pour qu'un cheval conserve ses forces et travaille bien, trois choses sont nécessaires : qu'il soit bien nourri, bien pansé et qu'il goûte opportunément le repos qui lui est nécessaire.

D. Quelle est la nourriture qui convient au cheval?

R. Le *foin*, la *paille*, les *fourrages*, l'*avoine*, forment la base de la nourriture du cheval.

D. Le foin est-il une bonne nourriture ?

R. Le foin est un aliment de première qualité ; il

doit avoir une bonne odeur, n'être ni trop gros, ni trop fin, ni trop jeune, ni trop vieux, bien récolté dans des prés non marécageux. Il doit être de première coupe, la deuxième ou regain est réservée pour les bêtes à cornes.

D. Est-ce que le foin n'a pas d'inconvénients ?

R. Lorsque le foin est donné en trop grande quantité, il peut quelquefois rendre les chevaux poussifs, lourds et paresseux ; il faut y ajouter de la paille bien tendre et hachée.

D. Comment doivent se donner les fourrages ?

R. Les fourrages artificiels, *luzerne, trèfle, sainfoin,* sont donnés aux chevaux, verts ou secs : dans le premier cas, il ne faut en donner qu'une petite quantité mélangée avec de la paille, dans la crainte d'indigestions dangereuses ; lorsqu'ils sont secs, ils sont très-nourrissants et moins dangereux. En été, le trèfle et la luzerne secs ne valent rien ; on en donne peu, que l'on corrige par un barbotage à midi.

D. Quel est l'effet de l'avoine ?

R. L'avoine n'est pas seulement pour le cheval un aliment excellent, c'est encore un énergique stimulant qui excite sa vigueur et relève ses forces.

D. Ne donne-t-on pas encore d'autres graines aux chevaux ?

R. Outre l'avoine, on donne encore, surtout dans le midi, de l'orge concassé, du maïs, du sarrazin, des féveroles, du son. On rétablit les chevaux fatigués en les mettant pendant quinze jours, trois semaines, dans des prairies pour manger de l'herbe verte.

D. Quel est, après la nourriture, ce qui est le plus nécessaire aux chevaux ?

R. Après une bonne nourriture, le pansage est indispensable à la santé des chevaux, qui, par malpropreté, sont exposés à diverses maladies de peau.

D. Quand et comment faut-il faire le pansage?

R. Tous les matins, il faut étriller le cheval par tout le corps, l'épousseter et le brosser ; peigner la crinière et la queue. On lave ensuite les yeux, les naseaux, la bouche avec une éponge. Les bains sont également très-utiles; il faut les éviter quand l'animal est en sueur.

D. Cette partie de l'entretien du cheval est-elle nécessaire ?

R. Le pansage est très-nécessaire, le cheval bien pansé est plus vigoureux, plus fort, mieux portant que celui qui est négligé. Le cultivateur n'aura qu'à se louer de ne pas l'oublier.

D. Quel est le repos qu'il faut donner à un cheval ?

R. Un cheval ne doit pas être surforcé de travail, sa santé serait vite altérée. Un travail de huit à neuf heures par jour suffit.

D. N'est-il pas encore d'autres conditions de bien-être, desquelles il faut s'occuper pour le bon entretien du cheval ?

R. L'écurie doit être bien disposée et aérée ; le harnachement doit être bien conditionné, et doit s'adapter parfaitement à toutes les parties du corps du cheval. Il faut éviter de faire porter aux chevaux des fardeaux trop lourds.

D. Quelle est la force du cheval ?

R. Le cheval entier est plus fort que celui qui ne l'est pas, et celui-ci est plus fort que la jument. Un cheval de trait peut porter, s'il est bon, 150 kilog. et faire de 30 à 35 kilomètres par jour ; un cheval de selle peut porter le tiers de son poids et faire 40 à 45 kilomètres en sept heures, y compris le repos.

D. Quel poids peut traîner un cheval de trait ?

R. Un cheval peut traîner 1,500 à 1,800 kilog.; en général, on n'atteint pas cette charge, parce qu'il faut tenir compte des difficultés de la route.

D. Est-ce que plusieurs chevaux ne peuvent traîner ensemble le poids total qu'ils traîneraient en agissant isolément ?

R. Il y a, dans les attelages isolés, économie de forces et avantage pour les animaux ; il est prouvé que quatre chevaux attelés, chacun à une voiture, traînent plus facilement une charge plus forte que celle qu'ils pourraient traîner sur une seule voiture.

D. Le cheval vaut-il mieux que le bœuf pour cultiver et faire des charrois ?

R. La préférence à accorder à l'un ou à l'autre de ces animaux dépend de la nature de l'exploitation. Ici, on doit préférer le cheval, là, le bœuf est plus avantageux ; nous pensons que tous deux sont de très-utiles auxiliaires pour le cultivateur.

D. Dites-nous les avantages et les inconvénients du cheval ?

R. Le cheval va plus vite et convient aux travaux qui exigent de la célérité; mais il résiste moins longtemps que le bœuf. Quand on l'élève, on peut le faire commencer à travailler dès l'âge de deux ou trois ans, et il peut être utilisé en dehors des travaux des champs. Il est très-délicat ; hors de service, il est presque sans valeur (1).

(1) Ce dernier inconvénient disparaîtra, si *l'hippophagie* ou usage alimentaire de la viande de cheval se généralise. Au lieu de le mettre en terre, s'il lui survient un accident, ou de le faire travailler jusqu'à épuisement complet de ses forces, on l'engraissera et on le livrera à la consommation.

D. Dites-nous les avantages et les inconvénients du bœuf ?

R. Le bœuf, moins actif, moins vif que le cheval, convient aux travaux qui exigent de la force ; il est robuste, peu sujet aux maladies et dépense moins. Quand il ne peut plus travailler, on l'engraisse, et on en retire un bon prix.

D. Comment doit-on former les attelages ?

R. Lorsque l'on veut former des attelages de chevaux, il faut les choisir proportionnés en taille, force et vigueur, robustes, dociles et patients.

D. Quelles autres précautions faut-il prendre encore ?

R. On doit proportionner la force des attelages à la nature des travaux ; varier les heures de travail suivant les saisons ; faire les attelées de 4 à 5 heures, en les séparant par un temps assez long pour qu'ils puissent manger à leur aise.

SUITE DU CHAPITRE PRÉCÉDENT.

D. L'élevage du cheval est-il avantageux au cultivateur ?

R. L'élevage du cheval est utile au cultivateur, au moins pour se procurer ceux dont il a besoin ; il offre aussi à la vente quelques avantages, alors surtout que l'on dispose de prairies et de fourrages à bon marché.

D. Lorsque l'on veut faire des élèves, à quoi faut-il s'attacher ?

R. Il faut, avant tout, lorsque l'on veut faire des élèves, choisir de bons reproducteurs.

D. Quelles sont les qualités que doit posséder un *étalon*?

R. L'*étalon* doit-être de bonne race ; il doit avoir la poitrine, les articulations larges, les membres solides et de bons pieds. La peau devra être souple, peu épaisse. Il doit être exempt de vices et de tares, et âgé de 5 ans au moins pour les chevaux de trait et 6 ans pour les chevaux de course.

D. Quelles sont les qualités à rechercher dans une jument que l'on destine à la reproduction ?

R. La jument que l'on destine à la reproduction doit être bonne nourrice, avoir le flanc, la poitrine et la croupe larges, le ventre vaste, le garot élevé ; elle doit être forte, vigoureuse, douce et pas trop âgée.

D. Lorsque le cultivateur ne peut disposer d'une jument ainsi conformée, doit-il pour cela renoncer à produire des poulains?

R. Il est rare que le cultivateur puisse, chez lui, trouver une jument réunissant toutes ces conditions ; dans ce cas, il faut chercher à effacer ce qu'elle a de défectueux, en prenant un étalon qui possède les qualités opposées à ces défauts.

D. A quel moment doit avoir lieu l'accouplement ?

R. L'époque de l'accouplement est déterminée par les dispositions de la jument, ordinairement en février ou mars. Ce moment est le plus favorable, car alors le poulain naît avec la fin des grands froids, et peut se fortifier, pendant l'été, assez pour pouvoir supporter les rigueurs de l'hiver.

D. Que faut-il faire lorsque l'accouplement a eu lieu ?

R. Il faut, lorsque l'on a la certitude que la jument porte un poulain, diminuer graduellement son travail à mesure qu'on approche de l'époque de la mise bas, la mieux nourrir et la bien panser.

D. Quel est le temps ordinaire de la gestation ?

R. La jument met bas après un terme de 11 mois environ ; presque toujours, cette opération se fait par les seules forces de la nature.

D. Que faut-il faire après la mise bas ?

R. Lorsque tout est fini, on donne à la jument un peu d'eau blanchie et on la laisse se reposer seule à l'écurie ; on augmente ensuite la nourriture ordinaire, remplaçant l'avoine, qui est échauffante, par de l'orge concassé, à cause de la fièvre de lait, par une nourriture, enfin, propre à la sécrétion du lait. Il faut ne la faire travailler qu'après une douzaine de jours au moins de repos.

D. Quels sont les soins à donner aux poulains ?

R. Il faut, aprés sa naissance, tenir le poulain couché pendant une heure ou deux, veiller à ce qu'il tète suffisamment. Il faut commencer de bonne heure à le séparer de sa mère, éviter de le fatiguer, l'habituer à la douceur, le rendre familier, le tenir proprement en lieu sec, sur une bonne litière.

D. A quelle époque sèvre-t-on les poulains ?

R. C'est vers l'âge de 5 mois que l'on sèvre le plus ordinairement. Quand ils ont été bien nourris en pâturages et en grains, ils se sèvrent naturellement à l'âge de 6 ou 7 mois. S'ils ont été habitués à vivre séparés de leur mère, le sevrage est facile ; sinon, il faut les sevrer petit à petit, en augmentant proportionnellement leur nourriture, qui sera légèrement rafraîchissante et de facile digestion.

D. Quels sont les soins à donner aux poulains lors-qu'ils sont sevrés ?

R. Il faut, après le sevrage, donner aux poulains une bonne nourriture composée de foin de première qualité, de racines, de grains. S'ils sont mal nourris, ils se rapetissent et prennent un gros ventre. Il faut qu'ils passent leur premier hiver à l'écurie, il serait imprudent de les mettre alors aux pâturages.

D. Comment se continuent les soins nécessaires aux poulains ?

R. Dès l'âge de 6 mois, on les habitue à se laisser étriller, manier ; il faut de temps en temps leur lever les pieds, dont on frappe la paroi avec un corps dur pour les habituer à se laisser ferrer; on leur fait faire quelques petites promenades ; on les habitue, avec une couverture, un surfaix, à recevoir la selle, et il est bon, vers la même époque, de les familiariser avec le bruit produit par un convoi de chemin de fer en marche.

D. Quels soins demandent les poulains de un à deux ans ?

R. On les nourrit alors soit aux pâturages, soit à l'écurie, soit de ces deux manières à la fois. Leur éducation doit commencer à 18 mois à peu près; on les habitue peu à peu à la bride, on les fait trotter, changer de main afin qu'ils se laissent harnacher sans difficulté. Il faut les panser régulièrement, leur faire les crins, et de temps en temps leur parer les pieds.

D. Et ensuite, que faut-il faire ?

R. Jusqu'à deux ans, tous les poulains, qu'ils soient destinés à la selle ou à tirer, sont élevés à peu près de la même façon. Pendant leur troisième année, on commence à les traiter suivant leur destination.

D. Quels soins demandent les chevaux de selle ?

R. Le cheval que l'on destine à la selle sera bien nourri; on peut faire tirer un peu à la charrue ce cheval, qui ainsi prendra du corps, conviendra pour la grosse cavalerie, et coûtera moins à élever; quant au cheval fin qu'on ne peut atteler, son éducation, qui demande de plus grands soins, est toujours coûteuse.

D. Quels soins demandent les chevaux de trait?

R. S'ils ont été bien nourris, on peut les atteler à deux ans; s'il est bon de les faire travailler jeunes pour les fortifier, il faut se garder d'abuser de leurs forces. On les habituera au harnais, en leur mettant d'abord le collier nu, puis avec des traits; on les attelera ensuite avec des chevaux bien dressés, en les mettant devant, et en les conduisant par la bride; on évitera de les atteler à des fardeaux trop lourds.

D. Quelles sont les règles générales à observer dans l'éducation des chevaux?

R. L'éducation des chevaux doit être faite avec intelligence et douceur; les vices de ces animaux dépendent souvent de ceux qui les dressent. Les coups les rendent vicieux, leur font haïr le travail, le harnais et leur conducteur. Il faut de bonne heure se les attacher par des caresses, des friandises, ne pas les leur épargner quand ils ont bien travaillé; de même qu'il faut les punir, mais sans brutalité, lorsqu'ils ont fait une faute.

D. A quel âge le cheval a-t-il toute sa force?

R. A 4 ou 5 ans, il n'y a plus de règles à observer pour sa nourriture, il peut manger comme les chevaux plus âgés; il faut cependant le faire travailler médiocrement, car ce n'est qu'à 5 ou 6 ans qu'il atteint à peu près toute sa force.

D. A quel âge le cheval commence-t-il à *décliner*?

R. L'époque à laquelle le cheval commence à *décliner* n'est pas bien connue, et dépend des milieux dans lesquels il a vécu. On a vu des chevaux bons encore après l'âge de 20 ans.

Age.

D. Comment s'opère la *dentition* chez les chevaux ?

R. Le poulain n'a pas de dents incisives au moment de la naissance ; il met les dents *pinces* à l'âge de 8 à 15 jours ; *les mitoyennes*, à un mois et demi, et *les coins* à 8 mois environ. Ces dents rasent, les premières à un an, les secondes à 15 mois, et les coins à 18 mois.

D. Qu'entendez-vous par *pinces, mitoyennes et coins* ?

R. On appelle *pinces* les dents du milieu ; les deux qui les touchent de chaque côté se nomment *mitoyennes* ; les deux dernières sont les *coins*.

D. Comment se reconnaît l'*âge* du cheval ?

R. L'*âge* du cheval est principalement indiqué par les dents incisives de la mâchoire inférieure ; mais il faut, en même temps, considérer l'aspect de toutes ses parties.

D. Expliquez-nous les signes qui sont présentés par les dents ?

R. A deux ans et demi les pinces de lait tombent, et sont remplacées par celles d'adulte ;

A trois ans et demi, les mitoyennes ;

A quatre ans et demi, les coins cèdent également leur place aux dents de remplacement ;

A cinq ans et demi, les pinces de la mâchoire inférieure ont rasé, et le postérieur des coins est arrivé au niveau de l'antérieur.

D. Quels sont les signes après cinq ans et demi ?

R. A six ans et demi les mitoyennes ont rasé, et le bord interne des coins est sensiblement usé. A sept ans et demi, huit ans, les coins ont rasé. Les crochets qui, ordinairement n'existent que sur les mâles, commencent à paraître vers trois ans ; mais ces dents fournissent en général des signes de peu de valeur.

D. Peut-on reconnaître l'âge du cheval au-dessus de neuf ans ?

R. Les moyens indiqués pour reconnaître l'âge supérieur à neuf ans n'offrent rien de certain : les incisives de la mâchoire supérieure rasent vers 9 ans, les mitoyennes vers 10 ans, et les coins vers 11 ans.

D. Qu'entendez-vous par dents *rasées?*

R. Chaque dent incisive du cheval offre une cavité noire que l'on appelle *fève.* A mesure que le cheval avance en âge, le frottement use les dents ; cette cavité diminue peu à peu et finit par disparaître tout à fait ; on dit alors que les dents sont *rasées.* Cette particularité n'existe pas sur les dents du poulain.

D. Combien le cheval a-t-il de dents ?

R. Le cheval fait, c'est-à-dire à cinq ans, possède alors : 12 molaires, 2 crochets et 6 incisives à chaque mâchoire.

L'Ane.

D. L'*âne* est-il employé en agriculture ?

R. L'*âne* est employé dans la petite culture seulement ; il rend de très-grands services. La race commune est petite, mal conformée, mais remarquable par sa force et sa sobriété. Elle a le pied assuré, même dans les plus mauvais chemins.

D. Quelles sont les meilleures races ?

R. Malgré son utilité, la production de l'âne est négligée : le *Poitou,* la *Gascogne* et l'*Italie,* à peu près seuls, en fournissent de bonnes races.

D. Quelle est la plus belle de ces races ?

R. La plus belle de nos races est celle du Poitou, qui laisse peu à désirer ; on la soigne bien, car les services qu'elle rend en créant des mulets lui donne une grande valeur.

D. Quel est le rôle de l'*ânesse* ?

R. L'*ânesse* est plus recherchée que l'âne ; car, outre son travail, elle donne des bénéfices par la vente de ses nourrissons et de son lait, qui est très-rafraîchissant et très-efficace contre les irritations des organes digestifs et pulmonaires.

D. Qu'est-ce que le *mulet* ?

R. On appelle *mulet* le produit de l'âne avec la jument, ou du cheval avec l'ânesse ; dans ce dernier cas, il s'appelle *bardeau* ou *baudet.*

D. Quelles sont les qualités des mulets ?

R. Les mulets sont plus robustes, plus sobres et moins délicats que les chevaux ; ils supportent bien la soif, la faim et les intempéries, sont peu sujets aux maladies et vivent longtemps.

D. Quel est l'emploi des mulets ?

R. Les mulets peuvent être employés aux mêmes travaux que les chevaux ; ils sont très-utiles dans les montagnes et les pays qui manquent de chemins. Ils peuvent, sur le dos, transporter des fardeaux plus forts que le cheval.

D. Le bardeau est-il aussi avantageux que le mulet ?

R. Il ressemble plus à l'âne que le mulet ; il est souvent plus fort et peut-être plus sobre, mais il est beaucoup plus rare.

CHAPITRE III.

Espèce bovine.

D. Comment désigne-t-on le *bœuf?*

R. On donne le nom de *taureau* au mâle entier, de *vache* à la femelle, de *veau*, de *génisse*, de *taurillon*, aux jeunes; enfin, le mot *bœuf* est appliqué à l'animal que l'on a privé des attributs de son sexe, dès l'âge de 6 mois environ, pour le rendre plus doux et plus docile.

D. Le bœuf est-il bien utile en agriculture?

R. C'est l'animal par excellence du cultivateur; en lui tout est utile, la chair, le lait des femelles, les os, le cuir, la graisse, les engrais, et nous avons vu que, pour son travail, il est quelquefois autant, et même plus avantageux, que le cheval.

Taureaux.

D. Quels sont les soins à prendre pour élever un *taureau?*

R. Il faut un veau de la seconde portée, provenant d'une vache et d'un mâle bien conformés. On le laisse téter tout le lait de sa mère, on en ajoute même, on le sèvre à 3 mois, et on l'envoie au pâturage; on lui donne de l'orge, de l'avoine; à 2 ans au plus, il sera, dans ces conditions, un bon et beau taureau.

D. Un taureau exige-t-il beaucoup de soins?

R. Un taureau exige, de la part du cultivateur,

beaucoup de soins ; il doit être tenu très-propre et traité avec douceur ; s'il est mal mené, il deviendra méchant, souvent même dangereux.

D. Quelles sont les conditions que doit remplir un bon taureau ?

R. Un bon taureau doit avoir la tête courte, mince et légère, avec des cornes régulièrement disposées, petites et transparentes, les os peu saillants, la peau fine, le front et la face larges, le regard fier, les oreilles petites et minces, le muffle frais et la bouche large.

D. Quelles sont les dispositions de son corps ?

R. Le cou doit être 'gros, nerveux, rassemblé ; la poitrine ouverte, les épaules bien attachées, les jambes courtes, les reins forts, la cuisse pleine, large, le poil serré, frais et luisant, et n'avoir pas plus de 5 ans.

D. Que fait-on du taureau lorsqu'il ne peut plus servir de reproducteur ?

R: On le coupe, et on le façonne pour le travail des champs ou la boucherie.

Bœufs.

D. Quels sont les soins à donner aux jeunes bœufs ?

R. On commence à dresser les jeunes bœufs dès l'âge de 2 ans ; on les fait peu travailler d'abord, on les dresse deux à deux, du même âge, en les plaçant entre deux couples de bœufs plus âgés ; ils prennent ainsi facilement l'habitude de la marche régulière. Il faut les traiter avec douceur.

D. Ne doit-on pas les faire *ferrer* quelquefois ?

R. Lorsque les bœufs doivent travailler dans des terrains pierreux ou faire des charrois dans des chemins rocailleux, il est nécessaire de les faire *ferrer*.

D. Comment attelle-t-on les bœufs ?

R. On les attelle au *collier* et au *joug* ; avec le collier les animaux sont plus libres et vont plus vite qu'avec le joug ; ce collier doit être bien fait et surtout ne pas gêner les épaules.

D. Y a-t-il plusieurs sortes de jougs ?

R. Il y a le joug *double* et le joug *simple* ; le joug double est plus économique, mais il gêne les bœufs et ralentit leur allure : avec ce joug les bœufs doivent être appareillés, et s'habituent à ce point d'être ensemble qu'ils ne veulent plus travailler si on les sépare. Le joug simple est plus avantageux.

D. Comment doit-on les faire travailler ?

R. Ils peuvent faire deux attelées séparées par deux à trois heures de repos, pendant lesquelles ils prennent un repas. Quand ils travaillent fort, il est bon d'ajouter à la ration ordinaire de fourrages et de racines un peu d'avoine concassée. La forte chaleur leur est très-pénible.

D. Quels soins sont à prendre pour la nourriture et l'entretien des bœufs ?

R. Il faut s'astreindre à une grande régularité dans la distribution des aliments, soit qu'on leur fasse faire trois repas par jour, soit qu'on leur donne moins à la fois et plus souvent. Il faut panser le bœuf comme le cheval, le tenir propre. Ces précautions, excellentes au point de vue de la santé et de l'entretien, sont trop souvent négligées.

D. Jusqu'à quel âge les bœufs peuvent-ils travailler ?

R. Les bœufs peuvent travailler jusqu'à 7 ou 8 ans. A cet âge, leurs forces commencent à décliner, on songe alors à les engraisser. Il vaut mieux les engraisser de bonne heure, car trop vieux ils engraissent mal.

D. Quelles sont les qualités que l'on doit chercher dans le bœuf que l'on veut engraisser ?

R. Il faut, autant que possible, que le bœuf à engraisser ait la peau mince, flexible, la tête petite, le cou court, le ventre arrondi, les reins larges, les hanches peu saillantes, les jambes courtes, les fesses charnues. Il faut surtout qu'il ait un bon appétit.

D. Comment engraisse-t-on dans les pâturages ?

R. On fait saigner les bœufs maigres et on les met d'abord dans les moins bons pâturages ; après un temps plus ou moins long, on les fait passer dans des pâturages de qualité supérieure, puis dans de meilleurs encore.

D. Comment engraisse-t-on les bœufs à l'étable ?

R. Il faut que l'étable soit bien tranquille, qu'il n'y ait pas trop de jour, que leur crêche, leur mangeoire, soient tenues bien propres, qu'eux-mêmes soient bien pansés.

D. Quelle est la nourriture à donner aux bœufs en graisse ?

R. On ne peut préciser la quantité de nourriture à donner ; les uns sont plus tôt gras que les autres : on graisse avec du foin, des navets, des betteraves, des pulpes ; avec des fourrages secs, avec du trèfle, de la luzerne, du son, des grains, etc.

D. Les racines sont donc une bonne nourriture d'engraissement ?

R. Les racines sont une bonne nourriture d'engraissement, et peuvent entrer pour moitié dans la nourriture de l'animal ; on les donne crues, à l'exception de la pomme de terre, que l'on fait cuire ; quelques en-

graisseurs se trouvent bien de faire fermenter la betterave avant de la donner.

D. Comment s'obtient cette *fermentation*?

R. On coupe la betterave par tranches, au moyen
d'un *coupe-racines*, on les met dans un récipient quelconque humecté d'un peu d'eau tiède ; la fermentation
ne tarde pas à s'établir, et 48 heures après, on les
donne aux bestiaux, mélangées avec de la paille hachée, des balles ou des siliques.

D. Les *résidus* provenant des industries agricoles ne
sont-ils pas aussi une bonne nourriture?

R. Les *pulpes*, ou *résidus* de betteraves provenant
des *sucreries*, des *distilleries,* sont une très-bonne nourriture ; ceux des *féculeries* et *brasseries* sont aussi une
précieuse ressource (1).

(1) Nous avons, pendant plusieurs années, engraissé des bœufs
de 6 à 8 ans, en 4 mois, de la manière suivante :

1er MOIS. — 40 kilog. pulpes de sucrerie avec 2 kilog. paille
hachée par jour ; la paille remplacée souvent par des balles
de blé, d'avoine et des siliques de colza, 60 c. par jour, soit
pour le mois, 18 f.

30 kilog. tourteaux de colza, un par jour, soit
par mois, 4 80 } 22 80

2e MOIS. — Même quantité de pulpes et paille
hachée, 18

60 kilog. tourteaux, 2 par jour, soit pour le
mois, 9 60 } 27 C0

3e MOIS. — Même quantité de pulpes, — un peu
moins cependant, 18

99 kilog. tourteaux, 3 par jour, 14 40 } 32 40

4e MOIS — 30 kilog. pulpes, 15

120 kilog. tourteaux, 4 par jour, 19 20 } 34 20

Total, 117

Soit environ 1 fr. par jour, car je ne porte pas 2 kilog. sel,
à peu près, par mois, répandu à raison de 60 à 65 grammes par
jour sur la pulpe.

D. Qu'entendez-vous par engraissement *mixte*?

R. Dans l'engraissement *mixte*, on met les bœufs en graisse au mois d'août, on les y laisse jusqu'aux froids, et on les graisse ensuite complétement à l'étable.

D. Vous avez dit qu'il fallait faire cuire la pomme de terre, pourquoi ?

R. Lorsqu'elles sont crues, les pommes de terre sont dangereuses, elles contiennent un principe vénéneux, qui disparaît par la cuisson ; mais lorsqu'elles sont cuites, elles sont un aliment sain et économique.

D. Le foin, le trèfle, la luzerne, forment-ils une bonne nourriture d'engraissement ?

R. Le foin, le trèfle, la luzerne, quand ils sont de bonne qualité, forment une bonne nourriture, à l'état sec surtout ; mais si on les emploie seuls, l'engraissement est long et dispendieux ; il faut toujours les mélanger avec d'autres aliments, racines, tourteaux, etc.

D. Les tourteaux sont donc une bonne nourriture ?

Chacun peut comparer ce prix de revient d'une bonne nourriture, avec celle employée dans le pays ; on pourra ainsi juger de l'économie que présente ce système. Avec ce régime, nous avons eu des bœufs qui, dans leurs 120 jours ont augmenté de 150 kilog. et ont été remarqués, comme beauté et qualité, aux marchés et aux concours. Nous ne parlons pas de la qualité des fumiers, qui, avec cette nourriture, sont de qualité tout à fait supérieure.

Nos distributions avaient lieu 3 fois par jour : à 5 heures, à 11 heures du matin et à 5 heures du soir, par tiers à peu près.

L'engraissement où la betterave cuite ou crue entre pour la moitié revient un peu plus peu cher, de 1 fr. 10 à 1 fr. 20, mais encore meilleur marché que celui obtenu avec toute autre nourriture. Le cultivateur qui ne peut se procurer de pulpes aura donc grand avantage encore à cultiver la betterave comme nourriture, sans parler de l'amélioration qu'il procurera à sa terre.

R. Les substances qui contiennent des corps gras sont favorables à l'engraissement ; en outre, ils augmentent la qualité des fumiers. On les distribue secs et concassés, en petits morceaux, de la grosseur d'une noix au plus. Lorsque l'on abreuve à l'étable, il est bon d'en délayer un peu dans de l'eau de boisson.

D. Est-il avantageux de donner du grain, du son, aux bêtes à l'engrais ?

R. Les grains, le son, favorisent l'engraissement ; mais, en général, les grains sont d'un prix trop élevé pour qu'il soit avantageux d'en faire un grand usage ; quant au son, très-bon lorsqu'il est mélangé avec d'autres substances, des pommes de terre surtout, il est souvent dangereux de le donner seul et en grande quantité, car il occasionne facilement des indigestions.

D. Les mélanges de diverses substances sont donc une bonne nourriture ?

R. Les mélanges composés de paille, de foin, de balles, de siliques, de racines, de grains, etc., cuits ou fermentés, sont une très-bonne nourriture d'engraissement.

D. Peut-on approximativement déterminer l'accroissement de poids, pour un bœuf, à l'engrais par 100 kilog. de foin absorbés ?

R. On admet généralement que 100 kilog. de foin, ou l'équivalent, produisent un accroissement de 4 à 5 kilog. Cette règle ne peut être rigoureuse. L'appétit n'est pas le même chez tous les animaux ni dans toutes les saisons. Au fur et à mesure que l'engraissement augmente, l'appétit diminue.

D. N'y a-t-il pas d'autres soins à donner encore aux bœufs en graisse ?

R. Le pansage au moyen de l'étrille et de la brosse

est favorable aux bœufs à l'engrais : lorsque la peau est couverte d'écailles de crasse et de crottin, les fonctions vitales ne peuvent avoir lieu régulièrement. Beaucoup d'engraisseurs se dispensent de ce soin, mais il est certain que l'engraissement qu'ils obtiennent alors serait plus prompt si les bœufs étaient pansés.

D. Ne doit-on pas aussi saigner les bœufs à l'engrais?

R. La saignée, qui peut être nuisible au début de l'engraissement si l'animal est épuisé par un long travail, est souvent nécessaire lorsqu'il est arrivé à cet état qu'on appelle *en chair*.

D. A quel point convient-il de limiter l'engraissement?

R. Si le bœuf que l'on met en graisse est dans de bonnes conditions, il sera *gras* en deux ou trois mois; si, au contraire, on veut le pousser au *fin gras*, l'engraissement durera plus du double, et il n'augmentera pas en poids proportionnellement.

D. Lequel est le plus avantageux de pousser au *gras* ou au *fin gras*?

R. En général, le *fin gras* n'est pas assez payé : il y a plus de profit à engraisser deux paires de bœufs l'une après l'autre pendant trois mois, qu'une seule paire pendant six mois.

D. Comment estime-t-on le poids d'un bœuf gras vivant?

R. L'habitude fait qu'on peut estimer à l'œil le poids d'un bœuf vivant; mais c'est difficile, les bouchers eux-mêmes s'y trompent. Le meilleur moyen est de passer l'animal à la bascule, en ayant soin toutefois de ne le faire qu'après l'avoir laissé jeûner pendant 24 heures. Après un repas, un bœuf peut peser 40 à 50 kilog. de plus qu'avant.

D. Quel rapport y a-t-il entre le poids de l'animal vivant et le poids qu'il doit donner en viande nette ?

R. On peut admettre qu'un bœuf en chair produit en viande 50 pour 100 de son poids vivant; il peut, lorsqu'il est très-gras, atteindre 60, 65 pour 100, mais c'est rare.

D. Qu'appelle-t-on *viande nette?*

R. On appelle *viande nette* tout ce qui reste d'un bœuf dépouillé, auquel on a enlevé la tête, les pieds aux genoux et aux jarrets, les rognons et la graisse.

D. Quel est le poids de la peau, proportionnellement au poids de l'animal ?

R. La peau pèse environ 7 pour 100 du poids de l'animal vivant.

D. Quel est le poids de la graisse et du suif, proportionnellement au poids de la viande nette ?

R. La quantité de graisse et de suif varie évidemment avec l'état de l'animal; on estime que le bœuf peut fournir, par 100 kilog. de viande, 8 kilog. de suif, lorsqu'il est *en chair ;* 12 kilog. quand il est *gras,* et 15 à 18 kilog. quand il est *fin gras.*

CHAPITRE IV.

D. Comment se reconnaît l'*âge* des bœufs ?

R. L'*âge* du bœuf se reconnaît à ses *dents* jusqu'à l'âge de trois ans, et par ses *cornes* pour un âge plus avancé.

D. Comment se reconnaît l'âge par les dents ?

R. Le bœuf a huit dents de lait incisives à la mâchoire inférieure; à six mois, les deux du milieu sont remplacées par deux plus fortes et plus larges; deux autres le sont à dix-huit mois; enfin, à trois ans, le bœuf perd ses dernières dents de lait et prend les quatre dents qui lui manquaient pour compléter les huit dents incisives adultes. Ces dents noircissent et s'usent en vieillissant.

D. Comment reconnaît-on l'âge du bœuf par ses cornes?

R. C'est à partir de trois ans que l'on compte l'âge par les cornes. Pour cela, on compte les petits bourrelets ou anneaux qui se forment aux cornes, à partir de la naissance, sur la tête. On a l'âge juste en comptant ces bourrelets, le premier pour trois ans et les autres pour un an. Ces bourrelets sont quelquefois peu accusés, mais presque toujours on arrive à les pouvoir trouver.

D. Y a-t-il plusieurs races de bœufs?

R. Les races de bœufs sont très-variées; les unes sont sans cornes, les autres en ont de très-longues; ceux-ci ont le dos horizontal, ceux-là sont pourvus d'une bosse sur le garot, etc.; il est très-difficile de les décrire exactement. Du reste, toutes ces variétés s'effacent graduellement; et par le régime auquel on les soumet, on arrive peu à peu à fusionner les races qui diffèrent le plus.

D. Comment cependant distingue-t-on ordinairement les races de bœufs?

R. On classe ordinairement les bêtes à cornes d'après les contrées qu'elles habitent.

D. Quelles sont, d'après ces données, les principales races des bêtes à cornes françaises?

R. Ce sont : la *franc-comtoise*, la *bressane*, la *flamande*, la *normande*, la *cholet*, l'*agenaise*, la *charolaise*, la race d'*Auvergne*, l. *limousine*, la race de la *Camargue*, la *nivernaise* et la *morvandaise*.

D. Qu'est-ce que la race franc-comtoise?

R. Cette race s'appelle *fémeline ;* elle a le corps allongé, la tête mince, les cornes longues et grêles, le regard féminin, les membres grêles, la peau fine et souple, elle est souvent de couleur claire ; on la trouve dans le Doubs et la Haute-Saône. Elle est précoce, douce ; les bœufs sont bons pour la boucherie et pour le travail : les vaches sont bonnes laitières.

D. La Franche-Comté ne fournit-elle pas encore d'autres races?

R. Le Jura fournit la race *tourrache*, qui tient du taureau : elle a une taille petite, un corps ramassé, la tête petite, le poitrail large ; cette race est bonne laitière et bonne travailleuse, elle s'engraisse assez facilement. Une troisième race existe près de Pontarlier ; elle ressemble à celle de Fribourg, mais est plus petite.

D. Quels sont les caractères de la race *bressane*?

R. La race *bressane* est inférieure à la race comtoise, avec laquelle on la confond quelquefois ; elle engraisse rapidement, mais elle prend beaucoup de suif.

D. Quels sont ceux de la race *flamande*?

R. Cette race est difficile, dégénère facilement si on la transporte dans un pays de maigres pâturages ; les animaux en sont grands, ont la tête petite, consomment et produisent beaucoup. Ils s'engraissent facilement.

D. Quels sont ceux de la race *normande*?

R. La Normandie fournit deux races, l'une appelée race de *Cotentin*, et l'autre appelée *race du pays ;* cette dernière a une peau épaisse, une tête courte, des cornes blanches et petites ; l'autre est plus grosse, a la peau plus mince, les membres plus grêles ; elle est recherchée pour la qualité de sa viande et de son lait, mais elle consomme beaucoup.

D. Parlez-nous de la race de *Cholet* ?

R. De toutes les races de l'ouest, celle de *Cholet* est la plus estimée : c'est celle qui donne le plus de viande nette, qui est très-recherchée. Elle a une tête courte, des cornes longues et noires, le dos droit et la peau mince.

D. Quels sont les caractères de la race *agenaise* ?

R. Cette race est bien constituée, forte, bonne laitière et bonne travailleuse. Elle s'engraisse facilement et est très-sobre. C'est, en un mot, une des meilleures races de France.

D. Quels sont ceux de la race *charolaise* ?

R. La race qui porte ce nom a le corps trapu, les articulations fortes, les membres gros, le regard vif, le poil de couleur claire ; elle est travailleuse, mais peu laitière. Cette race, en grande voie d'amélioration, s'engraisse maintenant assez facilement ; elle est re-recherchée par les fabricants de sucre.

D. Quels sont les caractères de la race d'*Auvergne* ?

R. L'Auvergne fournit plusieurs races, dont une seule, la race d'*Aubrac,* est remarquable par ses qualités de bonne travailleuse et de bonne laitière ; elle est bien conformée, a les membres forts, courts, le corps trapu. Les autres races n'ont rien de particulier.

D. Tracez-nous le portrait de la race *limousine* ?

R. La race *limousine* a une taille moyenne, la tête forte, le fanon bas, le garot large, une charpente musculeuse ; elle est très-robuste et convient aux besoins du pays.

D. Quels sont les caractères de la race *camargue* ?

R. Cette race, que l'on trouve non loin de Marseille, est à demi-sauvage, difficile à dompter et travaille bien. Sa taille est petite, son cuir épais, sa tête longue ; elle est ou noire ou rouge, coûte peu à élever, mais produit peu.

D. Parlez-nous de la race *nivernaise* ?

R. Les bœufs nivernais travaillent jusqu'à six ou sept ans, on les engraisse ensuite et donnent une viande assez bonne. Cette race, d'une taille moyenne, a la peau fine, le poil fin, luisant couleur café au lait, et le corps allongé.

D. Quels sont les caractères de la race *morvandaise* ?

R. Les bœufs du Morvans sont très-bons de travail, s'engraissent tard, ont la viande dure ; ils sont d'une taille médiocre, ont les formes peu gracieuses, et sont généralement méchants.

Races étrangères.

D. Quelles sont les principales races étrangères introduites en France ?

R. Les principales races étrangères introduites en France sont les races *suisse, écossaise, hollandaise* et *anglaise*.

D. Quelles sont les principales variétés de la race suisse ?

R. Les principales variétés de la race suisse sont : 1º la race de *Schwitz ;* elle a la tête large, le fanon court, le poitrail large, le poil foncé avec une raie fauve sur le dos. Elle s'engraisse facilement, est bonne laitière et travaille bien ; on l'a croisée avantageusement avec la race *normande ;* 2º la race de *Fribourg ;* elle est grande, a le corps gros, les jambes faibles, est peu travailleuse, donne beaucoup de lait, mais consomme beaucoup. Les essais de croisement avec nos races ont peu réussi.

D. Quels sont les caractères de la race *écossaise*?

R. La·race *écossaise* n'a pas de cornes; elle a une croupe et un poitrail larges, un long fanon; son poil est blanc, fin, mélangé de roux. Elle est très-douce, bonne travailleuse et bonne laitière.

D. Dépeignez-nous la race *hollandaise*?

R. La race *hollandaise* a la taille élevée, le poil pie; elle est difficile à engraisser, mais sa chair est excellente; la femelle donne beaucoup de lait. Le bœuf est mou et peu propre au travail. Cette race a été importée en France, on la trouve dans l'ouest et dans le nord.

D. Parlez-nous des races *anglaises*?

R. L'Angleterre possède une grande quantité de races; on les divise, sans parler de la race sans cornes ou *écossaise*, en races à *longues cornes* et en races à *courtes cornes*.

D. Quelles sont les principales races à longues cornes?

R. La principale variété des races à longues cornes est la race du *Devonshire;* elle a le poil rouge foncé avec des plaques blanches à la queue, le corps bien fait, les reins larges, le cou court, les jambes petites, écartées au sommet, rapprochées aux genoux; elle travaille bien, se nourrit et s'engraisse facilement.

D. Quelle est la principale des races à courtes cornes?

R. C'est la race du *Durham;* elle a la robe pie, rouge ou blanche, la peau fine, le poil brillant, le corps massif, la tête petite, les fesses larges; elle est molle, impropre au travail, mais s'engraisse très-facilement et très-jeune. Elle fournit peu de lait. On a, dans ces derniers temps, importé en France beaucoup d'animaux de cette race pour le croisement.

D. N'a-t-on pas essayé, en introduisant en France des *Durham* mâle et femelle, d'y acclimater cette race?

R. On l'a essayé, mais sans grands succès ; cette race est difficile à élever et ne peut, pour une foule de causes, —différence de climat, de nourriture, — se répandre en France autant qu'en Angleterre. Il est préférable de se borner à croiser le taureau Durham avec nos vaches indigènes pour augmenter l'aptitude de nos races à l'engraissement , là surtout où on ne leur demande qu'un travail modéré.

D. Ces croisements sont ils-indispensables ?

R. Ces croisements ne sont pas indispensables : nous avons en France de bonn s races pour le travail, pour la laiterie, des races qui nous donnent une viande fine, marbrée et de première qualité, appropriées à nos besoins et à notre climat. On peut les améliorer encore en apportant dans le choix des reproductions un grand soin et une attention sérieuse et soutenue.

CHAPITRE V.

Vaches laitières.

D. Comment reconnaît-on qu'une vache est bonne laitière ?

R. Il est difficile de déterminer la conformation d'une bonne laitière ; les plus laides sont quelquefois les meilleures.

D. N'y a-t-il pas cependant certains signes auxquels

on peut reconnaître approximativement une vache laitière ?

R. Une bonne laitière a ordinairement la peau souple, moëlleuse, bien détachée, la charpente osseuse, légère, le poil fin, les veines mammaires grosses et ondulées, s'avançant loin sous le ventre. En général, plus les veines sont larges, plus elles indiquent de lait.

D. N'y a-t-il pas un autre moyen plus certain ?

R. Un M. Guenon de Livourne, en 1838, prétendit avoir découvert un moyen certain de reconnaître les bonnes laitières ; son procédé, critiqué par les uns, approuvé par les autres, sans être d'une certitude rigoureuse a réussi souvent.

D. En quoi consiste ce procédé ?

R. Bien qu'assez compliqué, il peut se résumer à ceci : la face postérieure du pis est couverte de petits poils dirigés de bas en haut formant des plaques de diverses dimensions qu'on appelle *écussons* ou *épis ;* plus ils sont étendus, moins il y a de poils couchés de haut en bas, plus est grande la chance d'avoir affaire à une bonne laitière ; l'indice est certain quand ils sont nombreux, de forme presque régulièrement ovale, avec les poils tombant de haut en bas.

D. Reconnaît-on aussi par ce procédé les mauvaises laitières ?

R. Quand les épis n'occupent qu'une faible partie du pis sous forme d'une ou plusieurs bandes étroites, échancrées, formées par des poils couchés en tous sens, la vache est mauvaise laitière. Lorsque les épis ne sont ni larges ni étroits, c'est que l'on est en présence d'une laitière médiocre.

D. Comment doit-on nourrir les vaches laitières auxquelles on demande beaucoup de lait ?

R. Les vaches nourries d'herbes vertes ou de racines donnent beaucoup de lait ; les prairies naturelles donnent un meilleur lait que les prairies artificielles ; les navets, les feuilles de choux communiquent au lait une saveur particulière ; il faut éviter de donner les cosses de pois verts, les ognons, les ails, les poireaux. Ces plantes donnent un lait très-mauvais.

D. Quels sont les soins à donner aux vaches laitières ?

R. Les vaches, comme les autres animaux, doivent être tenues très-proprement. il est donc bon qu'elles soient étrillées : le pis surtout doit être tenu très-propre. Il est à désirer que cet usage se répande partout.

D. Jusqu'à quel âge une vache peut-elle être bonne laitière ?

R. On peut voir des vaches de quinze et dix-huit ans qui sont encore bonnes laitières ; néanmoins, il ne convient pas de les garder comme telles au delà de neuf ans, après quoi on les engraisse.

D. Comment faut-il soigner les vaches pendant la gestation ?

R. Les vaches pleines doivent être parfaitement nourries ; il faut leur faire prendre un peu d'exercice tous les jours. ne pas les exposer à la grande chaleur, les préserver des insectes , qui les gènent souvent beaucoup.

D. Quels soins faut-il donner à une vache après la mise bas ?

R. Aussitôt qu'une vache a mis bas, il faut la bouchonner, la couvrir et la laisser reposer ; si elle a soif, qu'elle n'ait rien pris depuis longtemps, il faut lui donner de l'eau tiède blanchie avec de la farine. Les boissons stimulantes, les rôties au vin sont inutiles, quand elles ne sont pas nuisibles.

D. Ne demandent-elles pas d'autres soins encore?

R. Il faut préserver la vache fraîche vêlée de la pluie, du froid, etc., ne la mettre au pâturage que si le temps est très-beau, et lorsqu'elle est bien remise de la fatigue qu'elle vient d'éprouver, lui donner, pendant les 8 premiers jours, une nourriture légère et rafraîchissante.

D. Comment doit être traitée la vache nourrice?

R. Il faut traiter la vache qui nourrit comme celle que l'on trait. Comme le veau, dans les premiers jours, ne tire pas tout le lait de la mère, il faut avoir soin de la traire avec précaution s'il y a inflammation du pis.

D. Quelles sont les précautions à prendre au moment du sevrage?

R. Il est des vaches qui souffrent beaucoup quand on les prive de leur veau, elles ne mangent plus, maigrissent et donnent peu de lait; il faut donc n'opérer la séparation qu'avec précaution et en la dissimulant le plus possible. Il faut, comme dit M. Villeroy, lui éviter la vue des bouchers et de leurs chiens. Cette vue peut être très-nuisible.

D. Le sevrage de la vache qui nourrit un élève exige-t-il autant de précautions?

R. Le sevrage de la vache qui nourrit un élève est très-facile : lorsque le veau a pris le trayon et bien préparé les mamelles, on le retire et l'on achève de traire la mère.

D. Comment tarit-on une vache que l'on trait?

R. Il est facile de faire tarir une vache que l'on trait; il suffit de diminuer la nourriture, de lui donner des aliments secs : quelquefois, on peut, au besoin, administrer un purgatif, mais c'est presque toujours inutile.

D. Est-il bon de faire tarir les vaches pendant la gestation?

R. On trait les vaches presque toujours tant que le lait donne; si l'on se propose de perfectionner l'espèce, il faut les laisser tarir vers le 4e ou 5e mois de la gestation. Il faut en agir de même avec les jeunes bêtes pour ne pas les épuiser.

D. La nourriture des vaches a-t-elle une grande influence sur leur lait?

R. Les aliments qu'on donne aux vaches ont une grande influence non-seulement sur la *quantité*, mais encore sur la *qualité* du lait; ainsi, les aliments frais, verts, nourrissent mieux, et donnent plus de lait que les aliments secs. Le beurre d'une vache mal nourrie est blanc et maigre.

D. Quelle est la nourriture qui, en hiver, donne le meilleur lait?

R. En hiver, le meilleur lait est produit par le foin de bonne qualité, le trèfle, la luzerne, les carottes, les pommes de terre cuites; quelques personnes se trouvent bien de donner un peu de drèche de brasserie. Les choux, les résidus de distilleries, de sucreries donnent au lait une saveur particulière.

D. Comment doivent se distribuer les aliments?

R. On doit distribuer les aliments par petites portions, pour qu'il n'y ait pas de gaspillage, et régulièrement aux mêmes heures. On profite du temps où les vaches mangent pour les étriller et les traire.

D. Comment nourrit-on les vaches en été?

R. Lorsque l'on dispose de riches pâturages, il suffit d'y mettre les vaches : dans le cas contraire, il faut les habituer peu à peu à la nourriture verte, en la don-

17.

nant mélangée avec du foin ou du regain, en trois repas, chacun de deux heures environ.

D. Lorsque l'on donne du trèfle vert, n'y a-t-il pas quelques précautions à prendre ?

R. Il faut ne distribuer le trèfle que par petites portions lorsqu'il est vert, et éviter de faire boire les vaches immédiatement après qu'elles en ont mangé beaucoup. Il est moins dangereux qu'on ne le croit généralement de faire pâturer le trèfle humide ou plâtré. La météorisation vient presque toujours de ce que l'on fait souvent passer, sans précaution, une bête de la disette à l'abondance.

D. Comment *engraisse-t-on* les vaches ?

R. Lorsqu'une vache est vieille ou stérile, il faut *l'engraisser*. Pour cela, il faut d'abord la faire tarir, en lui aspergeant le pis avec de l'eau froide aussitôt qu'on a trait, ce que l'on ne fait qu'une fois seulement par jour, en éloignant de plus en plus les trayages au fur et à mesure que le lait diminue. Puis on ne trait plus. La nourriture est la même que celle des bœufs à l'engrais.

CHAPITRE VI.

Des Veaux.

D. Comment élève-t-on les *veaux* ?

R. On livre à la boucherie la plus grande partie des veaux ; très-peu sont élevés pour faire des bœufs de travail et des vaches laitières. Les uns et les autres demadent les mêmes soins, ils sont nourris de lait dans les premiers jours, soit *naturellement*, soit *artificielle-ment*.

D. On peut donc nourrir les veaux naturellement ou artificiellement?

R. On peut nourrir les veaux de plusieurs manières : on les laisse téter, ou bien on les fait boire au baquet.

D. Quel est le meilleur de ces deux moyens?

R. L'allaitement artificiel est préférable : il permet de garder les veaux plus longtemps avant de les livrer aux bouchers, il évite les accidents qu'éprouvent souvent les vaches quand on les sépare de leurs veaux, et enfin, on les préserve des contusions, des blessures qu'elles reçoivent quelquefois de leurs nourrissons.

D. Ce mode d'allaitement n'a-t-il pas ses inconvénients?

R. On reproche à l'allaitement artificiel de nuire à la sécrétion du lait, de retarder l'engraissement du veau, dont la viande a moins de qualités.

D. Ces reproches sont-ils fondés?

R. Ces reproches ne sont pas fondés : avec des précautions convenables, la vache traite donne autant de lait que celle qui allaite; les avantages que l'allaitement naturel présente pour l'engraissement sont détruits par les inconvénients qui en résultent, et la qualité de la viande dépend plus de la nature des aliments que de la manière dont les veaux la prennent.

D. Quels sont les premiers soins à donner aux veaux, soit qu'on veuille les élever naturellement, soit qu'on veuille les élever artificiellement?

R. Il faut, dès que le veau est né, le faire lécher par la mère, ou l'essuyer avec un linge, puis le mettre à part, dans une stalle, autant que possible, sur une bonne litière, de manière à ce qu'il ne puisse s'approcher de la mère à sa volonté , parce qu'il la téterait continuellement.

D. Comment engraisse-t-on les veaux par l'allaitement naturel ?

R. Les veaux que l'on engraisse par l'allaitement naturel se nourrissent presque exclusivement de lait qu'on leur fait téter, pendant la 1re et 2e semaine, 4 ou 5 fois par jour ; on leur donne quelquefois en même temps des bouillies faites avec de la farine.

D. Ne doit-on pas laisser téter les veaux à discrétion jusqu'à l'âge de 3 ou 4 mois?

R. Ce traitement , il est vrai , engraisse très-bien , donne à la viande un grain ferme, tendre et succulent, mais le veau nourri ainsi ne paie pas ce qu'il coûte, et les mères rapportent peu. Ce moyen n'est possible que là où le lait n'a pas de valeur. On le remplace par du lait, des œufs, des farines, du pain délayés dans l'eau.

D. Il n'y a donc pas avantage à engraisser les veaux?

R. Là où le lait se vend bien, il y a plus d'avantages à vendre les veaux très-jeunes qu'à les engraisser : aussi, les livre-t-on aux bouchers à l'âge de 10. 15 jours, quelquefois moins . malgré les prescriptions de la police ; il est cependant certain qu'il y aurait profit à les garder 4 ou 5 mois , si on les engraissait au moyen de l'allaitement artificiel.

D. Comment pratique-t-on l'allaitement artificiel?

R. On laisse le veau près de sa mère jusqu'à ce qu'elle lui ait donné les premiers soins, ou bien on l'en éloigne de suite et on l'essuie avec un linge ; puis, presque'aussitôt, on trait la mère. et on lui donne le lait encore chaud, il le boit presque toujours sans difficulté.

D. Si le veau ne voulait pas boire ainsi. que faudrait-il faire ?

R. S'il ne veut pas boire, il y a diverses manières de l'y décider : on place dans le liquide un linge dont on introduit une partie dans la bouche du veau, auquel on fait remuer les mâchoires, il fait ainsi couler le lait dans sa bouche, et s'habitue vite à boire; ou bien, on incline le vase pour faire couler le liquide. Ces moyens sont bientôt inutiles; il est très-rare que le veau persiste à ne pas boire. Si cela arrivait, il faut le faire téter.

D. Comment nourrit-on le veau, lorsqu'il s'est habitué à boire au baquet ?

R. On donne aux veaux, pendant les premiers jours de l'allaitement, le lait pur des mères ; le lait, très-bon aux nourrissons, est, pendant 10 ou 12 jours, peu propre aux besoins domestiques. Dès qu'on a avantage à le vendre, on le remplace peu à peu par du lait écrémé, des soupes, des farines, des tourteaux, etc.

D. Le *foin* convient-il pour engraisser les veaux ?

R. Le *foin* ne convient pas pour engraisser les veaux: les œufs, même avec leurs coquilles écrasées, les farines délayées dans du lait écrémé, les tourteaux, les infusions de foin, tous ces aliments saupoudrés de sel amènent un bon engraissement. Le lait et les œufs donnent une viande blanche et bonne.

D. Quels sont les soins à donner aux veaux que l'on veut élever ?

R. Les veaux qu'on veut élever, que l'on aura choisis dans ceux nés au printemps de parents bien conformés, sont nourris et soignés comme ceux destinés à la boucherie; on les laisse téter, ou bien on les élève artificiellement.

D. A quel âge sèvre-t-on les veaux nourris naturellement ?

R. L'époque du sevrage varie, suivant les pays, de 10 jours à 6 semaines et même plus tard ; mais il ne faut le faire que progressivement, en les habituant peu à peu à prendre une nourriture plus commune. On les amène ainsi jusqu'à l'âge de 6 mois.

D. Quels sont les soins et la nourriture à donner aux veaux de six mois à un an ?

R. Les veaux exigent peu de soins ; cependant il faut les tenir propres, les habituer au pansage, les bien nourrir, les préserver du froid et les caresser ; la deuxième année, on les envoie, en été, dans les pâturages, et en hiver, on les nourrit ainsi que nous l'avons dit pour les bœufs et pour les vaches.

D. Comment faut-il s'y prendre pour dresser les bêtes à cornes ?

R. Pour dresser les bêtes à cornes, on doit employer les friandises et les caresses. Traités avec douceur, les génisses et les jeunes taureaux s'attachent à l'homme et sont toute leur vie, dociles et faciles à mener.

D. A quel âge peut-on faire travailler un élève ?

R. L'âge auquel on peut faire travailler un bœuf dépend de la façon dont il a été nourri. Dès l'âge de 2 à 3 ans, on peut le faire travailler modérément ; il est plus facile de le dresser alors, que s'il est d'un âge plus avancé.

CHAPITRE VII.

Espèce ovine.

D. Comment se distinguent les *moutons* ?

R. Lorsque le mâle, dans les moutons, est arrivé à

l'âge adulte, il se nomme *bélier* et la femelle *brebis ;* les jeunes s'appellent *agneaux* ou *agnelles* jusqu'à un an ; *antenois* ou *antenoises* jusqu'à ce qu'ils aient atteint leur troisième année.

D. Y a-t-il beaucoup d'espèces de moutons ?

R. La domesticité a considérablement modifié les espèces du genre mouton. Ici, des pâturages peu éloignés ont créé des races à courtes jambes ; là, au contraire, il y a des races à jambes longues. En un mot, les variétés du mouton sont infinies, on les a classées en trois genres principaux et bien distincts.

D. Quels sont ces genres ?

R. 1° les moutons de *montagne* à laine crépue et frisée ; 2° les moutons de *plaine* ou à laine lisse — le mouton commun provient du croisement de ces deux races ; — 3° le mouton *mérinos*.

D. Quels sont les caractères et les aptitudes des moutons dits de montagne ?

R. Les moutons de montagne sont d'une taille moyenne; leur toison, composée de mèches fines et ondulée, est tassée ; ils sont sensibles à l'humidité et demandent des pâturages pas trop gras, mais sains. Le mâle porte des cornes épaisses, longues et larges, la femelle les a petites et ne donne qu'un agneau par an.

D. Quels sont les caractères et les aptitudes des moutons de plaine ?

R. Les moutons de plaine sont d'une taille élevée, deviennent très-gros, engraissent bien et ne craignent point l'humidité du sol ; il leur faut une abondante nourriture. Leur toison non tassée se compose de longues mèches pendantes et pointues. Le bélier n'a pas de cornes, et la femelle porte plusieurs agneaux dans l'année.

D. A quoi reconnaît-on les *mérinos*?

R. Le *mérinos* est de petite taille ; sa toison est très-fine, abondante, en tire-bouchons élastiques ; tout son corps est couvert de laine, il exhale une mauvaise odeur. Le bélier a les cornes grosses, contournées en spirales ; la femelle n'en a pas. Les mérinos, croisés avec les races françaises, ont donné un nombre infini de variétés connues sous le nom de *demi-mérinos*, ou *métis-mérinos*.

D. Quelles sont les principales variétés de moutons ?

R. La race *flandrine*, *solognotte*, *berrichonne*, *flamande* et *ardennaise*.

D. Quels sont les caractères distinctifs de la race *flandrine*?

R. La race *flandrine* est longue et haute ; sa toison est longue et filamenteuse ; cette race réussit partout.

D. Quels sont ceux de la race *solognotte*?

R. La race *solognotte* a la tête fine, effilée ; sa laine courte se compose de mèches frisées à l'extrémité ; elle est très-sobre, mais donne peu de viande.

D. Quels sont ceux de la race *berrichonne*?

R. Les moutons du Berry ont le cou allongé, pas de cornes ; la tête est couverte de laine qui par tout le corps est fine, courte, tassée, blanche et frisée. Ils se mettent facilement en bonne chair.

D. A quoi se reconnaît la race *flamande*?

R. La race *flamande* est de très-grande taille. Sa laine forme des mèches longues, pendantes ; elle donne beaucoup de viande, mais il lui faut une très-abondante et très-substantielle nourriture.

D. Quels sont les caractères de la race *ardennaise*?

R. La race *ardennaise* ressemble beaucoup aux races

berrichonne et *solognotte* ; elle est petite, mais elle donne une viande très-estimée.

D. Outre ces races et beaucoup d'autres, quelles sont les races étrangères qui ont été le plus employées en France ?

R. Dans la race *anglaise*, celle dite d'*Ishley* ou *New-leicester*, que l'on doit au fermier Bakewell, et le mérinos d'Espagne, dont nous avons déjà parlé, ont été fréquemment employés en croisement.

D. Quels sont les caractères de la race d'Ishley ?

R. La race d'Ishley possède une laine longue, lisse, abondante, des jambes courtes et grasses, une tête fine et un ventre énorme ; croisée avec le mérinos, ou d'autres races françaises, elle a donné des produits remarquables.

D. La race mérinos n'a-t-elle pas produit quelques sous-races principales ?

R. La race mérinos, introduite en France depuis la fin du siècle dernier, a produit 3 sous-races : celle de *Rambouillet*, dont les individus sont grands, et ont une laine grosse, mais belle ; celle de *Naz*, moins répandue que la première, s'en distingue par une moindre taille ; et celle de M. Graux de Mauchamp (Oise), qui produit une laine brillante, lustrée, très-fine, qui a de l'analogie avec la soie et le duvet de la chèvre de Cachemire.

D. Le choix d'une race est-il bien important ?

R. Le choix d'une race est très-important ; il faut, autant que possible, la choisir d'un tempéramment et d'une conformation qui puisse sympathiser avec le pays où l'on est et les pâturages dont on dispose.

D. Comment connaît-on les moutons ?

R. C'est par l'âge, la santé, la taille, les qualités de

la viande et de la laine que l'on apprécie ce que les moutons peuvent valoir comme prix, comme utilité et comme rendement.

D. Comment se reconnaît l'âge des moutons ?

R. C'est aux dents que l'on reconnaît l'âge des moutons ; ils ont huit dents incisives de lait à la mâchoire inférieure. A la fin de la deuxième année, les deux du milieu tombent et sont remplacées par deux autres beaucoup plus larges ; à trois ans, deux adultes viennent encore en remplacer deux de lait ; à quatre ans, nouvelle pousse de deux dents. A six ans, toutes les dents de lait sont remplacées. Passé cet âge, il est difficile d'être bien fixé.

D. Comment reconnaît-on l'âge des moutons qui ont dépassé six ans ?

R. On reconnaît l'âge supérieur à six ans par l'usure du tranchant des dents ; à cinq ans, il est usé sur les premières incisives poussées ; à six ans, sur les deux qui ont suivi ; à sept ans, dans celles qui ont poussé à l'âge de quatre ans. Enfin, à huit ou neuf ans, l'usure est complète partout.

D. Comment reconnaît-on la laine ?

R. Les laines qui sont blanches, fortes, fines, douces et nerveuses sont les meilleures ; celles qui sont d'une couleur foncée, grosses, rudes, faibles et molles, sont médiocres ; celles dans lesquelles on trouve un mélange de *jarre*, poil dur, luisant, sont de qualité très-inférieure.

D. A quoi reconnaît-on que les moutons sont en bonne santé ?

R. En bonne santé, le mouton doit avoir l'œil vif, clair, avec des veines et la surface intérieure des paupières d'un rouge très-vif ; le front et le museau secs, la bouche nette et vermeille, la laine fortement attachée, grasse et bien fine, et le jarret fort.

D. Quels sont les signes auxquels on reconnaît que
le mouton est en mauvaise santé ?

R. Le mouton en mauvaise santé a le regard triste,
la tête basse et l'haleine mauvaise. Les gencives et la
conjonctive sont pâles ; il ne peut résister à une pression un peu forte sur les reins. Il faut se méfier des
bêtes qui ne font pas d'efforts pour se dégager lorsqu'elles sont saisies par une patte de derrière, qui restent couchées et n'ont point d'appétit.

D. Quelles sont les précautions à prendre lorsque
l'on veut obtenir de bons agneaux ?

R. Il faut choisir un bon bélier et de bonnes brebis,
qui soient bien conformés et en bonne santé, âgés, le
bélier de 2 à 5 ans, les femelles de 18 mois au moins.
Il ne faut mettre qu'un seul bélier par troupeau de 20
à 40 brebis.

D. Quels soins faut-il donner aux brebis après l'accouplement ?

R. Lorsque les brebis sont pleines, le berger les
conduira avec une grande douceur, il évitera qu'elles
se poussent et se serrent avec force les unes contre les
autres. On doit aussi, pendant la gestation, soigner la
nourriture, qui ne doit être ni trop faible, ni trop abondante.

D. Quelle est la durée de la *gestation* chez les
brebis ?

R. Les brebis portent environ 150 jours, après lesquels elles mettent bas un et quelquefois deux petits.

D. Quels sont les soins à donner à l'*agneau* ?

R. Dès que l'*agneau* est né. il faut s'assurer s'il tète
bien ; si la mère est trop faible pour l'allaiter, on lui

donne pour nourrice une autre brebis ou une chèvre, ou bien on l'allaite artificiellement avec une bouteille ou un biberon.

D. Comment doit-on nourrir la brebis pendant l'allaitement?

R. Comme tous les animaux domestiques, la brebis doit être mieux nourrie pendant l'allaitement. Il faut les faire sortir douze ou quinze jours après le part. Le sevrage se fait après quatre ou cinq mois; on habitue peu à peu les agneaux à se séparer de leurs mères.

D. Il faut donc de grands soins aux moutons?

R. Les moutons sont très-délicats, sujets à beaucoup de maladies; un bon berger est indispensable, si l'on veut avoir des troupeaux en bon état et productifs. *Tant vaut le berger, tant vaut le troupeau,* est un proverbe très-vrai.

D. Quelles sont les qualités que doit avoir un bon berger?

R. La première qualité d'un berger est d'aimer ses bêtes; on n'est bon berger qu'à ce prix, quelle que soit, du reste, l'intelligence dont on est doué. Il ne serait que juste qu'il fût partout considéré et payé en raison des services qu'il rend. Il n'en est malheureusement pas toujours ainsi.

D. Quelles sont les règles principales à observer par un berger dans la conduite et les soins à donner à son troupeau?

R. Un bon berger ne sortira son troupeau qu'après la rosée du matin, le conduira d'un pas lent et mesuré, en le précédant, d'abord dans un pâturage maigre, puis dans un plus gras: il modérera l'ardeur de ses chiens, évitera les pâturages humides et aidera les brebis en travail.

D. Que doit-il savoir encore ?

R. Il doit pouvoir donner les premiers secours à ses bêtes ; il aura toujours sur lui un grattoir pour enlever les boutons de gale, une lancette pour saigner, et un flacon d'ammoniaque étendu d'eau pour combattre la météorisation.

D. Comment doit-on nourrir les moutons ?

R. Le *pâturage*, dans les montagnes surtout, est le régime qui convient le mieux aux moutons ; le parcours des terres vagues, des landes, des bruyères, améliore la chair. Les pâturages humides sont très-mauvais ; on les corrige en donnant aux moutons un peu de nourriture sèche à l'étable.

SUITE DU CHAPITRE PRÉCÉDENT.

D. Quels soins faut-il apporter dans la consommation des pâturages ?

R. Il faut ménager les pâturages précoces pour les avoir au printemps, réserver ceux qui sont frais, mais salubres, pour les mois d'août ou septembre, et les meilleurs pour la fin de la belle saison, afin que les troupeaux soient vigoureux au commencement de l'hivernage.

D. Comment fait-on passer les moutons des pâturages au régime de la bergerie ?

R. Vers la fin de la belle saison, on donne au ratelier un supplément de nourriture, qu'on augmente à mesure que l'herbe diminue dans les pâturages ; quand arrive l'hiver, les mauvais temps, on nourrit complétement à la bergerie.

D. Quels sont les aliments qui conviennent aux moutons ?

R. Les bêtes à laine peuvent être nourries avec presque tous les fourrages ; il vaut mieux leur donner ceux fauchés avant maturité complète, les regains ; ceux des prairies basses ne leur conviennent pas. Les pailles, celles surtout dans lesquelles il reste un peu de grains, leur sont salutaires.

D. Doit-on nourrir les moutons exclusivement de fourrages secs ?

R. Les fourrages secs doivent être donnés modérément ; il faut en même temps une nourriture verte ou fraîche ; les racines, les tubercules, sont de première nécessité pour hiverner un troupeau ; la betterave surtout est excellente.

D. Quelle quantité de nourriture faut-il par jour à un mouton ?

R. On compte ordinairement qu'il faut 1 kilog. de bon foin ou son équivalent pour entretenir un mouton pendant 24 heures. La nourriture au foin est dispendieuse ; les *racines*, les *tubercules*, doivent entrer, pour la moitié au moins, dans la composition de la ration des moutons. Il est bon de les faire cuire, elles sont plus salutaires.

D. Ne tire-t-on pas, pour la nourriture des bêtes à laine, un excellent parti des résidus provenant de certaines industries agricoles ?

R. Les cultivateurs qui se trouvent à proximité des distilleries, des fabriques de sucre, trouveront, dans les pulpes de betteraves, une nourriture très-avantageuse au point de vue de l'économie et de la qualité ; il faut les mélanger avec de la paille hachée.

D. Quels soins faut-il donner aux moutons nourris à la bergerie ?

R. Il faut composer les rations de manière à ce que la nourriture soit variée : si l'on fait, par le beau temps, sortir les moutons dans le courant du jour, ce qui leur sera très-favorable. on ne leur donnera que deux repas, un le matin et un le soir ; s'ils ne sortent pas, ils recevront quatre repas par jour.

D. Comment faut-il distribuer les nourritures ?

R. Il faut, autant que possible, distribuer les fourrages pendant que le troupeau est dehors ; on les place plus régulièrement, on ne salit pas les toisons : il est bon aussi de diviser les animaux en plusieurs troupeaux, afin de pouvoir approprier la nourriture à chacun suivant son âge, sa force et son état de santé.

D. Quels sont les produits que l'on retire du mouton ?

R. Le mouton nous donne sa *laine* d'abord, puis son *fumier* et enfin sa *viande*.

D. A quelle époque faut-il *tondre* les moutons ?

R. La *tonte* a lieu ordinairement au printemps, lorsque les froids ne sont plus à craindre. L'époque varie cependant selon les climats et la race. Elle a lieu le plus souvent vers la Saint-Jean. Les troupeaux soumis au parcage doivent être tondus assez à temps pour que la laine ait repoussé quand les animaux doivent passer la nuit au parc. On ne doit tondre les moutons qu'une fois par an.

D. A quels signes reconnaît-on que la laine est bonne à tondre ?

R. On reconnaît que l'époque de la tonte est arrivée lorsqu'en écartant les mèches de la vieille laine, on voit qu'elle se détache facilement et que l'on aperçoit les pointes de la nouvelle.

D. Est-ce qu'on ne tond pas quelquefois les moutons en dehors de l'époque de la tonte annuelle ?

R. Il est bon de tondre les moutons quand ils doivent faire un long voyage ; quand on veut les mettre à l'engrais de ponture ; enfin, quand ils sont affectés de maladies cutanées.

D. Comment se pratique la tonte ?

R. On attache les moutons par les quatre membres, on les tient à terre ; il faut couper la laine à ras sans laisser de sillons et ne pas blesser la peau. On doit se servir de bons ciseaux coupant bien, pour que l'animal ne soit pas tiraillé et ne remue pas.

D. Qu'appelle-t-on *suint* ?

R. On appelle *suint* une substance grasse d'odeur forte dont sont enduites toutes les laines. On pense que le suint préserve la laine des teignes. On tond la laine avec le suint ou bien on la lave à *dos* avant de la couper.

D. Qu'entendez-vous par lavage à *dos* ?

R. C'est une opération qui consiste à laver les animaux les uns après les autres, soit dans un réservoir, soit préférablement dans une eau courante. On choisit pour cela un beau jour, on place les bêtes lavées d'abord au soleil à l'abri de la poussière, puis à la bergerie bien aérée et nettoyée.

D. Quels sont les avantages et les inconvénients de cette méthode ?

R. On reproche au lavage à *dos*, qui n'est qu'incomplet, de rendre plus difficile le lavage définitif, de rendre la laine dure, de refroidir et de mouiller les moutons, qui craignent l'humidité. D'un autre côté, la laine lavée ainsi est mieux appréciée par le marchand, surtout si le lavage a eu lieu quelques jours avant la vente, de manière à ce que le suint ait pu rendre à la laine sa flexibilité.

D. Comment se fait la préparation du mouton pour la boucherie ?

R. Par l'*engraissement*, soit aux pâturages, où les moutons sont mis au printemps pour être graissés à l'entrée de l'hiver, soit en les nourrissant dans les étables.

D. Lequel de ces deux modes est le meilleur ?

R. L'engraissement à l'étable est préférable, mais il est plus coûteux, car, à la ration de fourrages, il faut ajouter des carottes, des betteraves, des pommes de terre, de l'avoine, du tourteau. Il est bon aussi d'arroser de temps en temps les nourritures d'eau salée, qui entretient les moutons en bon appétit et en santé. On obtient de bons et prompts engraissements avec des pulpes de sucreries mélangées avec de la paille hachée et des tourteaux (1).

(1) La pulpe est, en effet, une excellente nourriture d'engraissement pour les moutons. Nous avons nourri ainsi de nombreux moutons, vendus toujours avec avantage tant à Poissy qu'aux bouchers de nos environs. Nous ne pouvons résister au désir de citer, à l'appui de notre appréciation, l'opinion d'un agriculteur distingué qui a fait de l'élevage et de l'engraissement du mouton une véritable spécialité.

M. Leduc Testard, de Beaurevoir (Aisne), s'exprime ainsi dans son mémoire de concours pour la prime d'honneur de sa région, en 1859 :

« ..... Pour me procurer des fumiers plus riches, et dans l'espoir de les faire à meilleur marché, j'ai abandonné l'élevage pour me livrer à l'engraissement. J'achète des moutons mérinos de 3 ou 4 ans dans le pays, je les engraisse avec des pulpes de betteraves et du tourteau de lin et d'œillette. Le mouton mange 3 ou 4 kilog. de pulpes par jour, à 14 fr. les mille kilog., soit, ... 0f.05 1/4
Et un quart de tourteau par jour, soit, ... 0 05 1/4
Frais généraux et imprévus, ... 0 01 1/2
Total par jour, ... 0 12 00

D. A quoi reconnaît-on qu'un mouton est gras ?

R. On reconnaît qu'un mouton est gras en le tâtant à la queue, qui devient quelquefois grosse comme le poignet, et en palpant l'animal aux épaules et à la poitrine, qui prennent du volume et s'arrondissent.

Chèvre.

D. Combien y a-t-il de races de *chèvres* ?

R. Il y a beaucoup de races de *chèvres;* nous ne nous occuperons que de la chèvre commune, qui est répandue par tout le globe. Le mâle s'appelle *bouc,* ses poils sont longs et pendent par mèches. Sa couleur varie du noir au blanc.

D. Quelle nourriture convient à la chèvre ?

» Mes moutons sont triés et vendus par lots aussitôt qu'ils sont gras, et remplacés immédiatement; il passe ainsi 3 à 4,000 moutons par an dans mes étables. Cette année, il en passera au moins 5,000. » — Suivent des calculs établissant ses bénéfices, qui, sur l'engraissement seul, sans compter la laine et les fumiers, s'élèvent à plus de 3,000 fr. par an. Il continue :

« J'achète par an 7 à 800,000 kilog. de pulpe (cette année, j'en ai acheté 1,500,000). J'ai employé, depuis trois ans, 40 à 50,000 kilog. de tourteaux ; cette année, j'en emploierai plus de 80,000 kilog.

» Les pulpes et tourteaux me donnent des fumiers gras, onctueux, d'une richesse incomparable. Depuis trois ans, j'obtiens en moyenne 1,800 voitures de fumier pesant 2,500 kilog. net, ce qui fait que je fume à 75,000 kilog. à l'hectare, soit 50 voitures.

» Ce système m'a amené à faire beaucoup de betteraves que je vends aux fabriques de sucre et dont je reprends les pulpes. J'achète, en outre, toutes les pulpes que je puis me procurer, même à plusieurs lieues (6 lieues).

» Mon ancien système d'élevage m'obligeait à ensemencer une forte partie de mon exploitation en fèves, vesces et autres

R. Les chèvres, grande ressource pour les pauvres ménages, sont faciles à nourrir aux pâturages et à l'étable; elles aiment les lieux élevés, sont pétulantes, vives et broutent à peu près tout ce qu'elles trouvent, aussi faut-il ne les laisser libres que dans les bruyères, etc.; à l'étable, elles vivent de foin, de choux, de feuilles et même d'écorces. Le marc de raisin leur est fort bon.

D. Quels autres soins faut-il donner à la chèvre?

R. La chèvre craint le froid et l'humidité, il faut tenir propres celles que l'on entretient pour le lait, il faut souvent couper la corne au pied de celles dont les onglons s'allongent et rendent quelquefois leur marche très-difficile.

D. Quels sont les produits que donne la chèvre?

récoltes qui s'absorbaient sans laisser de produits réels; dans l'état présent de ma culture, il me faudrait au moins 70 hectares de terre empouillée ainsi pour nourrir mon troupeau de 1,600 moutons sans l'engraisser.

» Ces 70 hectares, au contraire, portent des betteraves qui me donnent un produit commercial qui, depuis quelques années, est de 750 fr. en moyenne par hectare, et me laissent en pulpes une masse de nourriture d'un poids égal à celui de la récolte de vesces ou fèves d'une même surface et d'une qualité qui n'est pas moindre.

» Par exemple, un hectare de betteraves qui me donne facilement 56,000 kilog. me laisse en poids 7,200 kilog. pulpes, au minimum. Ces pulpes sont payées 12 fr. les 1,000 kilog; je les porte à 13 fr. avec les frais, soit 13 fr. 60. L'hectare en fèves me donnerait 900 bottes de 12 kilog. ou 10,800 kilog., qui ne coûtent pas moins à produire de 270 fr. par hectare, sans tenir compte du fumier, ou 30 c. la botte.

» L'expérience m'a fait voir que la pulpe nourrit au moins aussi bien que la féverole en bottes; en outre de ma récolte vendue, j'ai donc 7,200 kilog. de pulpes ne coûtant que 94 fr. Le système que je suis n'a pas seulement pour avantage de me

R. Une chèvre peut donner 2 à 4 litres de lait, dont on fait, dans le Mont-d'Or, des fromages très-estimés. La chair est médiocre, le poil de la chèvre commune n'est employé que pour la chapellerie et pour la fabrication d'étoffes grossières.

D. N'y a-t-il pas des espèces de chèvres dont le poil est recherché ?

R. Les chèvres de *Cachemire*, d'*Angora*, que l'on n'a pu encore acclimater convenablement en France, fournissent une laine douce et fine, mélangée de poils soyeux et tordus qui sont employés pour la fabrication d'étoffes du plus haut prix.

donner une plus grande quantité de meilleur fumier, il m'a donné l'assolement le plus simple, le plus libre et le plus fructueux ; la betterave que je fais sur une grande échelle (cette année elle occupera à peu près le tiers de mon exploitation) nettoie, ameublit et approfondit mon sol ; après la betterave, on réussit tout ce qu'on veut ; c'est le précédent le plus avantageux que je connaisse. En 1855 et 1856, je n'ai pas pu faire autant de betteraves que j'aurais voulu, les terres que je venais de reprendre manquaient d'engrais ; il est de notoriété que le fumier n'y revenait que tous les 12 ans au plus tôt.

» Grâce à cette culture et à mes semis en lignes suivis de sarclages, je n'ai plus d'herbes et je ne nourris plus que la plante que je veux récolter. Je puis augmenter à volonté, et selon les circonstances, ma sole en blé jusqu'à 40 %. Toujours par l'effet de la même cause, mes blés sont devenus supérieurs à ceux que j'avais il y a 15 ans ; alors il était rare que leur rendement dépassât 25 hectolitres à l'hectare ; si la récolte devait dépasser ce chiffre, elle versait. Aujourd'hui mes blés de betterave ne versent plus, ils donnent quelquefois moins de paille, toujours plus de grains ; leur produit ordinaire est 30 hectolitres à l'hectare, souvent davantage. Il y a 15 ans, mes blés pesaient à peine en moyenne 75 kilog. à l'hectolitre, le grain avait l'aspect terne ; aujourd'hui, après racines, il est rond, brillant et pèse 78,80 et même 82 kilog. Les avoines, les trèfles profitent égale-

CHAPITRE VIII.

Espèce porcine.

D. D'où provient le *porc* ou *cochon?*

R. Le *porc* ou *cochon* descend du *sanglier*, dont les mœurs et même le physique ont été modifiés par la servitude. Cet animal a une importance, sinon plus grande, du moins plus générale que celle des autres animaux domestiques. Le cochon se trouve partout ; sa chair est pour toutes les classes de la société une ressource précieuse.

D. Possédons-nous en France de nombreuses races de porcs ?

R. La France possède de nombreuses races de porcs ; mais toutes ces races se sont plus ou moins mélangées, et ont produit une confusion énorme dans leurs caractères distinctifs. Nous en avons de grandes, de petites, de moyennes, de blanches, de noires, etc.

D. Quelles sont les principales races ?

R. Ce sont : 1° la race de *Normandie*, du *Poitou*, de la *Champagne*, du *Périgord*, la race de *Craon* et la race *bressane*.

ment de cette culture. Sans tenir compte de la quantité plus grande de mes fumiers, leur couleur, leur aspect suffisent pour expliquer ce résultat. Les 60 à 80,000 kilog. de tourteaux qui passent annuellement par le ventre de mes moutons constituent le plus puissant élément de fécondité. Je n'ai jamais de malades dans mes bêtes ovines, mes pertes annuelles sont peu importantes. »

18.

D. Quels sont les caractères de la race de *Normandie?*

R. Cette race offre un corps long, épais, une tête petite, pointue, des oreilles droites, des soies blanches et courtes ; sa taille est élevée, ses os sont petits. Elle mange beaucoup et s'engraisse mal.

D. Quels sont ceux de la race du *Poitou ?*

R. Cette race existe dans beaucoup de départements, elle est difficile à engraisser, elle présente un corps long, une tête grosse, longue, un chanfrein droit, un front saillant, des oreilles pendantes et larges, des pattes fortes, un poil blanc et rude.

D. Quels sont ceux de la race du *Périgord?*

R. Cette race offre un corps ramassé, court, une tête pointue, un cou gros et court, une poitrine ample, des jambons épais, le poil noir, court et rude. Croisée avec la race du Poitou, elle donne de bons produits. Beaucoup de nos races à poil pie descendent de ce croisement.

D. Quels sont ceux de la race *craonnaise ?*

R. Cette race offre deux variétés distinctes : l'une, *dite de Craon*, a le corps long, les jambes courtes, les oreilles longues, le dos large. L'autre race, dite *de Vallée*, a les jambes et le corps courts ; les oreilles grandes tombant sur le bout du nez qui est large et court ; elle présente souvent, sous le menton, deux appendices ou *breloques* analogues à ceux de la chèvre. Ces deux variétés sont sobres et s'engraissent facilement.

D. Quels sont les caractères de la race *bressane ?*

R. La race *bressane* a une taille moyenne, le corps allongé, une teinte noirâtre avec une grande bande blanche entourant le milieu du corps ; l'extrémité de l'oreille est pendante.

D. N'a-t-on pas introduit diverses races anglaises ?

R. On a importé d'Angleterre et d'Amérique des porcs blancs, à taille élevée, à côtes rondes, à oreilles pendantes. Ces animaux ne s'engraissent pas beaucoup mieux que ceux de nos pays, et mangent autant.

D. N'a-t-on pas aussi introduit en France des porcs venant de l'Afrique ou de l'Asie, de la Chine surtout ?

R. On introduit en France, de toutes ces contrées, des porcs qui semblent avoir une origine commune qui diffère de celle des porcs domestiques européens. Ils ont la taille petite, les jambes courtes, la tête raccourcie, les oreilles petites, droites, les épaules saillantes, le dos droit, les reins larges, le ventre près de terre, la peau fine, les soies courtes, rares, grises, noirâtres, ou de diverses couleurs.

D. Quel a été l'effet de l'introduction en France de cette espèce de porc ?

R. Cette race, dite à *jambes courtes*, croisée avec des truies indigènes, donne d'excellents produits. Les métis croissent plus vite et s'engraissent plus facile-ment.

D. Quelles sont les considérations qui doivent déter-miner le choix à faire d'un porc ?

R. Le porc étant exclusivement destiné à fournir de la viande, il faut une race qui croisse avec rapidité, qui engraisse facilement et dont les individus four-nissent, après la mort, la plus grande quantité de viande, relativement au poids.

D. Quelles sont les qualités à rechercher dans un reproducteur ?

R. Il faut, pour choisir un reproducteur, avoir égard à la taille, à la race, à l'âge et à l'état de santé de l'animal. Ne pas les prendre trop grands, les animaux mangent en raison de leur taille et ne profitent pas toujours dans la même proportion. Il faut les prendre jeunes, de 2 à 3 mois au plus, qu'ils soient gras, mangent bien et aient la peau propre et luisante.

D. Quelle est l'époque et la durée de la gestation ?

R. Les truies de plus de 18 mois pourraient faire trois portées par an : mais il vaut mieux ne leur en faire faire que deux, de 6 mois en 6 mois, en calculant son temps, pour que les mises bas coïncident avec les moments où l'on peut disposer de nourritures diverses et faciles. La gestation dure, d'après l'opinion générale, 3 mois 3 semaines 3 jours, c'est-à-dire du 109e au 123e jour après l'accouplement.

D. Combien la truie fait-elle de petits ?

R. La truie a 12 mamelles, elle met bas souvent un plus grand nombre de petits : dans ce cas, on les laisse tous téter quelques jours ; on les réduit à 10, en vendant ou en mangeant les autres comme cochons de lait.

D. Comment élève-t-on les jeunes porcs (*porcelets*) ?

R. On les sèvre à 2 mois, 2 mois et demi, suivant les convenances de nourriture et de vente : on diminue la nourriture de la mère pour diminuer son lait, on sépare les petits de la mère et on les fait téter de moins en moins jusqu'à suppression complète, on leur donne ensuite une nourriture de plus en plus substantielle, du *lait*, de la *farine*, des *grains*. Il faut avoir soin qu'ils ne graissent pas avant l'âge adulte.

D. Comment nourrit-on les cochons adultes ?

R. Pas d'animal n'est plus facile à nourrir que le porc : il est omnivore, il mange tout : à la ferme on peut nourrir les porcs avec les résidus du ménage, lavures, etc., auxquelles on ajoute les criblures, les débris du jardin, etc.,; on peut, pour les nourrir en grand, donner des légumes, des trèfles, etc.

D. Comment engraisse-t-on le porc ?

R. On engraisse les porcs, pourvu qu'ils soient bien portants, avec toute espèce de produits végétaux et animaux ; la variété des aliments leur est profitable, les feuilles, les tiges du trèfle, les résidus, les *marcs*, les *tubercules*, les *graines*, les *eaux grasses*, etc.; un porc mis en graisse à l'âge de 8 ou 9 mois, sera bon à tuer 3 ou 4 mois plus tard et pourra avoir doublé de poids.

D. A quel moment engraisse-t-on les porcs ?

R. C'est en automne, après les récoltes, alors qu'on a de nombreux produits à sa disposition, que l'on engraisse les porcs ; c'est ordinairement vers Noël qu'on les tue pour les saler et les préparer pour la consommation d'hiver. L'été, la viande s'altère rapidement et prend mal le sel.

CHAPITRE IX.

Vices ou cas rédhibitoires.

D. Qu'appelle-t-on *vices* ou *cas rédhibitoires?*

R. on appelle *vices* ou *cas rédhibitoires* les défauts cachés d'un animal vendu, qui sont de nature à faire annuler la vente. Le vendeur est responsable de ces vices, quand même il ne les aurait pas connus ; il ne répond pas des vices apparents dont l'acheteur a pu se convaincre lui-même.

D. Quel est le droit de l'acheteur vis-à-vis du vendeur, lorsque ce dernier ne lui a pas fait connaître les cas rédhibitoires qui pouvaient exister ?

R. Quand l'existence, chez un animal, d'un ou de plusieurs vices rédhibitoires est démontrée par une expertise, l'acheteur a le droit de rendre l'animal, et de s'en faire restituer le prix. Si l'animal a péri par suite de ces mauvaises qualités, la perte doit être supportée par le vendeur, qui en remboursera le prix à l'acheteur.

D. Quels sont les vices rédhibitoires pour le *cheval*, l'*âne* et le *mulet* ?

R. Les vices rédhibitoires pour le cheval, l'âne et le mulet sont : la *fluxion périodique des yeux*, l'*épilepsie*, la *morve*, le *farcin*, la *phthisie*, l'*immobilité*, la *pousse*, le *cornage chronique*, le *tic sans usure de dents*, les *hernies inguinales intermittentes*, la *boiterie intermittente* pour cause de vieux mal.

D. Quels sont ceux pour l'espèce bovine ?

R. Les vices rédhibitoires pour l'espèce bovine sont : la *phthisie* ou *pommelière*; les *suites de la délivrance* chez le vendeur ; le *renversement du vagin* ou *de l'utérus* chez le vendeur ; l'*épilepsie*.

D. Et pour l'espèce ovine ?

R. Pour l'espèce ovine, la *clavelée*: cette maladie, sur un seul animal, entraînera la rédhibition de tout le troupeau ; le *sang de rate;* cette maladie n'entraînera la rédhibition du troupeau qu'autant que, dans le délai de la garantie, la perte constatée s'élèvera au quinzième, au moins, du nombre des animaux achetés.

D. Et pour le *porc?*

R. Il n'y a, pour la race porcine, qu'un cas rédhibitoire : la *ladrerie.*

D. Quels sont les délais accordés pour intenter l'action rédhibitoire ?

R. Le délai pour intenter l'action rédhibitoire sera, non compris le jour de la livraison :

1°. De *trente jours*, pour le cas de fluxion périodique des yeux et d'épilepsie ou mal caduc :

2° De *neuf jours*, pour tous les autres cas.

D. N'y a-t-il pas d'autres règles encore ?

R. Si la livraison de l'animal a été effectuée, ou s'il a été conduit dans les délais ci-dessus hors du lieu du domicile du vendeur, les délais seront augmentés d'un jour par 5 myriamètres de distance du domicile du vendeur au lieu où l'animal se trouve.

D. Que doit faire l'acheteur pour ne pas perdre ses droits ?

R. L'acheteur, à peine de perdre ses droits, sera tenu de provoquer, dans les délais ci-dessus, la nomination d'experts chargés de dresser procès-verbal ; la requête sera présentée au juge de paix du lieu où se trouve l'animal.

D. Si l'animal meurt pendant la durée des délais, le vendeur sera-t-il responsable ?

R. Le vendeur ne sera pas tenu à garantie si l'animal meurt pendant les délais fixés, à moins que l'acheteur ne prouve que la mort a été causée par l'une des maladies désignées plus haut ; il en sera également dispensé s'il prouve que l'animal a été mis en contact, depuis la livraison, avec des animaux atteints de maladie contagieuse.

D. Quelles sont les maladies considérées comme étant contagieuses ?

R. Sont réputées maladies contagieuses : la *morve* et le *farcin*, pour le cheval, l'âne et le mulet; la *clavelée*, pour la race ovine (art. 1644 et suivants du Code civil).

CHAPITRE X.

Le Lapin.

D. Combien y a-t-il de sortes de *lapins?*

R. Le *lapin*, qui fait partie du genre *lièvre*, se distingue en lapin *sauvage* et lapin *domestique.*

D. Quels sont les caractères du lapin *sauvage?*

R. Le lapin *sauvage*, mauvais voisin pour nos récoltes qu'il dévaste, tend heureusement à disparaître. Plus petit que le lapin domestique, son pelage est brun cendré en dessus avec la nuque rousse. La gorge et le dessous du ventre sont blanchâtres, les extrémités des oreilles sont noires, la queue est blanche en dessous et noire en dessus.

D. Le lapin sauvage est donc un animal nuisible?

R. Il ne faut pas laisser se multiplier outre mesure les lapins sauvages; car ils occasionnent, dans les champs cultivés, de grands ravages. Leur multiplication est toutefois avantageuse dans les terrains incultes, tels que les dunes des bords de la mer et certaines montagnes sablonneuses.

D. L'élevage, dans les fermes, du lapin domestique est-il avantageux?

R. Autant le lapin sauvage est nuisible, autant le lapin domestique peut être utile. Entretenu à peu de frais, vivant de toutes espèces de débris sans valeur, il donne une viande saine, une fourrure recherchée et un excellent fumier. Il serait à désirer qu'il fût plus répandu; il améliorerait la nourriture des campagnes, où l'usage de la viande, si nécessaire cependant, est si rare.

D. Y a-t-il plusieurs variétés de lapins domestiques?

R. On distingue plusieurs variétés de lapins domestiques.

D. Quelles sont-elles ?

R. 1° La *race commune*. Elle existe par toute la France, elle est de toutes nuances, et diffère plus ou moins du lapin sauvage.

2° Le *lapin riche*. Son poil est long, soyeux, gris ardoisé ou argenté ; il a la tête et les oreilles noirâtres ; sa peau est recherchée.

3° Le *lapin d'Angora*. Son pelage est blanc, jaune ou gris cendré; ses poiles sont longs et soyeux, et se filent bien; on les récolte en les peignant, ou au moment de la mue, ou en les tondant.

D. Le lapin domestique est-il un bon produit?

R. Le lapin domestique, quelle que soit sa race, peut, s'il est bien soigné, devenir un bon produit, car il multiplie rapidement. Les femelles mettent bas six ou sept fois par an, et font, chaque fois, de 4 à 10 petits.

D. Quel nom donne-t-on aux habitations des lapins?

R. Les habitations des lapins sont appelées *garennes;* elles sont *libres, forcées* ou *domestiques*, ces dernières sont aussi appelées *clapiers*.

D. Comment s'établissent les garennes?

R. Les garennes *libres* sont celles où les lapins vivent dans un état de liberté absolue, comme les lapins sauvages ; elles ne sont vraiment praticables que là où existent des terres incultes.

D. Comment se font les garennes *forcées*?

R. D'après Olivier de Serres, on peut, en établissant

une garenne dans certaines conditions, se créer un revenu facile et assez important.

D. Quelle est cette méthode?

R. On entoure de murs en pierres, en pisé, de palissades, ou de fossés profonds de 2 mètres, larges de 6, et remplis d'eau, un terrain dont on sème plusieurs parties en prairies artificielles, et on y ménage des débris pour l'hiver; si la nourriture de ces lapins est insuffisante dans la mauvaise saison, on y apporte, de temps en temps, du foin, des racines, etc.

D. Y a-t-il des précautions particulières à prendre pour l'établissement d'une garenne?

R. Il faut, autant que possible, établir la garenne exposée au Levant ou au Midi, y avoir quelques arbres ou arbustes pour donner de l'ombre aux animaux. Le topinambour procure à la fois et l'ombrage et la nourriture. Une garenne d'un hectare, dans ces conditions, permettra de vendre, par an, 600 à 800 lapins.

D. Lorsque l'on veut, dans une garenne, s'emparer des lapins dont on a besoin, comment fait-on?

R. On dispose des terriers où l'on puisse les saisir, on se sert de filets, de trappes, de paniers; il faut éviter de les effrayer, et, pour cela, ne se servir ni de fusils ni de furets. Il faut aussi relâcher les mères pleines, et les lapins qui sont trop jeunes ou trop maigres.

D. Ces sortes de garennes sont-elles souvent employées?

R. Ces garennes sont peu employées; la garenne domestique, ou clapier, est la plus commune; elle est à la portée de tous les cultivateurs; nous avons vu la manière d'établir les clapiers : il faut surtout veiller à ce que le clapier soit dans un lieu bien sec, car l'humidité est très-nuisible aux lapins.

D. Quelle nourriture donne-t-on aux lapins pendant l'été ?

R. Les lapins, nous l'avons dit, mangent presque toutes les plantes ; les herbes arrachées dans les jardins, les épluchures et pelures de légumes, le sainfoin, la luzerne, le trèfle, les feuilles d'orme, d'acacia, leur conviennent beaucoup. Il faut leur donner avec précaution les choux, les laitues et autres plantes aqueuses ; il est bon de les mélanger avec des plantes amères ou aromatiques, serpolet, thym, etc.

D. Et en hiver, que leur donne-t-on ?

R. En hiver, on donne aux lapins des fourrages secs, des pailles, des betteraves, des navets, des pommes de terre cuites. En tout temps, il faut éviter de leur donner des plantes mouillées par la pluie ou par la rosée.

D. A quel moment faut-il leur donner à manger ?

R. On doit donner à manger aux lapins deux fois par jour, le matin et le soir, le soir surtout, car ils mangent pendant la nuit et se reposent le jour.

D. Faut-il donner à boire aux lapins ?

R. Dans beaucoup de pays on ne donne pas à boire aux lapins, c'est un tort ; il faut leur donner, au contraire, de l'eau fraîche, renouvelée souvent, dans une auge tenue bien propre.

D. Quels sont les soins à prendre pour leur multiplication ?

R. Les femelles peuvent produire dès l'âge de 5 ou 6 mois, et les mâles dès qu'ils ont 8 à 10 mois. On les fait accoupler surtout pendant la nuit, et le matin on retire le mâle. Les femelles pleines ne demandent pas de soins particuliers ; il faut néanmoins tenir propre leur loge, pour qu'elles puissent convenablement préparer leur nid.

D. Quels sont les soins qu'il faut donner aux lapereaux ?

R. Il faut veiller avec soin à ce qu'ils ne soient pas dans un lieu humide ; pendant les premiers jours, ils ne vivent que du lait de leur mère ; après le vingtième jour, ils commencent à manger ; on les sèvre à cinq ou six semaines, et on les tient à part jusqu'à l'âge de trois mois au moins. A ce moment seulement, on peut les mettre dans le clapier proprement dit.

D. L'engraissement du lapin est-il difficile?

R. L'engraissement du lapin s'obtient facilement : 15 jours, 3 semaines suffisent ; on les met à part et on leur donne une nourriture substantielle et variée, saupoudrée de sel, de l'avoine, de l'orge, etc.

D. Le lapin n'est-il pas exposé à de nombreuses et terribles maladies ?

R. Les maladies dont souffre le lapin proviennent presque toujours du peu de soins dont il est l'objet et de la malpropreté dans laquelle on laisse le clapier.

D. Comment se nomme la maladie à laquelle le lapin est le plus exposé?

R. La maladie la plus fréquente du lapin s'appelle *gros ventre*. Les animaux dont le clapier est tenu bien sec, dont le fumier est enlevé tous les quinze jours au moins, et dont la litière est souvent renouvelée, n'y sont pas exposés. Quand elle éclate dans un clapier, il faut de suite remplacer la nourriture aqueuse par une nourriture sèche et un peu excitante. Dès qu'on s'aperçoit qu'un animal est malade, il faut se hâter de le mettre à part et seul.

NEUVIÈME PARTIE.

HYGIÈNE VÉTÉRINAIRE.

CHAPITRE PREMIER.

D. Qu'entend-on par *hygiène* ?

R. On appelle *hygiène* la branche des sciences médicales qui enseigne la conservation de la santé ; l'hygiène vétérinaire donne les moyens de gouverner les animaux de la manière la plus utile. Nous ne nous occuperons ici que des soins généraux communs à tous les animaux, puisque déjà, en étudiant chacun d'eux, nous avons eu occasion de signaler les soins dont ils doivent être l'objet.

D. Qu'appelle-t-on *agents extérieurs, agents hygiéniques ?*

R. On appelle *agents hygiéniques, agents extérieurs,* les objets qui, en bien ou en mal, agissent sur l'animal ; et *règles de l'hygiène*, les conditions dans lesquelles on fait agir ces différents objets.

D. Quelles sont les causes principales agissant sur la santé des animaux. dont les effets peuvent être réglés par l'hygiène ?

R. La santé et la vie des animaux sont subordonnées aux *milieux* dans lesquels ils vivent, à la nourriture, aux soins qu'ils reçoivent, et enfin aux travaux qu'on leur fait accomplir.

D. Qu'entend-on par *milieux ?*

R. Par *milieux* on entend le *sol*, le *climat*, les *influences atmosphériques* et la manière dont les animaux sont logés.

D. Quelle est l'influence du *sol* et du *climat*?

R. Le *sol* influe beaucoup sur les animaux : ils sont petits dans les pays de montagnes rocheuses; mous, paresseux, délicats là où le sol est argileux; ils sont forts et vigoureux dans les contrées à sols calcaires et sablonneux, et bons pour la boucherie dans les pâturages venus sur les bords de la mer ou de grands cours d'eau; ils sont petits et vifs dans les climats chauds et froids. Le meilleur bétail est fourni par les climats tempérés, qui conviennent à tous les animaux.

D. Les animaux ne subissent-ils pas aussi l'influence des saisons?

R. Les saisons agissent sur l'économie des animaux : le printemps les rend gais, vifs; mais, si l'on n'y prend garde, le passage trop brusque de la nourriture sèche à la nourriture verte leur occasionne diverses maladies. L'été leur est très-pénible, ils souffrent de la chaleur, de la poussière, des insectes; ont soif, digèrent mal, et sont exposés aux congestions et aux maladies pestilentielles.

D. Que faut-il faire pour obvier à ces dangers?

R. Il faut, en été, abreuver souvent les animaux, ne leur donner de l'eau fraîche qu'après qu'elle a été exposée au soleil et à l'air, y mélanger un peu de vinaigre, de sel; il faut rafraîchir le sol des écuries en arrosant, donner aux animaux une nourriture rafraîchissante, et ne les faire travailler que le moins possible à la forte chaleur du jour.

D. Quelle est, sur les animaux, l'influence de l'automne et de l'hiver?

R. L'automne, quelquefois aussi chaud que l'été, a en outre de fréquents brouillards, plus ou moins épais et souvent insalubres. L'hiver, au contraire, quand il est vif et sec, fortifie les organes, active la digestion et rend les animaux gais, vifs et forts ; il est cependant nuisible à ceux qui sont trop faibles. Il faut leur donner à tous, en cette saison, une nourriture tonique et éviter de les exposer au froid lorsqu'ils sont en sueur.

D. Vous avez dit que les influences atmosphériques agissaient aussi sur les animaux ?

R. Oui, l'air, les vents, la pluie, la rosée, agissent aussi sur les animaux : avec un air pur, ils sont en bonne santé ; mais si l'air est vicié, soit par la respiraration, soit par la fermentation et la décomposition de matières végétales ou animales, ou par des émanations d'eaux croupissantes, de marais, etc., ils sont exposés à une foule de maladies, et même à la mort.

D. Que faut-il faire lorsque l'air est vicié ?

R. Il faut, si l'on peut, éloigner ou faire disparaître les causes qui produisent les émanations malsaines, répandre dans les lieux infectés de la chaux vive ou du lait de chaux, donner aux animaux une nourriture forte et tonique. Si l'on habite des pays marécageux, il ne faut jamais conduire à jeun les animaux au pâturage, ni avant que le soleil ou les vents aient dissipé la rosée, ni surtout le soir.

D. Les vents, la pluie, la rosée, les brouillards, sont-ils nuisibles ou utiles aux animaux ?

R. Les vents sont utiles pour dissiper dans l'espace les couches d'air vicié ; mais lorsqu'ils sont violents, chargés de poussière, ils sont nuisibles aux animaux, qu'il faut alors abriter autant que possible, et dont il est bon de laver souvent les yeux et les oreilles. Quant à l'eau, à tous les météores aqueux enfin, ils leur sont presque toujours mauvais. Il faut, lorsqu'ils y ont été exposés, leur enlever l'humidité qui les couvre, et leur donner une nourriture fortifiante.

CHAPITRE II.

Nourriture.

D. La nourriture n'a-t-elle pas aussi une grande influence sur l'état de santé des animaux ?

R. La nourriture exerce sur les animaux une influence considérable ; elle n'agit pas seulement sur leur santé, elle les transforme. Du bon choix des aliments dépendent les transformations, les améliorations que l'on veut obtenir des races ou des espèces ; on les distingue suivant qu'ils sont durs ou tendres, suivant leur odeur, leur saveur et leurs facultés nutritives.

D. Les aliments durs sont-ils de bons aliments ?

R. Les aliments durs, coriaces, ne doivent être donnés qu'aux animaux forts ; difficiles à mâcher, ils digèrent mal ; il est bon de les ramollir avant de les donner. Les bêtes à cornes s'accommodent assez bien des aliments durs.

D. Quelle est l'utilité de la saveur et de l'odeur ?

R. Quand des aliments ont une saveur agréable, ils sont mangés avec plaisir, et dans ce cas ils sont rarement nuisibles. A l'odeur, au goût, on peut à peu près en déterminer les propriétés.

D. Comment cela ?

R. Les plantes à odeur forte, aromatique, sont peut nutritives ; le foin cependant, dont les parties aromatiques sont relativement peu nombreuses, fait exception. Celles à odeur repoussante sont plus ou moins narcotiques et vénéneuses ; celles à odeur spéciale très-forte, la gentiane, l'ail, etc., sont mauvaises ; celles à principes sucrés se digèrent bien, engraissent facilement, sont très-bonnes enfin si on les mélange avec des plantes amères : celles qui sont acides sont rafraîchissantes, et il faut rejeter celles qui ont une saveur âcre et irritante.

D. Le foin est-il une bonne nourriture ?

R. Les facultés nutritives des foins sont excessivement variables ; mais le foin est la base de la nourriture des animaux, et il a paru assez essentiel, assez complet, quand il est de bonne qualité, pour être pris comme type de la valeur des autres nourritures (1)

D. La nourriture verte est-elle préférable à la nourriture sèche ?

(1) Nous croyons devoir publier ici un tableau des équivalents nutritifs, basé sur nos expériences, sur les écrits et sur celles de MM. Thaër, Mathieu de Dombasle, Bousingault, Mayne, etc. Nous avons apporté à ce tableau tous nos soins, et l'avons fait aussi complet que possible.

TABLEAU DE LA VALEUR

comparative des propriétés nutritives des aliments.

En prenant pour type le foin de prairies bien récolté, de première qualité, nous représentons par 100 la quantité de foin nécessaire pour obtenir un effet donné, et nous indiquerons par des chiffres le poids qu'il faut des autres aliments pour produire le même effet.

Ces chiffres ne sont et ne peuvent être qu'approximatifs, car le foin, aussi bien que ses équivalents, varie avec le sol, le climat, le genre de culture suivi, etc. Ces expériences, elles aussi, doivent donc varier avec les lieux et les époques auxquelles elles ont eu lieu.

R. Les fourrages verts sont plus économiques, nourrissent mieux que la nourriture sèche ; ils donnent du lait aux femelles, de la qualité au beurre ; on peut en faire usage tant que les plantes restent fraîches, mais quand les froids arrivent, il faut les mélanger avec des fourrages secs.

D. La nourriture verte n'a-t-elle pas des inconvénients ?

R. La nourriture verte ne suffit pas pour entretenir les animaux ; ils ont besoin de fourrages secs, de graines ; le cheval surtout, nourri de vert, ne pourrait supporter ni un travail pénible, ni des allures rapides.

Pour remplacer 100 kilog. de bon foin, il faut :

Aliments.	Kil.	Aliments.	Kil.
Regain de foin,	58	Châtaignes,	60
Trèfle rouge en fleurs fanées,	67	Glands,	75
		Paille de froment,	280
Trèfle vert,	250	id. de seigle,	350
Avant la fleur, fanée,	34	id. d'orge,	250
id. en vert,	267	id. de sarrazin,	600
Foin de trèfle,	90	id. de topinambour,	200
id. de luzerne,	90	id. de lentilles,	125
id. de sainfoin,	90	id. de vesces,	150
id. de spergule,	90	id. de pois,	150
id. de millet,	100	id. de millet,	150
Froment,	40	id. de maïs,	200
Lentilles,	45	id. de févero es,	200
Pois,	40	id. d'avoine,	200
Fèves,	45	id. de spergule,	135
Vesces,	45	Balles de céréales,	120
Maïs,	45	id. de trèfle,	120
Seigle,	45	id. de lin,	150
Orge,	50	Siliques de colza,	200
Sarrazin,	50	*Tubercules, racines, fruits.*	
Avoine,	52	Betteraves champêtres,	500
Epeautre,	55	id. à sucre,	350
Son, suivant qualité de 60 à	125	Pommes de terre,	220

Prise avec gloutonnerie, la nourriture verte donne souvent des coliques, des tranchées et des indigestions. Le plus sérieux des accidents produits par la nourriture verte est la météorisation.

D. Qu'est-ce que la *météorisation* ?

R. La *météorisation*, appelée aussi *météorisme, enflure,* est presque toujours une indigestion avec production de gaz dans les lobes digestifs. La luzerne, le trèfle, les plantes vertes, mouillées, humides, mangées trop vite, fermentent et occasionnent cet accident. On pourra

Aliments.	Kil.	**Aliments.**	Kil.
Topinambours,	250	De pommes à cidre,	700
Rutabagas,	240	*Tiges, feuilles vertes*	
Carottes,	260	De froment,	430
Panais,	310	De seigle,	430
Navets,	420	D'herbes des prés,	450
Choux-raves,	250	De luzerne,	450
Tourteaux		De colza,	475
De lin, de colza,	50	De navette,	475
De pavot,	80	De topinambour,	475
De chènevis,	110	D'orge,	550
De cameline,	110	D'avoine,	350
Résidus		De sainfoin,	360
Des amidonneries,	150	De trèfle rampant,	570
Des féculeries,	250	De vesces,	570
Des distilleries de grains,	530	De pois,	580
id. de pommes de terre,	600	De sarrazin,	425
Pulpes		De rutabagas,	500
Des sucreries,	200 à 250	De betteraves,	650
Des distilleries (macération),	450	De pommes de terre,	700
Marcs		*Feuilles sèches*	
De raisins,	500	D'acacia,	110
De fruits divers,	350	De tilleul,	125
		De peuplier,	125
		De frêne,	105
		D'orme,	110

l'éviter en ne donnant les aliments verts que par petites quantités à la fois, peu de temps après qu'ils auront été coupés, avant qu'ils s'échauffent et fermentent.

D. Quels sont les symptômes auxquels on reconnaît qu'un animal est météorisé?

R. Cette maladie affecte principalement les bêtes à cornes. Lorsqu'un animal est météorisé, son ventre se gonfle surtout du côté gauche, et résonne comme un tambour; l'animal respire difficilement, ouvre la bouche, les narines, et bientôt succombe si de prompts secours ne lui sont donnés.

D. Quels secours réclame un animal météorisé?

R. Aussitôt qu'on reconnaît qu'un animal est météorisé, il faut lui tenir la bouche ouverte, le faire marcher en lui tenant la tête élevée. Si le mal persiste, il faut lui administrer un brevage salé; ou, dans un litre d'eau, 30 à 40 grammes d'*ammoniaque liquide* (alcali volatil), ou encore une cuillerée d'*eau de javelle* ou de *pétrole*.

D. Si ces moyens ne suffisent pas, que faut-il faire?

R. Si ces moyens ne réussissent pas, il faut alors recourir à la *ponction*, qui se fait avec le *troquart*.

D. Comment emploie-t-on le troquart?

R. On commence par faire une petite incision sur le gonflement qui se produit dans un petit espace uni et triangulaire qui se trouve entre la hanche et la dernière côte. On appuie sur l'incision la pointe du troquart, sur le manche duquel on frappe avec force; on retire la lame et on laisse dans la panse la gaîne de l'instrument. Les gaz s'échappent comme par une cheminée (1).

(1) Nous croyons devoir donner ici un remède qui nous semble bien préférable à l'emploi du troquart. Nous n'avons pas

D. Ne peut-on, au moyen de certaines préparations, améliorer les qualités des aliments?

R. On améliore les aliments de diverses manières : en les hachant, ce qui les rend plus faciles à mâcher, à mélanger; en les faisant cuire, fermenter, ce qui augmente beaucoup leur valeur nutritive: le foin, la paille, les racines, coupées et mélangées se trouvent bien de ces préparations. Les grains concassés profitent davantage (1).

D. Le sel convient-il aux animaux?

R. Le sel est pour les animaux un stimulant excellent; donné en petites quantités, mélangé avec les aliments, il rend les chairs fermes, succulentes, les animaux forts et robustes; il améliore les fourrages et les eaux données en boissons.

D. L'eau n'est donc pas toujours une bonne boisson?

R. Les qualités de l'eau ne peuvent se reconnaître qu'à l'usage; elle doit avoir de 10 à 15 degrés au-dessus de zéro. Il faut éviter de la donner trop froide, lorsque les animaux sont en sueur surtout. Si elle est chargée de terres, de débris, on la laisse reposer; si

eu, il est vrai, l'occasion de l'employer nous-même : M. David, cultivateur dans l'Indre, avait un bœuf énormément gonflé, respirant à peine, prêt à tomber. « J'introduisis, dit-il, une seringue vide et fermée dans le *rectum* de ce bœuf. Dès le premier plein de la seringue, l'animal éprouva un soulagement; au 2e, il y eut un mieux sensible; au 3e, il était hors de danger; enfin après le 6e, il rendait naturellement le reste des gaz nuisibles. L'opération n'avait pas duré plus d'un quart d'heure. »

(1) Dans plusieurs grandes administrations, les omnibus, par exemple, on a haché la paille, le foin, concassé l'avoine, au lieu de les donner entiers; on a trouvé, sous l'influence de ce changement une économie de plus de 25 %, et sur la mortalité, une diminution de plus de 10 %.

elle est insalubre, il est bon d'y mélanger un peu de sel ou de vinaigre.

D. Les aliments n'ont-il pas tous les mêmes propriétés ?

R. Les aliments n'ont pas tous les mêmes propriétés; les uns sont toniques, cordiaux, échauffants, tels sont : l'*avoine*, les *fèves*, la *luzerne*, le *trèfle*, les *tourteaux*, les *pulpes*, etc.; ils donnent de l'énergie aux muscles, tonifient les organes, et conviennent aux animaux affaiblis par l'âge ou par un travail excessif.

D. Comment sont les autres ?

R. Ils sont adoucissants, raffraîchissants, tels sont : le *riz*, l'*orge*, le *son*, la *carotte*, le *navet*, la *betterave*, les *farines* délayées dans de l'eau, les *plantes vertes*; ils modèrent l'activité du sang et conviennent aux animaux atteints d'inflammation des poumons, de l'estomac ou des intestins.

D. Est-il bon de varier les aliments ?

R. Varier les aliments est une bonne mesure, on fortifie les animaux, on favorise la production de la viande et du lait. Il ne faut pas confondre ce changement dans les aliments avec un changement de régime, qui ne doit avoir lieu qu'avec précaution, en observant de commencer la distribution des aliments nouveaux pendant qu'il en reste encore d'anciens.

D. Comment faut-il distribuer les rations ?

R. La distribution et l'importance des rations varient avec les animaux, avec les climats, avec les saisons, avec la quantité de travail ou de produit que l'on veut obtenir. Dans tous les cas, les distributions doivent être faites régulièrement et à heures fixes.

D. Résumez-nous les principes qui doivent servir de règles dans la distribution des aliments?

R. Il faut toujours proportionner la nourriture au travail, sans exagérer cependant ; la ration du soir sera plus copieuse que celle du matin. Il ne faut pas faire travailler l'animal aussitôt qu'il a mangé. Pendant l'été, on lui donnera une nourriture rafraîchissante, on supprimera l'avoine par intervalles ; pendant l'hiver, au contraire, on donnera une nourriture tonique et fortifiante.

CHAPITRE III.

Soins de propreté.

D. Les soins de propreté sont-ils bien utiles aux animaux ?

R. Presqu'autant que la nourriture, les soins de propreté sont nécessaires aux animaux. Le pansage, surtout, exerce sur leur santé une remarquable influence.

D. De quels outils se sert-on pour le pansage ?

R. On se sert, pour le pansage, de l'*étrille*, du *peigne*, de la *brosse*, de l'*éponge* et du *bouchon*.

D. Qu'est-ce donc que le *bouchon* ?

R. Le *bouchon* est fait d'une tresse de paille, un peu hérissonnée ; il nettoie sans blesser, et on peut, avec lui, atteindre toutes les parties du corps ; il est utile surtout pour sécher les animaux en sueur.

D. Comment faut-il s'y prendre pour panser un cheval ?

R. Après avoir placé le cheval en plein air, ou sous un hangar, on commence par lui visiter et nettoyer les pieds ; puis, le bouchon à la main, on frotte partout à poil et à contre-poil pour faire tomber la boue, le fumier et autres impuretés. Ensuite, en commençant par la croupe du côté gauche, on passe l'étrille partout, excepté sur les parties osseuses et les paturons, pour lesquels on se sert du bouchon.

D. Le pansage se borne-t-il à ces opérations ?

R. Le pansage ne se borne pas là : on prend la brosse, que l'on passe partout où l'étrille et le bouchon ont passé ; avec l'époussette, on enlève les poils arrachés, la poussière qui couvre le corps, et on termine enfin en lavant avec l'éponge le *fourreau*, l'*anus*, les *yeux*, les *naseaux*, etc.

D. Cette opération prend-elle beaucoup de temps ?

R. Lorsque le pansage est régulièrement fait matin et soir, ou même une seule fois par jour, il n'est ni long ni difficile ; il ne le devient que s'il n'a lieu que de loin en loin, car alors les crins se nouent et la crasse adhère fortement.

D. Le pansage ne convient-il qu'aux chevaux ?

R. Le pansage convient à tous les animaux ; il est très-bon au bœuf de travail, il facilite son engraisment, et il augmente chez les vaches la production du lait. Malheureusement, dans nos fermes, on néglige même le pansage du cheval, et on ne panse pas du tout les bêtes à cornes.

D. Le bain froid est-il bien utile aux animaux ?

R. Les bains conviennent à tous les animaux, le mouton excepté ; ils nettoient la peau, rendent la transpiration régulière, rafraîchissent le corps, reposent les muscles et fortifient les organes. Ils sont un bon remède contre les affections de la peau, les entorses et les écarts.

D. Quelles sont les règles à observer · lorsque l'on veut faire prendre des bains à des animaux ?

R. Il faut ne conduire les animaux à l'eau que lorsqu'elle est échauffée par le soleil, attendre qu'ils soient reposés et aient digéré. L'eau courante est la meilleure ; on les fera marcher, nager autant que possible. Le bain ne durera pas plus de 15 à 20 minutes, après lesquelles on les fera sortir, en ayant soin de les faire marcher, de les bouchonner et de les mettre à l'abri des courants d'air et de la poussière.

D. N'y a-t-il pas d'autres soins à donner encore aux animaux ?

R. Il faut frotter les sabots des animaux, des chevaux surtout, avec des corps gras, pour empêcher la corne de se durcir et de se resserrer. Il faut les couvrir, pendant l'hiver d'une couverte en laine, pendant l'été d'une couverte en toile, afin de leur conserver la peau souple et luisante. La couverte n'est généralement employée que pour le cheval, elle serait également utile aux bœufs et autres animaux de travail.

Harnais.

D. Les harnais n'ont-ils pas aussi une influence sérieuse sur la santé des animaux ?

R. Il est important de bien choisir les harnais. Avec des harnais défectueux, l'animal se blesse, perd une notable partie de ses forces, s'irrite et s'emporte. Beaucoup d'accidents n'ont pas d'autres causes.

D. Quelle est la partie principale du harnais ?

R. Le collier et la bride sont les parties principales du harnais : le collier ne doit être ni trop grand, ni trop petit ; trop grand, il frotte et blesse l'épaule ; trop petit, il blesse également et peut occasionner des coups de sang, des vertiges. C'est à tort qu'on emploie des colliers garnis de lourdes peaux et de gros attels, mieux valent des coliers légers et des attels droits.

D. Comment doit être la *bride* ?

R. Les parties de la *bride* qui doivent embrasser la tête doivent être souples, avec une embouchure dure si le cheval est bas du devant, ou butte facilement ; si, au contraire, il est fort et vif, l'embouchure sera douce. Toutes les parties du harnais qui doivent servir d'attaches, les *sangles*, les *courroies*, les traits surtout, doivent être solides et de la longueur strictement nécessaire.

D. Quels sont les soins à donner aux harnais ?

R. L'économie et l'hygiène exigent que les harnais soient tenus propres ; les objets en cuir seront nettoyés et graissés souvent pour être maintenus souples ; ceux en cuivre seront aussi nettoyés pour en prévenir la rouille. Il faut faire sécher les coussins des colliers lorsqu'ils sont mouillés, les faire refaire lorsqu'ils sont durs, et employer le *faux collier* ou petits coussins de 3 à 4 cent. d'épaisseur qui sont faciles à sécher, à tenir propres, et préservent les colliers.

Travail.

D. Quelles sont les précautions à prendre pour faire travailler les animaux ?

R. C'est graduellement que l'on doit mettre les animaux au travail, en commençant d'abord lentement ; on les habituera à marcher rapidement pour les laisser ensuite travailler à leur aise ; on les laissera de temps en temps reprendre haleine, en évitant les longs repos quand ils sont en sueur; on ralentira leur marche dans les montées. Quand ils rentreront à l'écurie, s'ils sont en sueur ou mouillés, on les bouchonnera et on leur mettra la couverte.

D. Comment les animaux doivent-ils être traités?

R. Les animaux traités avec douceur travaillent bien, sont gais, point vicieux; ceux traités àvec brutalité sont, au contraire, stupides, méchants, travaillent par bourrades et ne profitent pas. Beaucoup de maladies n'ont souvent d'autres causes que des coups violents portés à un animal par un homme brutal.

D. Ne faut-il pas cependant quelquefois corriger les animaux?

R. Les animaux doivent être punis avec discernement; c'est dès qu'ils ont commis une faute qu'on doit leur faire comprendre qu'ils sont coupables. Ils sont sensibles aux caresses, aux friandises, l'homme qui les y aura habitués pourra les punir en les en privant. Il ne faut employer le fouet que très-rarement, ils s'y habituent; quant à l'aiguillon et autres instruments de supplice, il faut les rejeter. La loi, la religion, l'intérêt personnel, tout ordonne d'être bon, patient, humain envers les animaux.

Maladies.

D. Que faut-il faire si un animal tombe malade?

R. Les animaux soignés et nourris ainsi que nous l'avons dit, seront rarement malades; si cependant cela arrivait, ce dont il est facile de s'apercevoir, il faudrait commencer par mettre l'animal à une diète plus ou moins sévère, lui faire boire de l'eau tiède, miellée et blanchie avec de la farine, lui donner une bonne litière et le laisser reposer.

D. Si la maladie persiste, que faut-il faire ?

R. Si le mal empire, il faut avoir recours au vétérinaire, et surtout ne jamais employer ces charlatans, ces prétendus guérisseurs de tous maux, ces empiriques si communs dans les campagnes, et dont la fausse science est souvent plus dangereuse que la maladie elle-même.

TABLE DES MATIÈRES.

PREMIÈRE PARTIE.

Notions préliminaires.

CHAPITRE I.

CHAPITRE II.

DEUXIÈME PARTIE.

Des plantes.

CHAPITRE I.

CHAPITRE II.

TROISIÈME PARTIE.

Terrains.

CHAPITRE I.

CHAPITRE II.

CHAPITRE III.

QUATRIÈME PARTIE.

Amendements. — Engrais.

CHAPITRE I.

CHAPITRE II.

CHAPITRE VII.

CHAPITRE VIII.

CHAPITRE IX.

CINQUIÈME PARTIE.

Instruments agricoles.

CHAPITRE I.

SIXIÈME PARTIE.

CHAPITRE II.

CHAPITRE III.

CHAPITRE IV.

CHAPITRE V.

CHAPITRE VI.

SEPTIÈME PARTIE.

Assolements. — Cultures diverses.

CHAPITRE I.

CHAPITRE II.

CHAPITRE III.

CHAPITRE IV.

CHAPITRE V.

CHAPITRE VI.

CHAPITRE VII.

CHAPITRE VIII.

20.

CHAPITRE XII.

HUITIÈME PARTIE.

Animaux domestiques.

CHAPITRE I.

CHAPITRE II.

CHAPITRE III.

CHAPITRE IV.

CHAPITRE V.

CHAPITRE VI.

CHAPITRE VII.

CHAPITRE VIII.

CHAPITRE IX.

CHAPITRE X.

NEUVIÈME PARTIE.

Hygiène vétérinaire.

CHAPITRE I.

CHAPITRE II.

CHAPITRE III.

FIN DE LA TABLE.